Flugzeuge der Welt 2011

Coverfoto: AgustaWestland AW159 Wildcat
Verfasser: Claudio Müller; Dreiseitenrisse: Aeromedia Anton E. Wettstein

ISBN 978-3-613-03265-1
www.motorbuchverlag.de

CLAUDIO MÜLLER

FLUGZEUGE DER WELT

2011

Motor buch Verlag

Seit mittlerweile 51 Jahren erscheint das Jahrbuch »Flugzeuge der Welt«. Wie üblich, präsentiere ich jene Typen, die sich derzeit in Produktion befinden oder ältere Modelle, welche einer wesentlichen Modernisierung unterzogen werden. Am interessantesten sind jedoch jeweils die Muster, die voraussichtlich 2011 ihren Erstflug absolvieren. Auch dieses Jahr kann von einigen attraktiven Neuerscheinungen berichtet werden.

2010 stand im Zeichen der Nachwehen der Finanzkrise. Diese hatte erhebliche Auswirkungen auch auf die Luftfahrtbranche. Ein Einbruch fand zwar statt, er traf aber nicht alle Bereiche gleich und war, wie die jüngsten Zahlen zeigten, nicht so dramatisch wie befürchtet. In Erwartung eines massiven Nachfragerückganges brachen die Neuaufträge regelrecht ein, es kam auch zu Annullationen von bereits bestellten Maschinen. Eine Ursache dafür war, dass die Finanzierung der Käufe nicht mehr organisiert werden konnte. Viele Investmenthäuser und Leasinggesellschaften waren dazu nicht mehr in der Lage bzw. schraubten die Bonitätsanforderungen massiv nach oben. Dank der noch vollen Auftragsbücher aus besseren Zeiten blieb dagegen die Produktionen mindestens bei den wichtigsten Anbietern recht stabil. Schneller als erwartet erholte sich die Situation, nicht zuletzt dank der boomenden Wirtschaft im asiatischen Raum. 2010 stiegen die Bestellungen fast wieder auf Normalniveau. Boeing konnte 2010 mit 462 Auslieferungen sogar einen neuen Rekord verzeichnen, ebenso Airbus mit 510 Maschinen. Die Geschäftsfliegerei dagegen erlebte einen wahren Einbruch, von dem sie sich noch nicht erholt hat.

Wegen der Finanz- und damit einhergehenden Schuldenkrise in vielen Staaten wurden die Verteidigungsbudgets gekürzt, in einigen Fällen sogar massiv zusammengestrichen. Opfer waren häufig neue Beschaffungsprogramme. Ein brutales Streichkonzert erlebte Großbritannien. Die ganze Harrier-Flotte wurde innerhalb weniger Monate außer Dienst gestellt und die Royal Navy für Jahre hinaus ihrer Hauptwaffe beraubt. Nicht genug, das mit Entwicklungsproblemen und massiven Kostenüberschreitungen überschattete Nimrod MRA.4-Programm hat man – nachdem endlich die Einsatzbereitschaft erreicht ist – ersatzlos gestrichen. Die gebauten neuen Flugzeuge landen voraussichtlich auf dem Schrottplatz. Auch eine Form von Sparmaßnahmen! Außer bei den UAV's ist in der Militärfliegerei in den nächsten Jahren nicht viel zu erwarten.

Was gibt es Neues? Vielleicht nicht so viel wie in anderen Jahren. Doch sind einige wichtige Meilensteine erreicht worden. So kommen mehrere seit Jahren in Erprobung stehende Programme endlich in den Serienstatus, wie beispielsweise die Suchoj Su-100 und bald auch die ACJ21. Hoffentlich kann man bald das Gleiche vom F-35-Programm sagen. Dieses leidet weiterhin wegen erheblichen technischen Mängeln unter großer Zeitverzögerung und massiven Mehrkosten. Ähnliches lässt sich auch von anderen Programmen sagen, allen voran von der Boeing 787. Mittlerweile beträgt die Verspätung auf dem ursprünglichen Zeitplan drei Jahre. Wenn nun alles gut geht, sollte dieses interessante und sehr innovative Flugzeug Ende des zweiten Quartals 2011 in den Liniendienst gehen.

Der Siegeszug der UAV's hält unvermindert an. Hier ist der Innovationsgrad weiterhin am höchsten. Eine Vielzahl von neuen Entwicklungen ist in Arbeit, nur wenige davon können aus Platzgründen vorgestellt werden. Vermutlich werden sich schließlich nur einige wenige Projekte im Markt durchsetzen. In den nächsten Jahren erleben wir in dieser Flugzeugklasse noch einige interessante Neuheiten. Einen Vorgeschmack gibt die Northrop Grumman X-47B, aus welcher ein bordgestützter Erdkämpfer abgeleitet werden soll. Dieser wird in der Lage sein, von Flugzeugträgern aus automatisch zu starten und zu landen.

Die Nachhaltigkeit wird auch in der Luftfahrt zunehmend ernst genommen. Dabei stehen weniger revolutionäre Technologiesprünge im Vordergrund, sondern die laufende Optimierung bei den Triebwerken und Werkstoffen mit dem Ziel, den Treibstoffverbrauch sowie die Abgase zu senken und insbesondere im Bereich Lärmbekämpfung wesentliche Fortschritte zu erzielen. Ein Beispiel sei die Ende 2010 neu lancierte A3020 Nox.

Der Schwerpunkt der diesjährigen Ausgabe ist den Hubschraubern gewidmet. Diese Kategorie nimmt anteilmäßig immer mehr an Bedeutung zu. Während ich viele bewährte und seit Jahren eingeführte Modelle präsentiere, jeweils aber in ihrer neuesten Konfiguration, zeigt ein Trend deutlich in Richtung Kombination Hubschrauber mit Eigenschaften von Flächenflugzeugen. Ziel ist immer, Reisegeschwindigkeit und Reichweitenleistungen zu erhöhen. Die Beispiele Bell/Agusta Westland BA809, Sikorsky X-2 und Eurocopter H3 zeigen, dass man dabei sehr unterschiedliche Wege gehen kann. Welches Prinzip, gegenseitig rotierende Doppelrotoren mit Schubpropeller (X-2), Schwenkflügelprinzip (BA 809) oder zwei Antriebpropeller mit Flügelflächen (H3) sich schließlich durchsetzen wird, ist noch völlig offen. Im Hubschraubermarkt wurde eine neue Ära eingeläutet.

Während die Luftfahrtbranche in den USA und in Europa Sättigungserscheinungen zeigt, boomt sie wie andere Wirtschaftsbereiche in Asien und neuerdings auch in einzelnen südamerikanischen Staaten. Große, teilweise sogar rekordhohe Bestellungen bei Airbus und Boeing durch asiatische Luftfahrtgesellschaften zeigen, wo das Wachstum in den nächsten Jahren stattfindet. Allen voran ist die Volksrepublik China zu erwähnen, die sich nicht mehr auf das Bestellen von ausländischen Mustern beschränkt, sondern daran ist, eine eigene schlagkräftige Luftfahrtindustrie aufzubauen. Ein Beispiel davon sei der kurz vor Redaktionsschluss vorgestellte neue Überlegenheitsjäger Chengdu J-20. Es ist zu vermuten, dass dieser Typ den Konkurrenzmustern FA-22 und T-50 in einigen Punkten durchaus die Stirn bieten kann. Von China als Flugzeugentwickler wird in den nächsten Jahren viel zu hören sein. Auch Russland erholt sich langsam und baut die vor einigen Jahren noch daniederliegende Luftfahrtindustrie langsam wieder auf. Als Beispiele seien neben der erfolgreichen Suchoj 27/30/35-Familie auch die Suchoj T-50 sowie im Zivilbereich die United Aircraft MS-21 genannt. Wenn auch dieses Jahr die Neuvorstellungen nicht üppig ausgefallen sind, so lässt das nächste Jahr einige interessante Neuvorstellungen erwarten. Als Beispiele seien genannt: Airbus A350, Bombardier C-Series, Mitsubishi MRJ, Dassault Neuron und im Hubschrauberbereich die Sikorsky CH-53K.

Claudio Müller

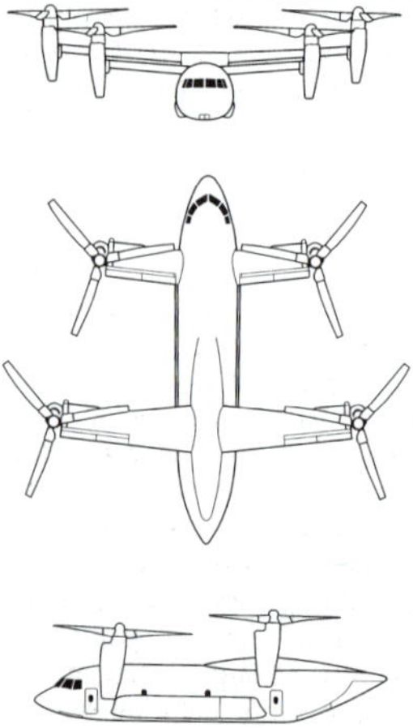

Abmessungen:
(Noch keine Angaben erhältlich).

BELL-BOEING QUAD TILT ROTOR (QTR) BZW. KAREM AIRCRAFT (JHL)

Ursprungsland: USA.
Kategorie: Schwenkrotorflugzeug als militärischer und ziviler Mehrzwecktransporter.
Triebwerke: Vier Propellerturbinen Rolls Royce AE1107C von je 6150 WPS (4590 kW) Leistung.
Leistungen (grobe Schätzungen bzw. Anforderungsprofil): Max. Reisegeschwindigkeit als Flächenflugzeug 520 km/h; max. Vertikalsteiggeschwindigkeit mit voller Nutzlast 2,50 m/Sek; Dienstgipfelhöhe 8000 m; Aktionsradius mit voller Nutzlast 1000 km, Überführungsreichweite 4000 km.
Gewichte (grobe Schätzungen): Normales Startgewicht unter VTO-Bedingungen 45000 kg, max. unter STO-Bedingungen 63000 kg.
Zuladung (Anforderungsprofil): Drei Mann Besatzung und bis zu 90 ausgerüstete Soldaten oder 70 Tragen für Verletzte plus Sanitäter, max. Nutzlast intern 15000 kg, extern 20000 bis 22000 kg.
Entwicklungsstand: Im September 2005 erhielten Bell und Boeing von der US Army einen Auftrag, eine Konzeptionsstudie für einen Kipprotortransporter als möglichen Ersatz der CH-47 Chinook und der C-130 Hercules zu entwickeln. Erste Resultate lagen 2007 vor. Vorerst wurde nur ein Windkanal-Modell in 1/5 der geplanten Größe gebaut und getestet, um erste aerodynamische Erfahrungen zu sammeln. Ein Entscheid, ob das Projekt weiter entwickelt wird oder nicht, steht noch aus.
Bemerkungen: Der Bell-Boeing Quad Tilt Rotor (QTR) ist einer von mehreren Vorschlägen für eine mit vier Rotoren ausgerüstete Weiterentwicklung des V-22-Kippflüglers (siehe Seiten 68/69). In einer ersten Phase waren Bell und Boeing alleine für die Studie verantwortlich. Nun soll mit Unterstützung der Karem Aircraft und Lockheed das Konzept zum Joint Heavy Lift (JHL) weiterentwickelt werden. Der Frachtraum des QTR/JHL dürfte in etwa der Größe jenes der C-130 (siehe Seiten 228/229) entsprechen und eine Vielzahl von Aufgaben könnten erfüllt werden: Taktischer Transporter, Such- und Rettungsflugzeug, Tanker, Einsätze bei Katastrophen, Versorgung von Kriegsschiffen mit schwerem Material usw. Später könnte eine Passagierversion für 90 Personen hinzukommen.
Hersteller: Bell Helicopter Textron Inc., Fort Worth, Texas, USA, und Boeing Helicopter Company, Philadelphia, USA.

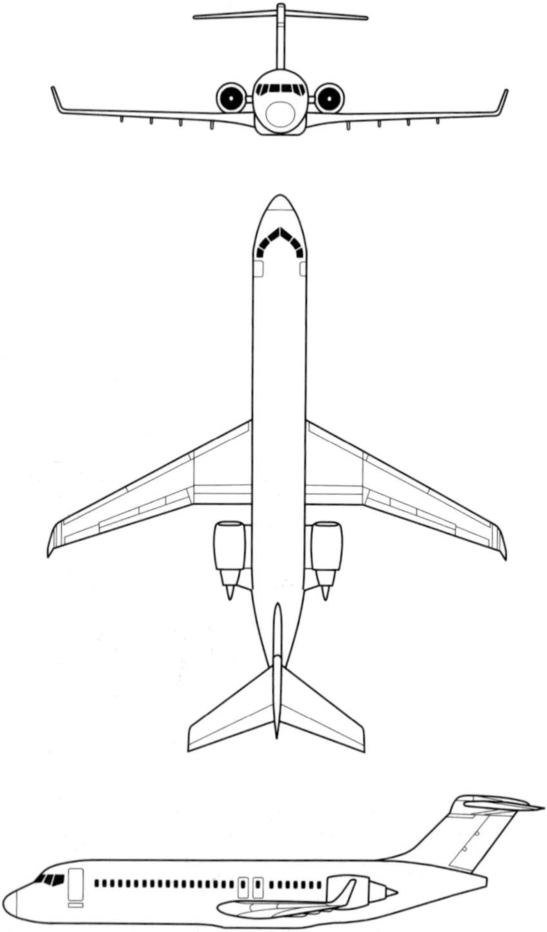

Abmessungen:
Spannweite 27,28 m
Länge (ARJ21-700 bzw. 900) 33,46 bzw. 36,36 m
Höhe 8,44 m
Flügelfläche 79,86 m²

ACAC ARJ 21

Ursprungsland: Volksrepublik China.
Kategorie: Kurz- und Mittelstrecken-Verkehrsflugzeug.
Triebwerke: Zwei Mantelstromtriebwerke General Electric CF34-10A von je (ARJ21-700/900) 6954 kp (68,20 kN) bzw. 7737 kp (75,88 kN) Standschub.
Leistungen (nach Angaben des Herstellers): Max. Reisegeschwindigkeit Mach 0,82; Dienstgipfelhöhe 11900 m; Reichweite (ARJ21-700STD/900STD) 2225 km, (ARJ-21-700ER/900ER) 3750/3334 km.
Gewichte: Leergewicht (ARJ21-700STD/ER, 900STD/ER) 24955 kg, 26270/26770 kg; max. Startgewicht (ARJ21-700STD/ER, 900STD/ER) 40500/43500 kg, 43616/47182 kg.
Zuladung: Zwei Mann Cockpitbesatzung und ARJ21-700 zwischen 70 und 80 bzw. ARJ21-900 zwischen 90 und 100 Passagiere in einer klassischen Kabinenaufteilung mit vier bzw. fünf Sitzen pro Reihe. Max. Nutzlast 11246 kg.
Entwicklungsstand: Der erste Prototyp startete am 28. November 2008 zum Erstflug, gefolgt vom zweiten am 1. Juli 2009. Derzeit fliegen vier Erprobungsmuster. Nach erheblichen Verzögerungen sollen die ersten Jets nun Ende 2011 ausgeliefert werden können. Bisher sollen allein durch chinesische Luftfahrtgesellschaften bereits über 200 Bestellungen und weitere Optionen der Version ARJ21-700 eingegangen sein.
Bemerkungen: Beim 2002 gestarteten Entwicklungsprogramm ARJ21 Advanced Regional Jet handelt es sich um das erste düsengetriebene Regionalflugzeug, welches vollständig in der Volksrepublik China entwickelt und dort gebaut wird. Von der Kategorie her ist dieses Muster mit der EMBRAER-Reihe 170 bis 195 (siehe Seiten 148 bis 151) und der Suchoj Superjet 100 (siehe Seiten 306/307) vergleichbar. Zwei Passagiervarianten bietet ACAC an: Die Basisausführung ARJ21-700 sowie die verlängerte ARJ21-900. Beide gibt es als Normalvariante STD und für längere Strecken als ER. Später soll eine auf dem Rumpf der ARJ21-700 basierende Frachtversion ARJ21F hinzukommen, die fünf sog. LD7-Container aufnehmen kann. Gedacht wird auch an eine Businessjet-Version mit 20 Sitzplätzen.
Hersteller: ACAC Konsortium bestehend aus Chengdu Aircraft Industry Group, Shanghai Aircraft Company und Shenyang Aircraft Corporation, Werk Shanghai, Volksrepublik China.

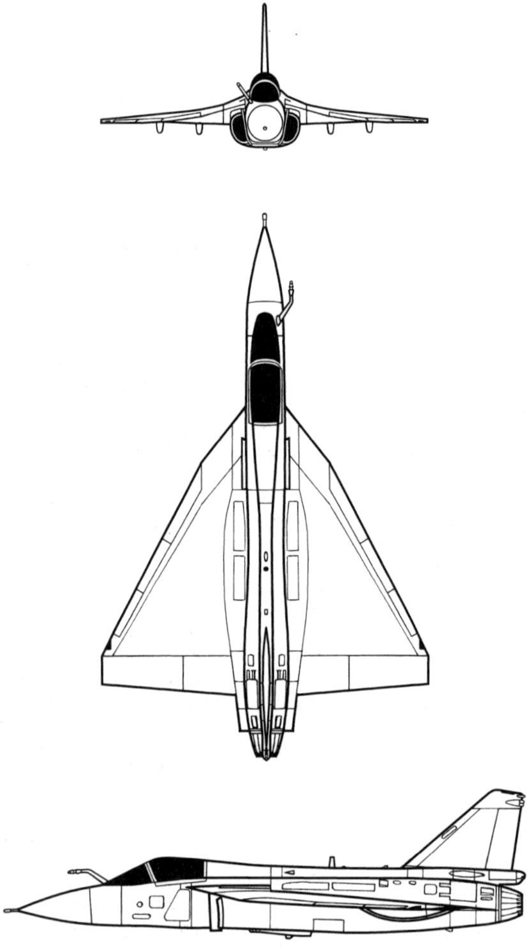

Abmessungen:
Spannweite 8,20 m
Länge 13,20 m
Höhe 4,40 m
Flügelfläche ca. 38,40 m².

ADA (HAL) LCA TEJAS

Ursprungsland: Indien.
Kategorie: Ein- und zweisitziger leichter Mehrzweckjäger.
Triebwerke (Erprobungsträger TD-1/2 + 38 erste Exemplare): Ein Mantelstromtriebwerk General Electric F404-IN20 mit 8210 kp (80,50 kN) Standschub mit Nachbrenner; (ab 42. Maschine) ein leistungsfähigeres Mantelstromtriebwerk F414-INS6.
Leistungen (geschätzt): Höchstgeschwindigkeit in großen Höhen 1990 km/h (Mach 1,8+); Dienstgipfelhöhe 15950 m; Reichweite mit internem Kraftstoff 2000 km.
Gewichte: Leergewicht TD-1 ca. 5500 kg, PV1 ca. 5000 kg; Startgewicht ohne Außenlasten 8500 kg, mit Außenlasten bis zu 13000 kg.
Bewaffnung: Eine doppelläufige 23 mm-Kanone GSh-23 mit 200 Schuss sowie an sieben Aufhängepunkten Waffenlasten bis zu 4000 kg.
Entwicklungsstand: Der erste von zwei Erprobungsträgern TD-1 nahm die Flugerprobung am 6. Januar 2001 auf, gefolgt vom ersten eigentlichen Prototypen PV1 am 25. November 2003. Im April 2007 hatte auch das erste Serienflugzeug den Erstflug. Ein Doppelsitzer folgte am 26. November 2009. Zwei Prototypen der Marineausführung sollen im Laufe des Jahres 2011 erstmals fliegen. Die indische Luftwaffe will als Ersatz der MiG-21 rund 200 Einheiten beschaffen, die indische Marine 40. Nach langen technisch bedingten Verzögerungen wird die Indienststellung für Mitte 2011 erwartet. 41 Einheiten der Version Mk.1 einschließlich der Prototypen sind mittlerweile fest bestellt.
Bemerkungen: Das als Tejas (Strahler) bezeichnete Muster ist ein kleines, wendiges und kostengünstiges Mehrzweckkampfflugzeug. Dank Verwendung von modernsten Verbundwerkstoffen und Aluminium/Lithium-Verbindungen ist die Tejas auch sehr leicht. Weite Teile der Elektronik sind aus politischen Gründen in Indien entwickelt worden, so auch das Multifunktions-Dopplerradar. Das ursprünglich ab der 42. Maschine vorgesehene indische Triebwerkprojekt Kaveri wird wegen anhaltenden Entwicklungsproblemen vorläufig nicht weiterverfolgt. Diese erhalten nun das Triebwerk F414-GE-INS6 und werden als Tejas Mk. 2 bezeichnet und sollen ab 2014 in Dienst gestellt werden. Die ein- und doppelsitzige Ausführung für die indische Marine ist für Trägereinsätze ausgelegt. Sie verfügt u.a. über ein stärkeres Fahrwerk, einen Fanghaken sowie Modifikationen an den Flügeln zur Reduktion der Anfluggeschwindigkeit.
Hersteller: ADA Aeronautical Development Agency der Hindustan Aeronautics Ltd., Bangalore, Indien.

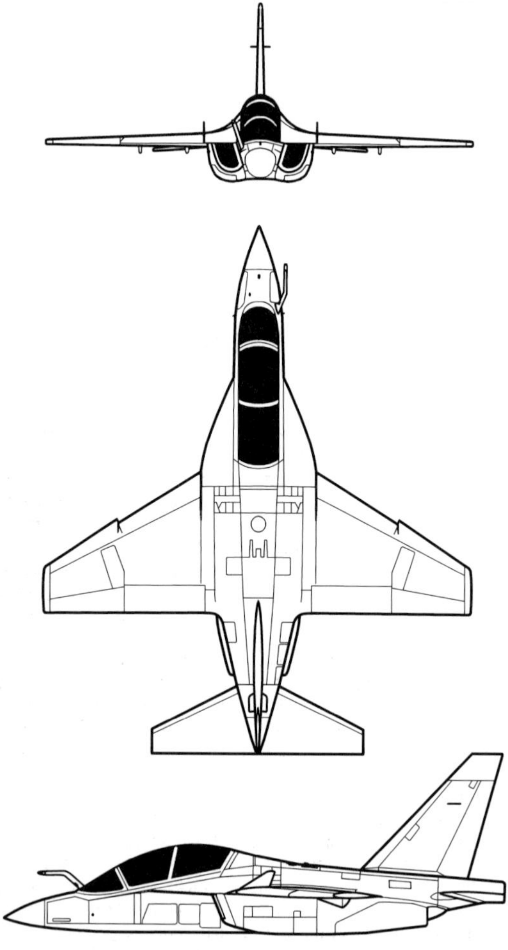

Abmessungen:
Spannweite 9,72 m
Länge 11,49 m
Höhe 4,76 m
Flügelfläche 23,52 m².

AERMACCHI M-346 MASTER

Ursprungsland: Italien.
Kategorie: Fortgeschrittenentrainer.
Triebwerke: Zwei Mantelstromtriebwerke Honeywell F124-GA-200 von je 2850 kp (27,95 kN) Standschub.
Leistungen (Prototypen): Höchstgeschwindigkeit 1092 km/h (Mach 0,96) auf 1520 m; Anfangssteiggeschwindigkeit 106 m/Sek; Dienstgipfelhöhe 13700 m; Reichweite mit max. internem Kraftstoff 1770 km, mit zwei externen Zusatztanks und 10 % Reserven 2410 km.
Gewichte: Leergewicht (Prototypen) 4610 kg, (Serienmaschinen 3910 kg); Startgewicht für Trainingseinsätze 6700 kg, mit voller Bewaffnung 9500 kg.
Bewaffnung: Die M-346 kann eine Waffenlast von bis zu 3000 kg mitführen.
Entwicklungsstand: Das erste von drei Erprobungsmustern startete am 15. Juli 2004 zum Erstflug. Der zweite Prototyp folgte am 17. Mai 2005, das erste Serienmuster am 7. Juli 2008. Als Erstbesteller beschafft die italienische Luftwaffe vorerst sechs, später insgesamt 15 Maschinen, die ab 2010 geliefert werden. Weitere Besteller: UAE voraussichtlich 48 und neu Singapur 12 Exemplare.
Bemerkungen: Die M-346 Master (neuerdings auch als T-346 bezeichnet) ist eine Ableitung des russisch-italienischen Gemeinschaftsprojekts Yak/AEM-130. Obwohl äußerlich diesem Muster ähnlich, handelt es sich weitgehend um eine Neukonstruktion mit etwas geringeren Abmessungen. Die Struktur besteht überwiegend aus Leichtaluminium, Teile der Flügel sowie Höhen- und Seitenleitwerk sind aus Verbundwerkstoffen. Eine wesentliche Neuerung stellt die von Teleavio/Marconi gelieferte, je nach Einsatz verschieden programmierbare Flugsteuerung dar. Diese kann von manuell bis zur Fly-By-Wire-Konfiguration eingestellt werden. Dadurch lässt sich ein optimaler Trainingseffekt erzielen. Die doppelt redundante Avionik-Struktur basiert auf einem MIL-STD-1553B-Databus und umfasst u.a. TACAN, IFF, IN/GPS usw. Dank diesen Vorzügen ist die M-346 eines der zur Zeit weltweit fortschrittlichsten Trainingssysteme für angehende Kampfflieger. Die Serienflugzeuge werden dank Überarbeitung der Struktur und Verwendung von mehr Verbundwerkstoffen rund 700 kg leichter sein.
Hersteller: Aermacchi SpA, Varese-Venegono, Italien.

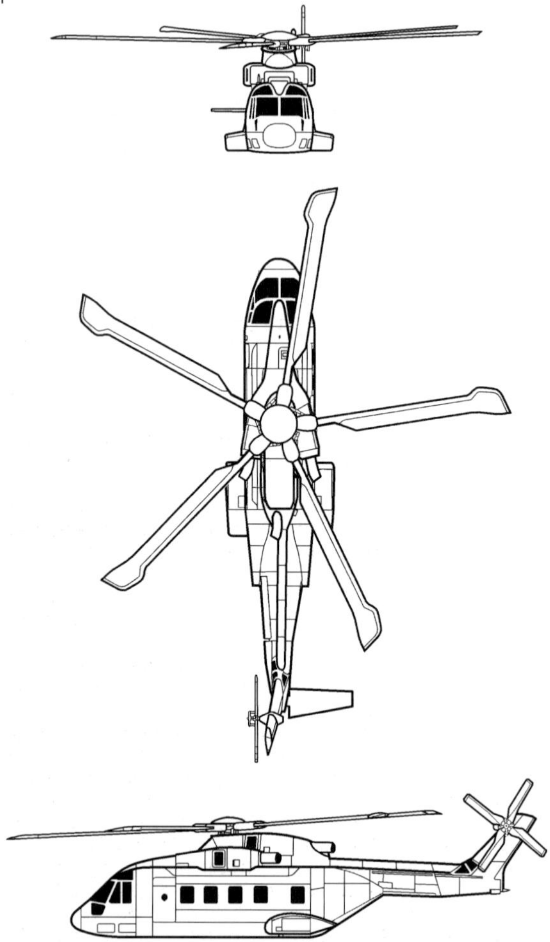

Abmessungen:
Rotordurchmesser 18,59 m
Rumpflänge 19,51 m
Höhe inkl. Rotorkopf 5,21 m

AGUSTA WESTLAND AW101

Ursprungsland: Großbritannien und Italien.
Kategorie: Militärischer und ziviler Mehrzweck- und Transporthubschrauber.
Triebwerke: Drei Gasturbinen (RN) Rolls-Royce-Turboméca RTM 322 von je 2241 WPS (1671 kW) oder (italienische Marine) General Electric CT7-6A1 von je 2040 WPS (1521 kW) Leistung.
Leistungen (CT7-6): Max. Fluggeschwindigkeit 308 km/h; ökonom. Reisegeschwindigkeit 267 km/h; Schwebehöhe mit Bodeneffekt 2745 m, ohne Bodeneffekt 1675 m; max. Flughöhe 4600 m; Reichweite mit 30 Passagieren 926 km; Überführungsreichweite mit Zusatztanks 1760 km.
Gewichte: Rüstgewichte ASW-Ausführung 9275 kg, Mehrzweckversion 9000 kg, Zivilausführung 8993 kg; max. Startgewicht ASW-Ausführung 13530 kg, übrige 14288 kg.
Zuladung: Zwei Piloten und 30 Passagiere; max. Nutzlast 6700 kg.
Bewaffnung (HM Mk.1): Vier Leichtgewichttorpedos Stingray oder Antischiffslenkwaffen der Exocet-Harpoon-Klasse.
Entwicklungsstand: Die erste Entwicklungsmaschine flog erstmals am 9. Oktober 1987. Bisher sind Bestellungen für über 200 AW101 (davon etwa 170 abgeliefert) in verschiedenen Ausführungen eingegangen: Algerien: Luftwaffe neu 42, Marine 6, Dänemark 18, Großbritannien 72, Italien 24, Kanada 15, Portugal 12 (+ 2 Optionen), Polizei von Tokyo 1, japanische Marine 14. Neueste Besteller: Indien 12 Einheiten, Saudi Arabien 2.
Bemerkungen: Die AW101 wird in verschiedenen Ausführungen gebaut: ASW (U-Boot-Jäger), Minensucher, SAR/Rettungsaufgaben, taktischer Transporter, AEW sowie Zivilversion. Die Merlins der Royal Navy werden bereits einer intensiven Modernisierung unterzogen, welche u.a. ein Fly-By-Wire-System, neue Avionik- und Kommunikationssysteme umfasst. Ein neuer Hauptrotor wird bei allen englischen AW101 eingebaut. Dadurch erhöht sich die Nutzlast um 650 kg und erlaubt eine höhere Geschwindigkeit. Der erste neu als Merlin Mk.2 bezeichnete Hubschrauber fliegt seit Oktober 2010. Für die Royal Navy wird derzeit eine AEW-Version, ausgerüstet mit einem im Heck einziehbaren Searchwater 2000-Radar, entwickelt.
Hersteller: AgustaWestland Ltd., London, Werk Yeovil, GB.

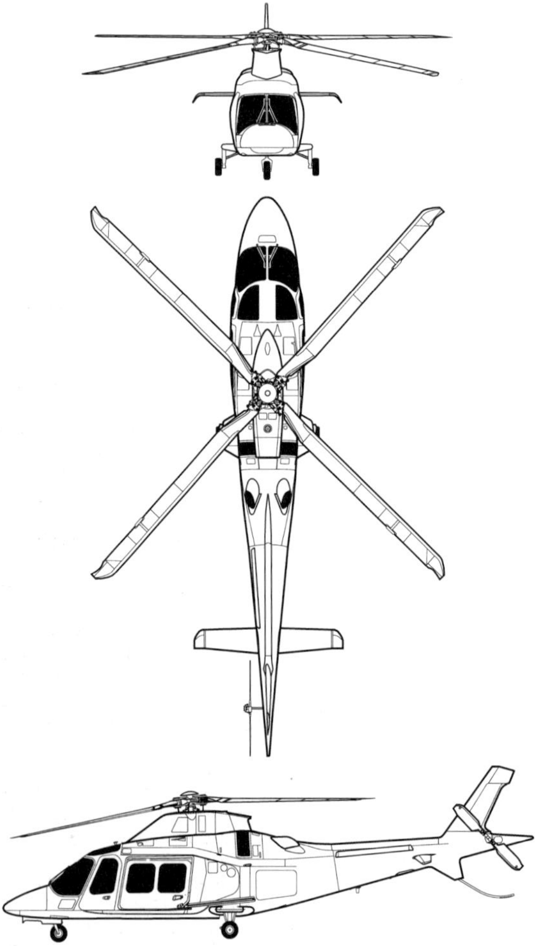

Abmessungen: (Grand):
Rotordurchmesser 10,83 m
Rumpflänge 11,65 m
Höhe über Rotor 3,08 m, über Heck 3,44 m.

AGUSTA WESTLAND AW109 GRAND/GRAND NEW

Ursprungsland: Italien.
Kategorie: Leichter Mehrzweckhubschrauber.
Triebwerke: Zwei Gasturbinen Pratt & Whitney Canada PW207C von je 735 WPS (548 kW) Leistung.
Leistungen (Grand): Höchstgeschwindigkeit 311 km/h; max. Reisegeschwindigkeit 287 km/h auf Meereshöhe; max. Schrägsteiggeschwindigkeit 9,30 m/Sek; Dienstgipfelhöhe 4940 m; Schwebehöhe mit Bodeneffekt 4750 m, ohne Bodeneffekt 3050 m; Reichweite 890 km; max. Flugdauer 4 Std. 28 Min.
Gewichte (Grand): Leer 1660 kg; max. Startgewicht 3175 kg mit interner Nutzlast bzw. 3200 kg mit externer Nutzlast.
Zuladung: Ein Pilot und sieben Passagiere. Als Ambulanzhubschrauber zwei liegende Patienten und zwei Helfer. Max. Nutzlast (Power) 1130 kg.
Entwicklungsstand: Die neueste Version Grand fliegt seit Anfang 2005. Erste Auslieferungen erfolgten noch im gleichen Jahr. Rund 250 sind bestellt und mehr als 100 davon abgeliefert. Elf Grands bestellte die schweizerische REGA für Bergrettungseinsätze. Die verschiedenen Ausführungen Grand, Power und Nexus erfreuen sich weiterhin einer großen Nachfrage. Bisher sind über 500 Einheiten bestellt worden.
Bemerkungen: Das aktuelle Top-Modell der AW109-Reihe »Grand« ist gegenüber der früheren Version Power (siehe Ausgabe 2005) um rund 20 cm gestreckt und bietet einen auf 2,30 m verlängerten Innenraum. Zum erleichterten Einstieg wurden auch die zwei Schiebetüren vergrößert. Damit ist die Grand besonders für Ambulanzeinsätze geeignet. Den Antrieb übernehmen leistungsstärkere PW207C-Triebwerke. Der Heckrotor besteht nun aus Verbundwerkstoff. Power wie Grand weisen einen Hauptrotorkopf mit Titannabe und Elastomerlagern auf, welcher wesentlich wartungsfreundlicher ist. Die Triebwerke sind mit einem elektronischen Triebwerkmanagement FADEC versehen. Das Fahrwerk ist einziehbar. Dank eines 1553 MIL-STD-Databusses kann eine Vielzahl von (Zusatz)-Systemen kompatibel gemacht werden. 2010 vorgestellt wurde die Weiterentwicklung GrandNew mit neuer Avionik, welches u.a. ein EFIS-Cockpit mit Synthetic Vision, Satelliten-Navigation und einen sog. »full-axis«-Autopiloten umfasst. Ein erstes Muster wurde im September 2010 ausgeliefert.
Hersteller: AgustaWestland Ltd., Werk Vergiate, Italien.

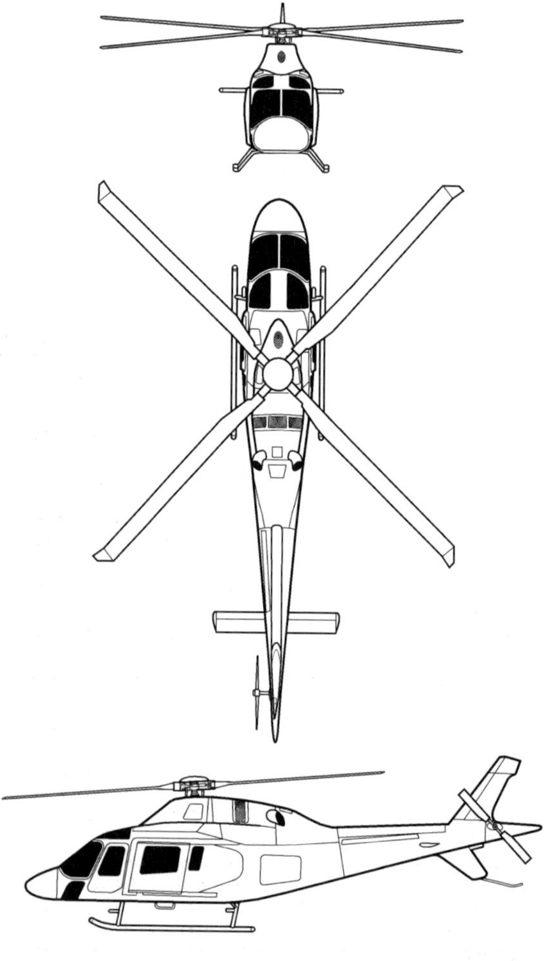

Abmessungen:
Rotordurchmesser 10,83 m
Rumpflänge 11,17 m
Höhe über Heck 3,77 m.

AGUSTA WESTLAND A119 KE

Ursprungsland: Italien.
Kategorie: Leichter Mehrzweckhubschrauber.
Triebwerke: Eine Gasturbine Pratt & Whitney Canada PT6B-37A von 872 WPS (650 kW) Dauerleistung.
Leistungen: Höchstgeschwindigkeit 282 km/h; max. Reisegeschwindigkeit 257 km/h; Dienstgipfelhöhe 4572 m; Schwebehöhe bei einem Gewicht von 2550 kg mit Bodeneffekt 3475 m, ohne Bodeneffekt 2316 m; max. Flugzeit mit Zusatztank im Rumpf 5 Std. 45 Min. bzw. max. Reichweite 1013 km.
Gewichte: Leergewicht 1455 kg; max. Startgewicht 2850 kg, mit externer Ladung 3150 kg.
Zuladung: Pilot und bis zu sieben Passagiere. Max. Nutzlast 1155 kg, extern 1400 kg.
Entwicklungsstand: Der erste von zwei Prototypen fliegt seit April 1995. Nach der verspäteten Zulassung Mitte 1999 folgten die ersten Auslieferungen an Kunden Ende 1999. Bisher sind etwa 200 Einheiten bestellt worden, darunter vier für die New York City Police und fünf von der Regierung Mexicos. Bei Denel in Südafrika wurde eine zweite Montagestraße errichtet. Die neueste Ausführung A119 Ke fliegt seit Februar 2007 und wurde erstmals 2009 an Kunden geliefert. Diese Ausführung wird inskünftig auch bei TATA in Indien in Lizenz gebaut.
Bemerkungen: Die A119 Koala stellt das günstigere Einstiegsmodell der A109 dar. Von ihr sind die Zelle sowie der Rotor weitgehend übernommen. Sie verfügt aber nur über ein Triebwerk, statt zwei wie beim Ausgangsmuster. Was das Kabinenvolumen angeht, ist die A119 der derzeit größte einmotorige Hubschrauber. In ihr finden acht Personen bzw. als Ambulanzhubschrauber bis zu zwei Bahren für liegende Patienten Platz. Zudem verfügt sie über einen voluminösen Gepäckraum von 0,95 m³. In der ganzen Auslegung wurde auf Wirtschaftlichkeit und Robustheit Wert gelegt. Die A119 Ke (e = enhanced) bietet dank besserer Aerodynamik der Rotorblätter aus Kunststoff und höherer Rotordrehzahl ein höheres Abfluggewicht an. Diese Version eignet sich u.a. auch als Löschhubschrauber und kann einen Wasserbehälter von 1200 l mitführen.
Hersteller: AgustaWestland Ltd., Werk Vergiate, Italien.

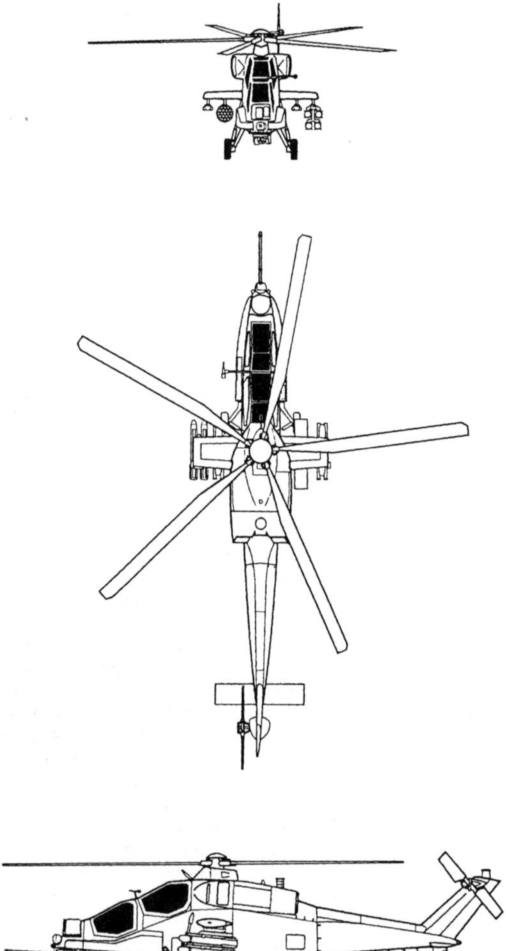

Abmessungen:
Rotordurchmesser 11,90 m
Rumpflänge 12,62 m
Höhe inkl. Rotorkopf 3,35 m.

AGUSTA WESTLAND AW129 ATAK

Ursprungsland: Italien (Türkei).
Kategorie: Zweisitziger Kampf- und Beobachtungshubschrauber.
Triebwerke: Zwei Gasturbinen LHTEC T800-2 von je 1300 WPS (970 kW) Leistung.
Leistungen: Normale Einsatzgeschwindigkeit 269 km/h; max. Steiggeschwindigkeit 13,97 m/Sek; Dienstgipfelhöhe 6096 m; Schwebehöhe ohne Bodeneffekt 3048 m; max. Reichweite 560 km; Flugdauer 3 Std.
Gewichte: Leergewicht 2529 kg; max. Startgewicht 4600 kg.
Bewaffnung: Eine 20-mm-Kanone mit 300 Schuss in einem Drehturm unter der Bugspitze und acht Panzerabwehrlenkwaffen TOW oder Hellfire plus Raketenwerfer für ungelenkte 70-mm-Raketen, Stinger-Flablenkwaffen usw. verteilt auf vier Aufhängepunkte mit einer Tragkraft von je 300 kg.
Entwicklungsstand: Die neueste Ausführung A129 ATAK flog erstmals am 28. September 2009. 60 Maschinen (+ 32 Optionen) bestellte die türkische Armee. Diese werden in der Türkei in Lizenz hergestellt und ab 2011 abgeliefert. Von den Ursprungsausführungen A129 und A129 CBT erhielt die italienische Armee bis 2008 45 bzw. 15 Maschinen.
Bemerkungen: Wie die A129 CBT verfügt auch die AW129 ATAK über einen Fünfblattrotor mit modifiziertem Rotorkopf und verstärkter Transmission sowie über einen zweiblättrigen Heckrotor, beide aus Verbundwerkstoffen. Zudem wurde der Rumpf punktuell verfestigt. Wesentliche Elemente der Elektronik sind neu und zu weiten Teilen türkischen Ursprungs, so u.a. der Missions-Computer, das Navigationssystem und die gesamte Kampf-Elektronik. Ergänzt werden diese Systeme durch ein GPS, verbesserte Kommunikationsgeräte und ein neues Abwehrsystem. Das Cockpit erhält neue Multifunktionsanzeigen, verbunden mit einem am Helm des Piloten montierten Displays für die wichtigsten Parameter. 32 (+ 16 Optionen) A129 der italienischen Armee erhalten ab 2011 verbesserte Avionik und Waffensysteme.
Hersteller: AgustaWestland Ltd., Werk Vergiate, Italien bzw. Turkish Aerospace Corporation, Kazan-Ankara, Türkei.

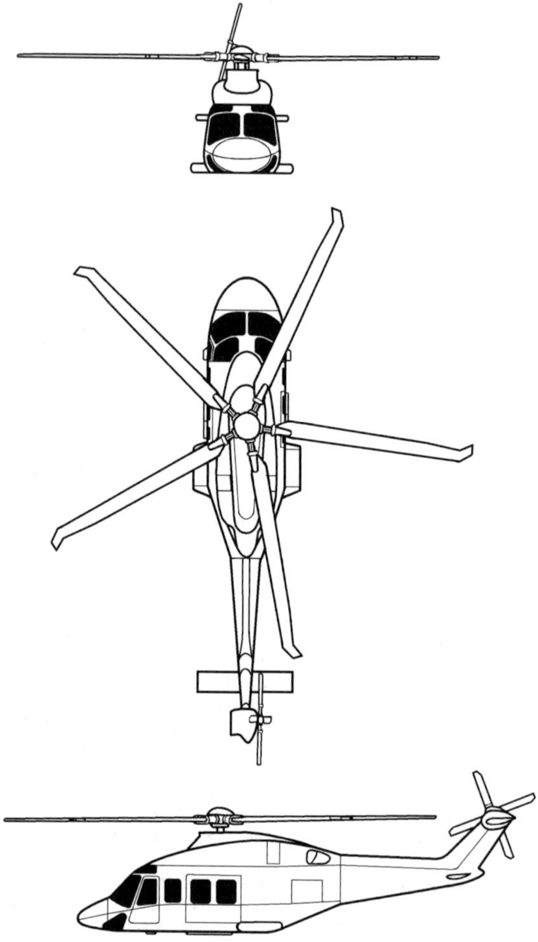

Abmessungen:
Rotordurchmesser 13,80 m
Rumpflänge bei drehendem Rotor 16,65 m, ohne Rotor 13,53 m
Höhe über Heckleitwerk 4,95 m.

AGUSTA WESTLAND BELL AW139

Ursprungsland: Italien und USA.
Kategorie: Mittelschwerer Mehrzweckhubschrauber.
Triebwerke: Zwei Gasturbinen Pratt & Whitney Canada PT6C-67C von je 1679 WPS (1250 kW) Leistung.
Leistungen: Höchstgeschwindigkeit 310 km/h; max. Reisegeschwindigkeit 306 km/h; Schrägsteiggeschwindigkeit 10 m/Sek; Schwebehöhe mit Bodeneffekt 3600 m, ohne Bodeneffekt 2920 m; Dienstgipfelhöhe 5914 m; max. Flugdauer 5,12 Std; Reichweite mit 10 Passagieren 650 km, max. 1061 km.
Gewichte: Rüstgewicht je nach Ausführung 3800 kg, max. Startgewicht 6800 kg.
Zuladung: Ein bis zwei Piloten und zwischen 12 und 15 Passagiere oder für Rettungseinsätze sechs liegende Verletzte und vier Sanitäter; max. Nutzlast intern 2500 kg, extern 2778 kg.
Entwicklungsstand: Der Prototyp nahm am 3. Februar 2001 die Flugerprobung auf, gefolgt vom ersten Serienmuster am 24. Juni 2002. Ende 2003 wurden die ersten Maschinen ausgeliefert. Fast 190 Operators und militärische bzw. paramilitärische Organisationen haben bis Ende 2010 rund 490 Einheiten bestellt, über 200 davon wurden abgeliefert. Einige der neuesten Besteller: Bristow (weitere 4), Maryland State Police (6), Panama (6), Weststar Aviation (9). Angesichts der großen Nachfrage wird die AW139 sowohl in den USA als auch neu ab 2012 in Russland in Lizenz hergestellt.
Bemerkungen: Die AW139 ist ein Gemeinschaftsprojekt von Agusta (75%) und Bell (25%), wobei die erstgenannte Firma den Lead beim Vorhaben innehat. An der Herstellung sind u.a. auch GKN Westland (Heck), PZL Swidnik (Rumpfkomponenten), Honeywell (Primus Epic Avionik) beteiligt. Die Haupteinsatzgebiete der AW139 sind: Transport von Geschäfts-/VIP-Personen, Überwachungsaufgaben, EMS-Transporte und Versorgung von Ölbohrplattformen. Die AW139 zeichnet sich durch eine für ihre Klasse sehr voluminöse Kabine aus. Die elektronische Ausrüstung entspricht dem heutigen Standard. Alle ab 2009 gebauten Modelle weisen ein auf 6800 kg erhöhtes max. Startgewicht auf.
Hersteller: AgustaWestland Ltd., Werk Vergiate, Italien und Bell Helicopter Textron, USA.

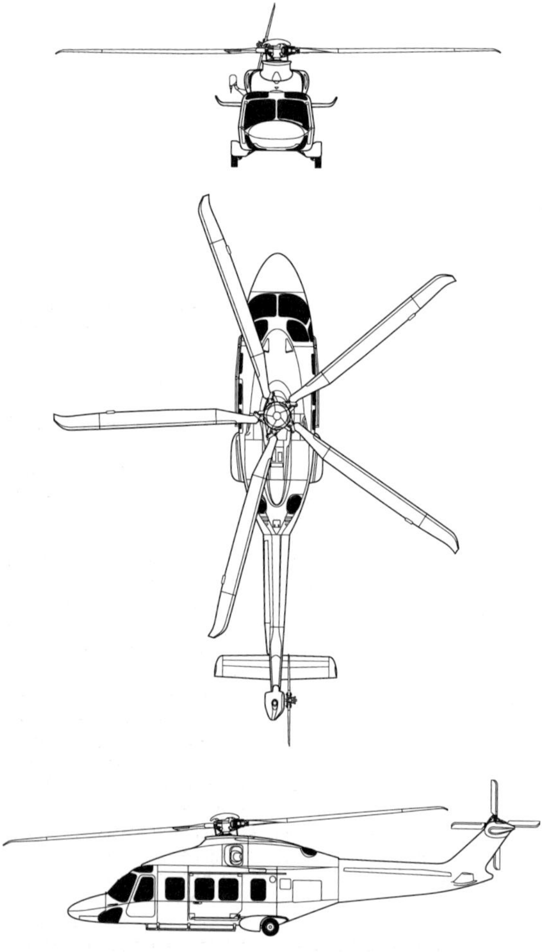

Abmessungen:
Rotordurchmesser 14,60 m
Rumpflänge ohne Rotor 14,62 m
Höhe über Heckleitwerk 5,14 m.

AGUSTA WESTLAND AW149

Ursprungsland: Italien.
Kategorie: Mittelschwerer Mehrzweckhubschrauber für militärische Einsätze.
Triebwerke: Zwei Gasturbinen General Electric CT7-2E1 von je 2000 WPS (1492 kW) Leistung.
Leistungen (vorläufige Angaben): Höchstgeschwindigkeit 282 km/h; Schwebehöhe mit Bodeneffekt, 12 Soldaten und Treibstoff für einen Aktionsradius von 280 km rund 2000 m.
Gewichte: Max. Startgewicht 8100 kg.
Zuladung: Zwei Piloten und bis 18 voll ausgerüstete Soldaten, für Rettungseinsätze sechs liegende Verletzte und vier Sanitäter.
Bewaffnung: An seitlichen Auslegern neben dem Rumpf können u.a. Behälter mit ungelenkten Raketen, solche für 12,7 bzw. 20mm-Rohrwaffen sowie Lenkwaffen mitgeführt werden. Ein Fensterplatz ist zudem für den Einbau eines 7,62mm-Maschinengewehres vorgesehen.
Entwicklungsstand: Die Weiterentwicklung der AW139 (siehe Seiten 22/23), die AW149 für Militäreinsätze, flog erstmals am 13. November 2009. Ein zweiter Prototyp folgte Ende 2010. Die Einsatzbereitschaft ist für 2014 vorgesehen. Bisher wurden noch keine Aufträge bekannt gegeben.
Bemerkungen: Mit der AW149 will AgustaWestland die wachsende Nachfrage nach preisgünstigen mittelschweren Mehrzweckhubschraubern für militärische und paramilitärische Organisationen befriedigen. Dank voll digitalisierter Avionik, einer offenen System-Architektur und integrierter Einsatzausrüstung soll sie für die heutigen Einsatzszenarien gerüstet sein. Eingebaut sind gegenüber der AW139 deutlich stärkere Triebwerke von General Electric sowie ein völlig neues Transmissions-System. Die Zellenkonstruktion ist sehr robust ausgelegt und soll den Insassen bei Abstürzen eine hohe Überlebenswahrscheinlichkeit ermöglichen. So sind beispielsweise alle Sitze »crash-resistent« gebaut. Zum schnellen Ein- und Aussteigen bzw. zum Ausladen von Fracht hat man die Türen entsprechend groß ausgelegt. Der 4-Achs-Autopilot und die neueste Avionik sollen die Belastung der Piloten minimieren. Die AW149 ist u.a. für folgende Aufgaben geeignet: Gefechtsfeldunterstützung, Combat SAR, Aufklärung und Überwachung sowie Evakuationseinsätze.
Hersteller: AgustaWestland Ltd., Werk Vergiate, Italien.

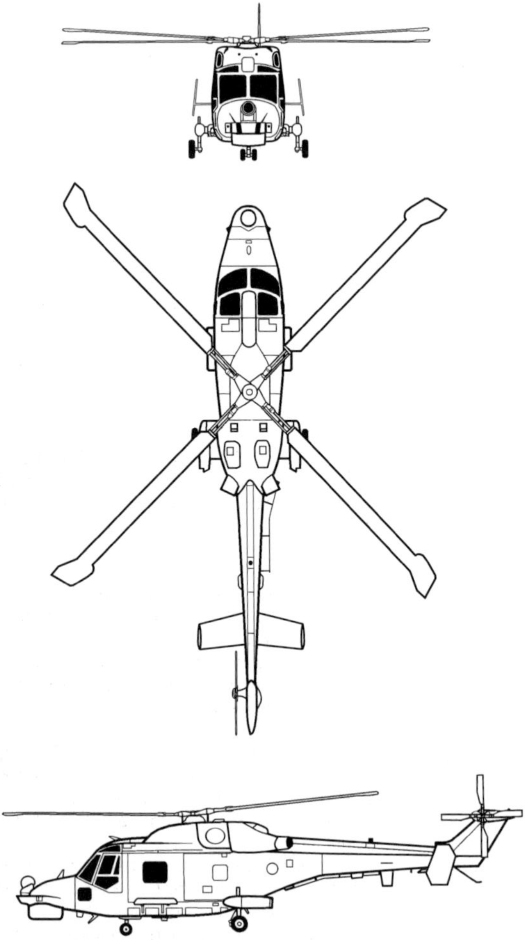

Abmessungen:
Rotordurchmesser 12,80 m
Rumpflänge 13,33 m
Höhe inkl. Rotorkopf 3,67 m.

AGUSTA WESTLAND AW159 WILDCAT

Ursprungsland: Großbritannien.
Kategorie: Militärischer Mehrzweckhubschrauber für Armee- und Marineeinsätze.
Triebwerke: Zwei Gasturbinen Honeywell LHTEC CTS800-4N von je 1620 WPS (1207 kW) Leistung.
Leistungen: Max. Reisegeschwindigkeit 245 km/h auf Meereshöhe; normale Reisegeschwindigkeit 230 km/h; Schrägsteiggeschwindigkeit 10 m/Sek; Schwebehöhe mit Bodeneffekt 2103 m, ohne Bodeneffekt 1448 m; Reichweite bei taktischem Einsatz 685 km, max. 1000 km; max. Flugdauer mit Zusatztanks 5 Std. 15 Min.
Gewichte: Rüstgewicht 3943 kg; max. Startgewicht 5800 kg.
Zuladung: Ein bis zwei Piloten und je nach Einsatzzweck bis zu 12 Personen. Als Rettungshubschrauber drei bis acht Patienten samt Sanitäter; Rettungswinde von 272 kg Tragkraft.
Bewaffnung: Als Panzerabwehrhubschrauber an bis zu acht Aufhängepunkten TOW-, HOT- oder Hellfire-Lenkwaffen; als Schiffsabwehr-Hubschrauber Leichttorpedos und bis zu vier Lenkwaffen Sea Skua 2, AS12TT oder zwei Penguin.
Entwicklungsstand: Das erste Muster absolvierte den Erstflug am 28. November 2009, gefolgt vom zweiten am 14. Oktober 2010. Die Royal Army beschafft 40 Future Lynx, die Royal Navy 22; Einsatzbereitschafft ab 2014. Von allen Ausführungen wurden bisher über 430 Einheiten an 16 Luftwaffen bzw. Marinen geliefert.
Bemerkungen: Die 2005 angekündigten Ausführungen Future bzw. Super Lynx, neu als AW159 Wildcat bezeichnet, werden mit CTS800-Triebwerken ausgestattet. Die Landversion erhält verbesserte Navigations- und Kommunikationssysteme sowie u.a. ein Laser-Zieldarstellungsgerät und wird besser geeignet sein, die Unterstützungsfunktion für die englischen AH-64D (siehe Seiten 96/97) zu erfüllen. Die Marineversion weist ein 360°-Seaspray-Radar im Rumpfbug auf und ist zusätzlich mit Night-Vision-Goggles (NVG), Glascockpit, digitaler Avionik und doppelt redundantem Databus MIL-STD-1553D ausgerüstet. Zwölf frühere Lynx AH9 der Royal Army wurden kürzlich mit dem Triebwerk der Wildcat ausgerüstet und neu als AH9A bezeichnet. Sie weisen deutlich bessere Flugleistungen besonders in heißen Gebieten auf.
Hersteller: AgustaWestland Ltd., Werk Yeovil, Somerset, GB.

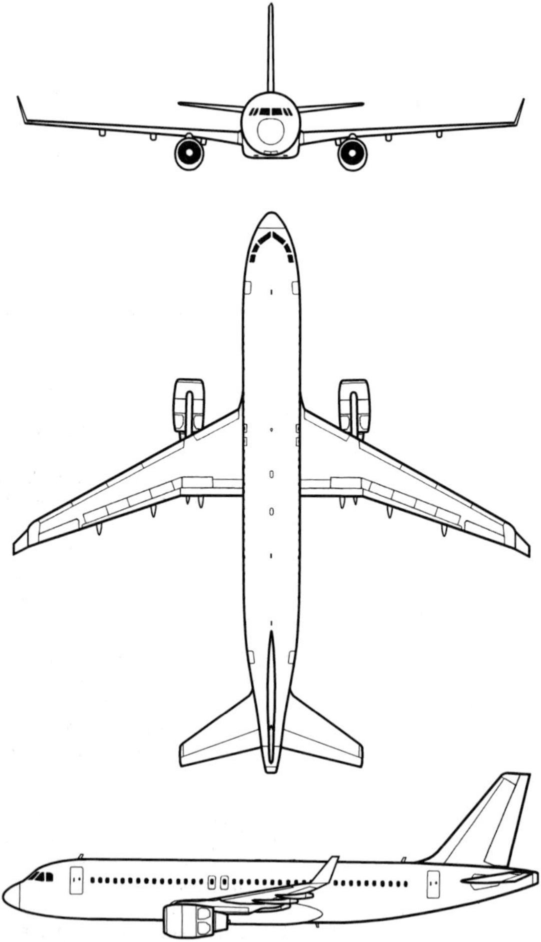

Abmessungen:
Spannweite 34,10 m
Länge (A320) 37,57 m, (A319) 33,84 m
Höhe 11,76 m
Flügelfläche (A320) 122,40 m².

AIRBUS A320-200 »ENHANCED«/A320NEO

Ursprungsland: Europäisches Konsortium.
Kategorie: Kurz- und Mittelstrecken-Verkehrsflugzeug.
Triebwerke (A320-200): Zwei Mantelstromtriebwerke CFM International CFM56-5B4 bzw. IAE V2500-A1 von je 12020 kp (117,90 kN) Standschub; (A320neo): Zwei Mantelstromtriebwerke Pratt & Whitney PW1100G bzw. CFM International LEAP-X von noch unbekannter Stärke.
Leistungen: Max. Reisegeschwindigkeit Mach 0,82, ökonom. Reisegeschwindigkeit 845 km/h; Dienstgipfelhöhe 11890 m; Reichweite mit max. Passagierzahl inkl. Reserven 5030 km.
Gewichte: Rüstgewicht 41800 kg; max. Startgewicht 77020 kg.
Zuladung: Zwei Mann Cockpitbesatzung und Mehrklassenbestuhlung für normalerweise 150 Passagiere. Einheitsklassen-Innenausstattung für max. 179 Passagiere; max. Nutzlast 21600 kg.
Entwicklungsstand: Der Prototyp der A320 nahm am 22. Februar 1987 die Flugerprobung auf; erste Auslieferungen im März 1988. Die »Enhanced« folgte 2008. Vom Airbus-Bestseller A320 waren bis Dezember 2010 4502 bestellt und 2554 abgeliefert. Die monatliche Produktionsrate wurde mittlerweile auf 38 Einheiten erhöht. Eine weitere Steigerung ist in Planung. 2008 errichtete Airbus bei Tianjin Zhongtian in der VR China eine weitere Produktionsstraße.
Bemerkungen: Die A320 wird einer Verjüngungskur unterzogen. Mit Ausnahme der Winglets an den Flügelenden sind die meisten Modifikationen kaum sichtbar. Zur weiteren Verbesserung der Aerodynamik und Verringerung des Luftwiderstandes gestaltet Airbus den Flügel-Rumpf-Übergang sowie die Entlüftungsventile neu. Ebenfalls optimiert wird die Triebwerksaufhängung. Alle diese Maßnahmen tragen zu einer Reduktion der direkten Betriebskosten bei. Schließlich erfährt auch die Passagierkabine eine Überarbeitung mit beispielsweise größeren Gepäckfächern. Airbus hat Ende 2010 den Airbus A320neo lanciert, ausgerüstet mit Triebwerken neuester Technologie und überarbeiteten Flügelenden mit Sharklets. Man verspricht sich eine Reduktion des spezifischen Treibstoffverbrauchs von 15% sowie deutlich bessere Lärm- und Abgaswerte. Diese Version wird ab 2016 verfügbar sein.
Hersteller: Airbus Industrie, Teil der EADS (European Aeronautic Defence and Space Company), Werk Toulouse-Blagnac, Frankreich.

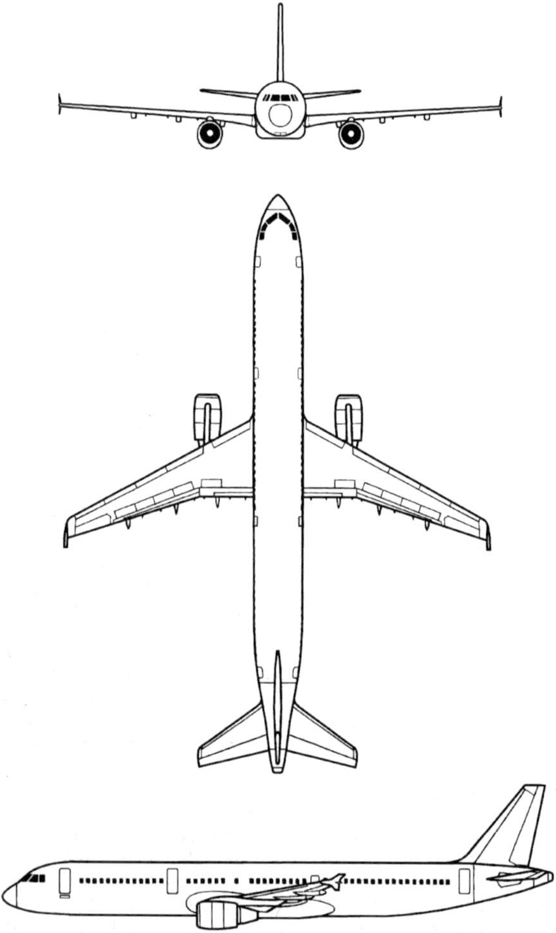

Abmessungen:
Spannweite 34,09 m
Länge 44,50 m
Höhe 11,80 m
Flügelfläche 126,00 m².

AIRBUS A321

Ursprungsland: Europäisches Konsortium.
Kategorie: Kurz- und Mittelstrecken-Verkehrsflugzeug.
Triebwerke: Zwei Mantelstromtriebwerke CFM International CFM56-5B1 von je 13607 kp (133,4 kN) bzw. -5B2 von je 14060 kp (138 kN) oder zwei IAE V2530-A5 von je 14060 kp (138 kN) Standschub.
Leistungen: Max. Reisegeschwindigkeit 903 km/h auf 8535 m; ökonom. Reisegeschwindigkeit 828 km/h; Dienstgipfelhöhe 11890 m; Reichweite mit max. Passagierzahl inkl. Reserven 4350 km.
Gewichte: Rüstgewicht 47500 kg; max. Startgewicht 83000 kg.
Zuladung: Zwei Mann Cockpitbesatzung und Mehrklassenbestuhlung für normalerweise 170 Passagiere. Einheitsklassen-Innenausstattung für max. 220 Passagiere; max. Nutzlast 21600 kg.
Entwicklungsstand: Der Prototyp der A321 nahm am 11. März 1993 die Flugerprobung auf; erste Auslieferungen im Januar 1994. Bis Ende 2010 sind 857 A321 bestellt und 626 davon ausgeliefert worden. Zum gleichen Zeitpunkt waren von allen Modellen der A320-Familie (A318/319/320/321) zusammen 6944 bestellt, u.a. 83 A318 und 1502 A319; 4526 aller Varianten gebaut
Bemerkungen: Der Rumpf der A321 wurde um je ein Einsatzelement von 4,27 m vor und einem von 2,67 m hinter dem Flügel verlängert und fasst dadurch zusätzliche 36 Passagiere in Sechserreihen. Außer einem wegen des höheren Abfluggewichts verstärkten Fahrwerk und leistungsfähigeren Triebwerken sind die Änderungen gegenüber dem Grundmuster A320 bewusst auf ein Minimum beschränkt. Unter der Bezeichnung A321-200 fliegt seit 12. Dezember 1996 eine schwerere Ausführung, welche dank leistungsfähigeren Triebwerken und auf 93000 kg erhöhtem Abfluggewicht und größerer Treibstoffzuladung Reichweiten bis zu 5600 km zulässt. Neu lancierte Airbus 2010 eine nochmals weiter entwickelte Ausführung mit Sharklets an den Flügelenden und verbesserten Reichweitenleistungen.
Hersteller: Airbus Industrie, Blagnac, Frankreich, Werk Hamburg-Finkenwerder, Deutschland, Teil der EADS (European Aeronautic Defence and Space Company).

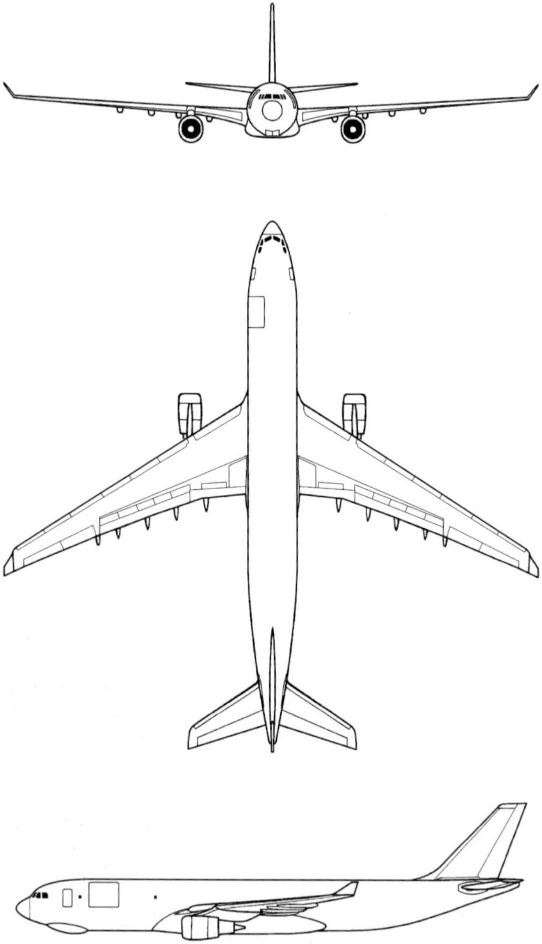

Abmessungen:
Spannweite inkl. Winglets 60,30 m
Länge 58,98 m
Höhe 17,89 m
Flügelfläche 363,10 m².

AIRBUS A330-200F

Ursprungsland: Europäisches Konsortium.
Kategorie: Ziviler Frachter.
Triebwerke: Zwei Mantelstromtriebwerke Rolls-Royce Trent 772, General Electric CF6-80E1 oder Pratt & Whitney PW4168 von zwischen 29600 und 31000 kp (302 und 316 kN) Standschub.
Leistungen: Max. Reisegeschwindigkeit 900 km/h; ökonom. Reisegeschwindigkeit 880 km/h; Dienstgipfelhöhe 12000 m; Reichweite als Frachter mit Nutzlasten von 62000 kg bzw. 50000 kg 7780 /9815 km.
Gewichte: Rüstgewicht 119500 kg; max. Startgewicht 233000 kg.
Zuladung: Zwei Mann Cockpitbesatzung und eine maximale Nutzlast als Frachter von 65000 bis 70000 kg.
Entwicklungsstand: Die völlig neu entwickelte Frachtausführung A330-200F flog erstmals am 5. November 2009. Die Indienststellung erfolgte im August 2010. 66 Einheiten sind bisher bestellt, darunter von Avion Aviation, Etihad, Flyington Freighters, Guggenheim, Turkish Airlines. Ende 2010 waren fünf davon ausgeliefert Die Ursprungsausführung 330-200 (siehe Ausgabe 2006) flog erstmals am 13. August 1997. Von der A330-Reihe lagen Ende 2010 Aufträge für 1104 Maschinen vor, darunter 556 A330-200 und 482 A330-300. Rund 750 Maschinen hat Airbus bis Ende 2010 ausgeliefert. Monatlich werden derzeit neun Einheiten hergestellt.
Bemerkungen: Als vorläufig letzte Version baut Airbus auch einen reinen zivilen Frachter. Dieser verfügt über ein Frachttor am Rumpf links vor den Flügeln und über einen verstärkten Kabinenboden. Zudem wurden Bugrad und Fahrwerksabdeckung überarbeitet. Derzeit prüft Airbus, auch von der längeren A330-300 eine Frachtausführung abzuleiten. Dabei kommen sowohl Umbauten von bestehenden A330-300 wie auch Neubauten in Frage. Seit 2010 ist von der Passagierversion A330-200 eine Weiterentwicklung mit auf 238000 kg erhöhtem Abfluggewicht erhältlich, welche Reichweiten von bis zu 12650 km ermöglicht.
Hersteller: Airbus Industrie, Blagnac, Frankreich, Werk Toulouse, Teil der EADS (European Aeronautic Defence and Space Company).

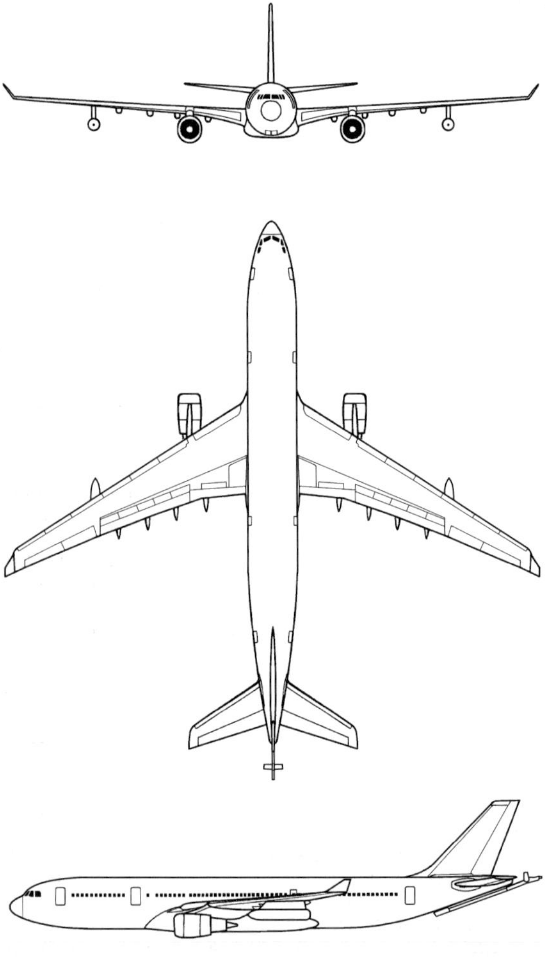

Abmessungen:
Spannweite inkl. Winglets 60,30 m
Länge ohne Luftbetankungsausleger 58,98 m
Höhe 17,89 m
Flügelfläche 363,10 m^2.

AIRBUS A330-200 MRTT/KC-45A

Ursprungsland: Europäisches Konsortium.
Kategorie: Militärischer Transporter, Tanker und Frachter.
Triebwerke: Zwei Mantelstromtriebwerke Rolls-Royce Trent 772, General Electric CF6-80E1 oder Pratt & Whitney PW4168 von zwischen 29600 und 31000 kp (302 und 316 kN) Standschub.
Leistungen: Max. Reisegeschwindigkeit 900 km/h; ökonom. Reisegeschwindigkeit 880 km/h; Dienstgipfelhöhe 12000 m; Reichweite als Frachter mit Nutzlasten von 62000 kg bzw. 50000 kg 7780 /9815 km, max. Reichweite 13520 km; als Tanker Aktionsradius von 2590 km mit 40000 kg.
Gewichte: Rüstgewicht 120000 kg; max. Startgewicht 230000 kg.
Zuladung: Zwei Mann Cockpitbesatzung und auf dem Hauptdeck 380 Soldaten oder 26 Paletten für Fracht; max. Nutzlast als Frachter 62000 kg, als Tanker eine Zuladung von 140000 kg.
Entwicklungsstand: Die erste für militärische Einsätze vorgesehene A330-200 MRTT begann die Flugerprobung am 24. Juni 2006. Aktueller Auftragsbestand: Australien (5), Großbritannien (14), Saudi Arabien (6), UAE (3). Dagegen ging der Wettbewerb für die USAF an den Konkurrenten Boeing verloren.
Bemerkungen: Airbus entwickelte aus der A330-Familie eine militärische Variante MRTT als Luftbetanker, der bis zu 140000 l Treibstoff mitführen kann. Die Tanks befinden sich in den Flügeln sowie im unteren Laderaum. So bleibt das Hauptdeck frei für Passagiere und Fracht. Die Treibstoffabgabe erfolgt entweder über zwei Stationen unter den Flügeln oder mittels eines Auslegers am Heck, der auf zwischen 11,6 und 17,8 m ausgefahren werden kann. Die Bedienung erfolgt an einer Konsole im Cockpitbereich.
Hersteller: Airbus Industrie, Blagnac, Frankreich, Werk Toulouse, Teil der EADS (European Aeronautic Defence and Space Company).

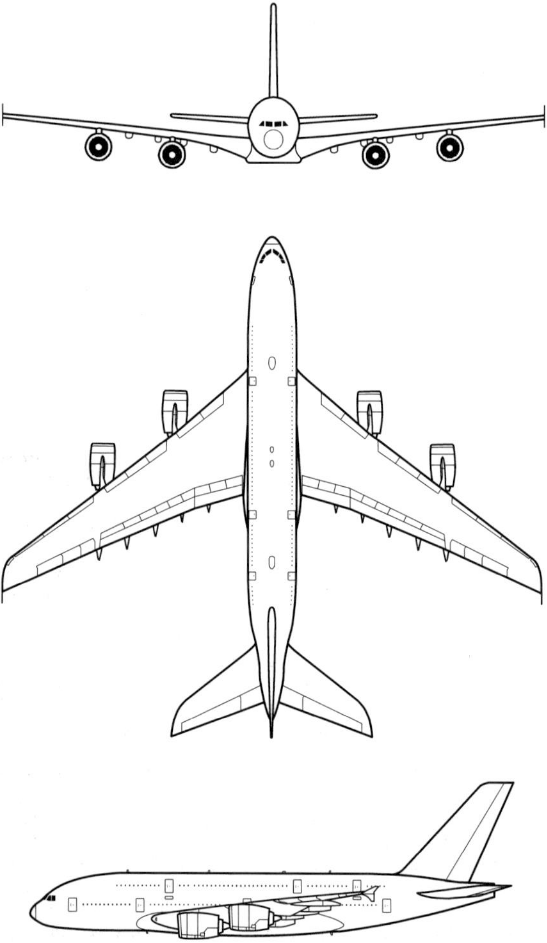

Abmessungen:
Spannweite inkl. Winglets 79,80 m
Länge 73,00 m
Höhe 24,10 m
Flügelfläche 845 m^2.

AIRBUS A380-800

Ursprungsland: Europäisches Konsortium.
Kategorie: Langstrecken-Verkehrsflugzeug.
Triebwerke: Vier Mantelstromtriebwerke Rolls Royce Trent 900 bzw. General Electric/Pratt & Whitney Engine Alliance GP7200 von je 31750 kp (312 kN) Standschub.
Leistungen: Max. Reisegeschwindigkeit Mach 0,89; ökonom. Reisegeschwindigkeit Mach 0,85; Dienstgipfelhöhe 13100 m; Reichweite mit normaler Passagierzahl 15000 km.
Gewichte: Rüstgewicht 276000 kg; max. Startgewicht (-800) 560000 kg, als Option 569000 kg.
Zuladung: Zwei Mann Cockpitbesatzung und in typischer Dreiklassenbestuhlung bis zu 555 Passagiere, mit Einheitsklasse bis zu 853 Passagiere (zwei von Austral so bestellt).
Entwicklungsstand: Das erste von vier Erprobungsmustern startete am 27. April 2005 zum Erstflug. Nach technisch bedingten Verzögerungen konnte der Erstkunde SIA die A380 erst im Oktober 2007 in Dienst nehmen. Bis Ende 2010 waren 234 von 17 Gesellschaften und eine VIP-Ausführung bestellt, 41 davon wurden abgeliefert. Hauptbesteller mit neu 90 Einheiten ist die Emirates.
Bemerkungen: Mit der A380 dringt die Zivilluftfahrt in eine neue Dimension vor, was Größe aber auch Kabinenkomfort angeht. Das weltgrößte Verkehrsflugzeug wird vorerst in zwei Versionen angeboten: Die Passagiervariante A380-800 sowie eine VIP-Ausführung. Später sind noch Varianten mit verlängertem Rumpf geplant. Der Rumpf umfasst zwei Etagen durchgehend für Passagiere sowie einen Gepäck- und Frachtraum. Im Querschnitt ist dieser gegenüber der Boeing 747 (siehe Seiten 76/77) im unteren Passagierraum um rund 0,50 m und im oberen um 1,85 m breiter. Die ganze Konstruktion der A380 ist auf große Wirtschaftlichkeit ausgelegt. Es wurden die neuesten Technologien angewendet, um die Betriebskosten tief zu halten. So bestehen beispielsweise große Teile des Rumpfes aus Verbundwerkstoffen. Ab 2013 ist eine Weiterentwicklung erhältlich, die dank auf 573000 kg erhöhtem Startgewicht Reichweiten bis zu 15360 km erlaubt oder eine um 1500 kg größere Nutzlast ermöglicht.
Hersteller: Airbus Industrie, Blagnac, Frankreich, Werk Toulouse, Teil der EADS (European Aeronautic Defence and Space Company).

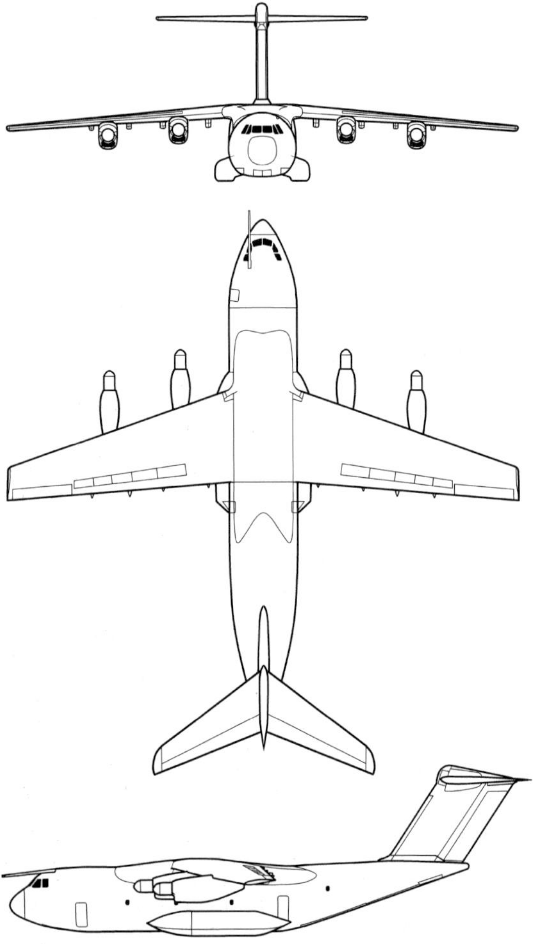

Abmessungen:
Spannweite 42,36 m
Länge 45,10 m
Höhe 14,70 m
Flügelfläche 221,50 m².

AIRBUS A400M

Ursprungsland: Europäisches Konsortium
Kategorie: Taktischer und strategischer Militärtransporter.
Triebwerke: Vier Propellerturbinen EuroProp International (EPI) TP400-D6 von je 13000 WPS, reduziert auf 11000 WPS (8200 kW) Leistung.
Leistungen: Max. Reisegeschwindigkeit zwischen Mach 0,68 und 0,72, auf niedriger Höhe 555 km/h; Dienstgipfelhöhe 11300 m; Reichweite mit einer Nutzlast von 20 t 6390 km, mit 30 t 4535 km; Überführungsreichweite 8790 km.
Gewichte: Leergewicht 76820 kg; max. Startgewicht 141000 kg.
Zuladung: Zwei Mann Cockpitbesatzung und z.B. zwei Tiger-Kampfhubschrauber, ein Roland-SAM-System oder ein 12 m-Standard-Container; max. Nutzlast 31500 kg, mit Überlast 37000 kg.
Entwicklungsstand: Nach technisch bedingten Verspätungen nahm der erste Prototyp die Flugerprobung am 11. Dezember 2009 auf. Mittlerweile fliegen drei Prototypen, zwei weitere folgen bis Mitte 2011. Die Ablieferungen beginnen Ende 2012. Wegen Kostenüberschreitungen des Programms und Sparmaßnahmen in einzelnen Ländern kam es zu Kürzungen und Annullationen. Nach derzeitigem Informationsstand sind nun 174 Exemplare von folgenden Luftwaffen bestellt: Belgien (7), Deutschland (53, ev. nur 40), Frankreich (50), Großbritannien (22), Luxemburg (1), Malaysia (4), Spanien (27), Türkei (10).
Bemerkungen: Beim Airbus A400M werden erstmals für einen Militärtransporter sowohl im Entwicklungs- wie auch im Fertigungsprozess kommerzielle Praktiken angewendet. Viele Elemente stammen von zivilen Modellen ab, so z.B. das Cockpit, welches weitgehend jenem der heutigen Airbus-Verkehrsflugzeuge entspricht. Die A400M soll vorab die C-160 Transall sowie die C-130 Hercules ablösen. Gegenüber diesen Mustern weist sie bei weitgehend gleich hohen Betriebskosten eine doppelte Nutzlast-/Volumenkapazität auf. Der Frachtraum ist 17,71 m lang (inkl. Rampe 23,11 m), 4,00 m breit sowie 3,85 m hoch. Nebst der Transportausführung ist auch eine Tankervariante geplant. Zudem soll die A400M dank im Frachtraum zu platzierenden modularen Ausrüstungselementen als Plattform für eine Vielzahl weiterer Aufgaben dienen.
Hersteller: Airbus Military, Teil der EADS (European Aeronautic Defence and Space Company), Werk (Endmontage) San Pablo, Sevilla, Spanien.

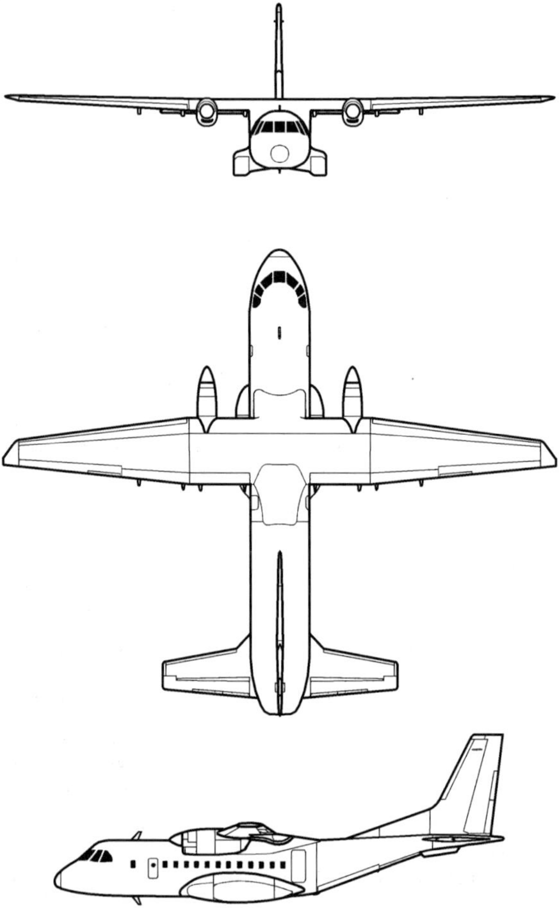

Abmessungen:
Spannweite 25,81 m
Länge 21,40 m
Höhe 8,18 m
Flügelfläche 59,10 m².

AIRTECH (CASA/IPTN) CN-235-200

Ursprungsland: Spanien und Indonesien.
Kategorie: Regionalverkehrsflugzeug und Mehrzwecktransporter, bzw. Militärfrachter (CN-235M) und Marine-Patrouillenflugzeug (CN-235MP bzw. MPA).
Triebwerke: Zwei Propellerturbinen General Electric CT7-9C3s von je 1750 WPS (1305 kW) Leistung.
Leistungen: Max. Reisegeschwindigkeit 460 km/h auf 4575 m; max. Anfangssteiggeschwindigkeit 7,75 m/Sek; Dienstgipfelhöhe 7620 m; Reichweite mit max. Nutzlast und 45 Min. Reserven 1773 km, mit 2400 kg und max. Treibstoffzuladung 3658 km.
Gewichte: Normales Rüstgewicht 9800 kg (CN-235M: 8600 kg); max. Startgewicht 15800 kg (CN-235M: 16500 kg).
Zuladung: Zwei Piloten und Standard-Innenausstattung für 40 oder 44 Passagiere in Viererreihen bzw. Nutzlast von 4300 kg, in der Kombiversion CN-235QC 18 Passagiere und zwei LD-3-Container. Als Militärtransporter (CN-235M) 51 Soldaten bzw. bis zu 6000 kg Fracht.
Entwicklungsstand: Der erste Prototyp flog erstmals am 11. November 1983, Beginn der Kundenablieferungen am 15. Dezember 1986. Bis Dezember 2010 waren von den zivilen und militärischen Varianten zusammen rund 310 Einheiten bestellt, etwa 300 davon ausgeliefert. Größter Einzelkunde ist die Türkei mit 61 CN-235M (Lizenzbau). Frankreich beschaffte insgesamt 20 (zusätzliche 8 kürzlich bestellt). Weitere 20 militärische und paramilitärische Organisationen erwarben dieses Muster. 36 als HC-235A Ocean Sentry bezeichnete CN-235ER erhält die US Coast Guard, 14 davon sind bereits bestellt. Neueste Aufträge: Botswana 2, Marinen von Indonesien 3 und Kolumbien 1.
Bemerkungen: Die CN-235 wird in Gemeinschaftsarbeit zwischen der spanischen CASA und der indonesischen IPTN gebaut. Unter der Bezeichnung CN-235MPA ist seit 1991 eine ASW-/Marine-Patrouillenversion CN-235MPA mit einem 360°-Suchradar im Einsatz. Sie besitzt die Möglichkeit, bis zu zwei Antischiffs-Lenkwaffen AM-39 Exocet oder zwei Torpedos Mk. 46 mitzuführen. Eine etwas vereinfachte unbewaffnete Ausführung CN-235MP wurde u.a. von Spanien beschafft. Die neueste Version ist die CN235-300 mit stärkeren CT7-9C3-Triebwerken von 1900 WPS (1400 kW) Leistung, Honeywell-Avionik und ARL-2002 EW-Selbstverteidigungssystem.
Hersteller: Airtech, Aircraft Technology Industries, Madrid, Spanien, Werke in Sevilla, Spanien und Bandung, Indonesien.

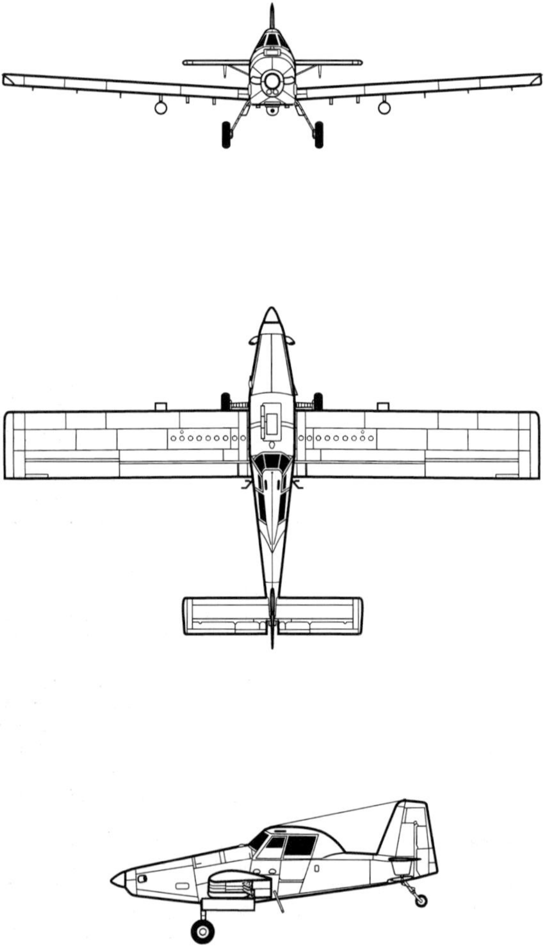

Abmessungen:
Spannweite 18,04 m
Länge 10,87 m
Höhe 3,35 m
Flügelfläche 37,25 m².

AIR TRACTOR AT-802U

Ursprungsland: USA.
Kategorie (AT-802U): Leichtes Erdkampf- und Überwachungsflugzeug bzw. (AT-802) Landwirtschafts- und (AT-802F SEAT) Feuerlöschflugzeug.
Triebwerke: Eine Propellerturbine Pratt & Whitney Canada (AT-802U) PT6A-67F von 1600 WPS (1195 kW) oder (AT-802F) PT6A-67AG von 1350 WPS (1006 kW) Leistung.
Leistungen (AT-802U): Höchstgeschwindigkeit ohne Außenlasten 394 km/h; Reisegeschwindigkeit 333 km/h; Anfangssteiggeschwindigkeit 8,6 bis 15,2 m/Sek; Reichweite 2414 km auf 2440 m und Zusatzrumpftank.
Gewichte (AT-802U): Leergewicht 3703 kg mit Panzerung, als Löschflugzeug (AT-802F) 3088 kg; max. Startgewicht 7257 kg.
Zuladung (AT-802/F): Pilot und in einem Tank vor dem Piloten Chemikalien bzw. Löschmittel bis zu 3000 Liter; max. Nutzlast nach Herstellerangaben 4390 kg.
Bewaffnung (AT-802U): Insgesamt können an neun bis fünfzehn Stationen unter den Flügeln Waffen, Sensoren und Überwachungssysteme verschiedenster Art bis zu einer Nutzlast von rund 3500 kg mitgeführt werden.
Entwicklungsstand: Die erste AT-802U fliegt seit Anfang 2009. Bestellungen für eine unbekannte Anzahl liegen bereits von den UAE vor. Das Ausgangsmuster AT-802 fliegt seit 1993 und wurde mittlerweile in rund 350 Exemplaren gebaut.
Bemerkungen: Als Überraschung stellte Air Tractor Mitte 2009 eine bewaffnete Weiterentwicklung des Sprühflugzeuges AT-802 vor. Neben der Bewaffnung unterscheidet sich diese Ausführung primär dadurch, dass Cockpit und Teile der Triebwerksverkleidung gepanzert sind. Mit der AT-802U bietet man ein kostengünstiges Muster für Überwachungs- und Erdkampfeinsätze an, welches von unvorbereiteten Pisten aus operieren kann. Das Ausgangsmuster AT-802 ist das Top-Modell einer langen Reihe von besonders für die Landwirtschaft ausgerichteten Modellen. Alle zeichnen sich durch die für Sprühflugzeuge typische robuste Auslegung als einsitziger oder zweisitziger Tiefdecker mit großem Tank vor dem Cockpit aus. Sie sind ausgesprochen wendig. Die AT-802 ist das derzeit größte einmotorige Flugzeug der Welt. Air Tractor bietet auch eine Ausführung mit Schwimmern an.
Hersteller: Air Tractor Inc., Olney, Texas, USA.

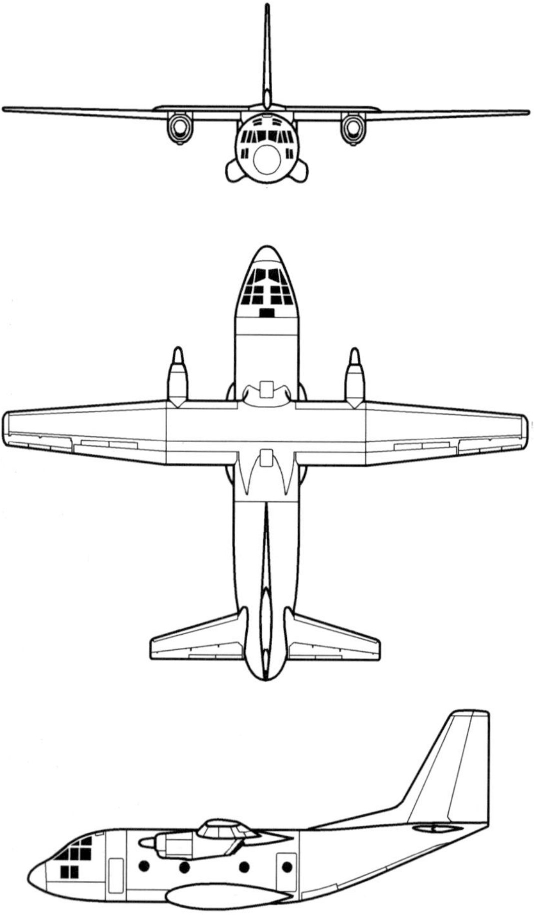

Abmessungen:
Spannweite 28,70 m
Länge 22,70 m
Höhe 9,64 m
Flügelfläche 82,00 m².

ALENIA C-27J SPARTAN

Ursprungsland: Italien.
Kategorie: Militärischer Mehrzweck- und STOL-Transporter.
Triebwerke: Zwei Propellerturbinen Allison AE2100-D2 von je 4637 WPS (3460 kW) Leistung.
Leistungen: Max. Reisegeschwindigkeit 602 km/h, Langstrecken-Reisegeschwindigkeit 500 km/h auf 6000 m; Anfangssteiggeschwindigkeit 10+ m/Sek; Dienstgipfelhöhe 9150 m; Reichweite mit einer Nutzlast von 10000 kg 1852 km, mit 6000 kg 4260 km; Überführungsreichweite 5926 km.
Gewichte: Leergewicht 16500 kg; max. Startgewicht 31800 kg.
Zuladung: Zwei Mann Cockpitbesatzung und als Truppentransporter 53 voll ausgerüstete Soldaten, 46 Fallschirmjäger oder 36 Verwundete bzw. bis zu 11500 kg Fracht.
Entwicklungsstand: Der erste Prototyp der C-27J fliegt seit 25. September 1999, gefolgt vom ersten Serienmuster am 12. Mai 2000. 82 Bestellungen sind bisher eingegangen: Bulgarien nur noch 3, Ghana 4, Griechenland 12, Italien 12, Litauen 3, Marokko 4, Rumänien 7, Slowakei 2, Taiwan 6. Ende 2010 befanden sich über 50 Maschinen im Einsatz. Der US-Auftrag wurde auf insgesamt 38 Einheiten für die USAF reduziert, 29 davon sind bestellt.
Bemerkungen: Die C-27J ist eine wesentlich weiterentwickelte Ausführung des Ursprungmodells G.222 (siehe Ausgabe 1995). In einem Joint-Venture von 50 : 50 mit Lockheed Martin entwickelt, weist sie viele Gemeinsamkeiten mit dem mittelschweren Transporter C-130J Hercules II auf (siehe Seiten 228/229). So sind Triebwerk, Sechsblattpropeller und Avionik weitgehend identisch. Damit verspricht man sich bei einem gemeinsamen Beschaffen beider Muster einen wesentlich wirtschaftlicheren Betrieb. Die C-27J wurde nach zivilen Grundsätzen im Juni 2001 zugelassen. Erste Auslieferungen erfolgten ab 2003. Für das USAF Special Operations Command wird ein Prototyp einer bewaffneten Version AC-27J Stinger II-Gunship beschafft. Er soll entweder über eine 30- oder 40 mm-Kanone verfügen. Bis zu 16 Einheiten will die USAF bauen lassen.
Hersteller: Alenia Aeronautica (Tochtergesellschaft der Finmeccanica), Rom, Werk Torino-Caselle, Italien.

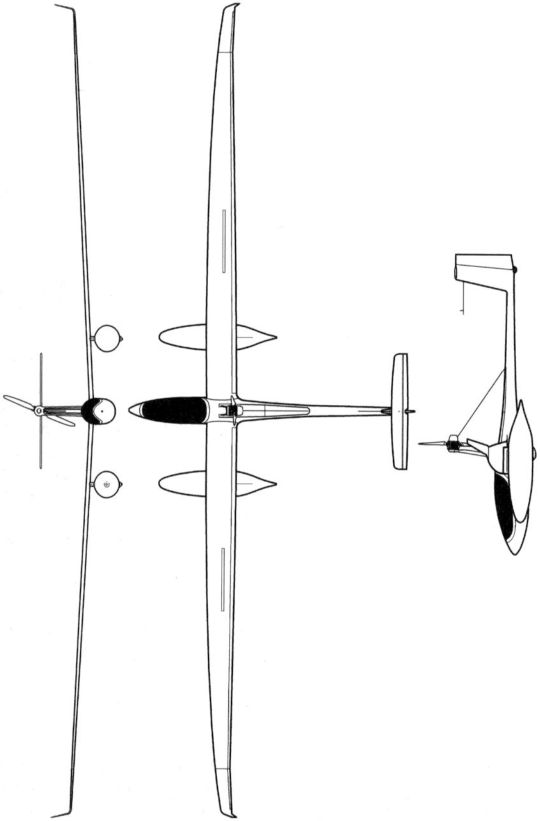

Abmessungen:
Spannweite 20,00 m
Länge Hauptkörper 7,40 m
Flügelfläche 12,60 m².

ANTARES DLH-H2

Ursprungsland: Deutschland.
Kategorie: Unbemannter Erprobungsträger zur Erforschung des Brennstoffzellenantriebs.
Triebwerke: Ein Elektromotor DC/DC Brushless mit einer maximalen Leistung von rund 42 kW. Das mitgeführte Brennstoffzellensystem ermöglicht eine Leistung (zwei Pods) von etwa 25 kW bzw. (vier Pods) von 45 kW.
Leistungen: Höchstgeschwindigkeit rund 170 km/h; max. Steiggeschwindigkeit 2,5 m/Sek; Dienstgipfelhöhe etwa 4000 m; max. Reichweite mit zwei Pods ›750 km, mit vier Pods ›2000 km.
Gewichte: Leergewicht ca. 460 kg; max. Startgewicht (mit zwei Pods) 750 kg, (in Vierpods-Konfiguration) 900 kg.
Zuladung: Messinstrumente zu Forschungszwecken; Gewicht des Brennstoffzellensystems ca. 60 kg.
Entwicklungsstand: Der einzige Erprobungsträger nahm die Flugerprobung am 7. Juli 2009 auf. Das Forschungsprogramm läuft einstweilen bis 2017.
Bemerkungen: Auf der Suche nach neuen Möglichkeiten zur Verringerung von Treibstoffverbrauch und Schadstoffausstoß im Luftverkehr leistet die DLR-H2 mit ihrem Brennstoffzellen-Antrieb einen Beitrag. Das Forschungsflugzeug soll mithelfen, Brennzoffzellen für eine zuverlässige Bordstromversorgung in Großraum-Verkehrsflugzeugen zu entwickeln. Die in Kooperation mit der Lange Aviation GmbH entwickelte Antares DLR-H2 und ihr Antrieb basieren in wesentlichen Teilen auf dem seit einigen Jahren gebauten Motorsegler Antares 20E. In zwei zusätzlichen Außenlastbehältern werden das Brennstoffzellensystem und die Wasserstofftanks unter den dafür verstärkten Flügeln angebracht. In weiteren Schritten könnten die Leistungsdaten des Flugzeugs mit bis zu vier Außenlastbehältern oder weiterentwickelten Brennstoffzellen noch signifikant gesteigert werden. Für den Vorwärtsflug benötigt die DLR-H2 nur gerade 10 kW.
Hersteller (Versuchtsträger): Lange Aviation GmbH, Zweibrücken und (Antrieb) DLR – Deutsches Zentrum für Luft- und Raumfahrt, Köln (Hauptsitz), Deutschland.

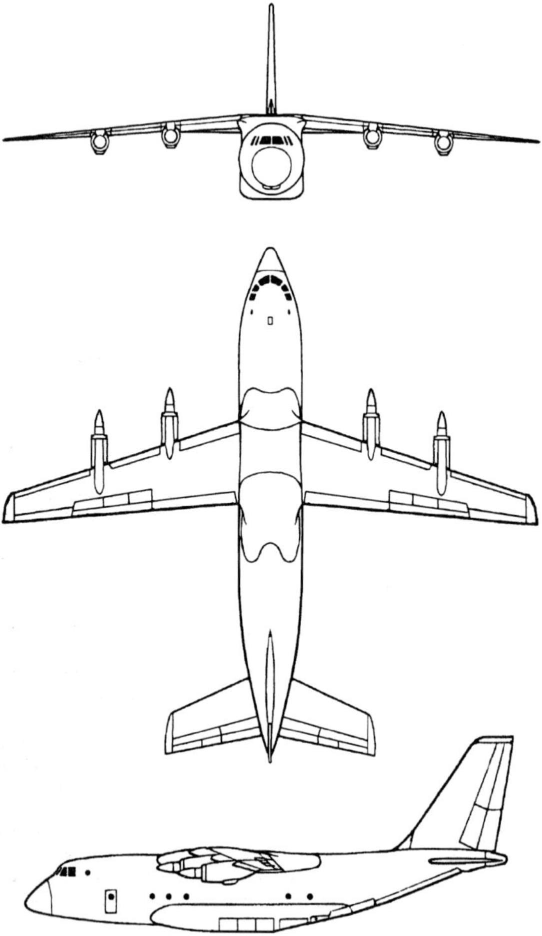

Abmessungen:
Spannweite 44,06 m
Länge 40,73 m
Höhe 16,38 m.

ANTONOW AN-70

Ursprungsland: Ukraine.
Kategorie: Militärischer und ziviler Mittel- und Langstreckenfrachter.
Triebwerke: Vier gegenläufige Propellerturbinen Progress/Motor Sich D-27 von je 14000 WPS (10440 kW) Leistung.
Leistungen: Normale Reisegeschwindigkeit 750 km/h auf 9600 m; Dienstgipfelhöhe 12000 m; Reichweite mit 35000 kg Nutzlast 3500 km, mit max. Nutzlast 1350 km; max. Reichweite 7800 km.
Gewichte: Leergewicht 73000 kg; normales Startgewicht 112000 kg; max. Startgewicht 135000 kg.
Zuladung: Drei Mann Cockpitbesatzung, 170 Soldaten oder 47000 kg Fracht in einem druckbelüfteten Frachtraum von 19,10 m Länge (ohne Rampe), 4,00 m Breite sowie 4,10 m Höhe.
Entwicklungsstand: Der erste Prototyp nahm die Flugerprobung am 16. Dezember 1994 auf, stürzte aber am 10. Februar 1995 ab. Der zweite Prototyp flog erstmals am 24. April 1997. Nachdem das Projekt während Jahren auf Eis gelegt wurde haben sowohl die Ukraine wie auch Russland entschieden, die Produktion nun doch aufzunehmen. Die Ukraine soll ab Ende 2011 zwei, Russland eine noch unbekannte Zahl An-70 erhalten. Auch der zivile Frachtoperator Volga-Dnepr plant die Beschaffung.
Bemerkungen: Die An-70 wird sowohl als ziviler wie auch als militärischer Frachter angeboten. Bei der Konstruktion hat Antonow besonders auf niedrige Betriebskosten und hohe Zuverlässigkeit geachtet. Dank Verwendung von vielen Verbundwerkstoffen wird eine lange Lebensdauer angestrebt. Das interessanteste Konstruktionsteil sind die Triebwerke, welche in dieser Form erstmals in einem Serienflugzeug Verwendung finden. Die gegenläufigen Propeller haben vorn acht und hinten sechs Blätter. Die An-70 soll in der Lage sein, bei max. Abfluggewicht nach 1500 m abzuheben. Nachdem die Entwicklung schon einige Jahre zurückliegt, wird die Produktionsversion überarbeitet und ein neues Cockpit mit Digitalanzeigen, neuere Avionik, Fly-by-Wire-System und modifizierte Triebwerke sowie Propeller erhalten.
Hersteller: Antonow Aeronautical Scientific Complex, Kiew, Ukraine; Werk Aviacor, Samara, Russland.

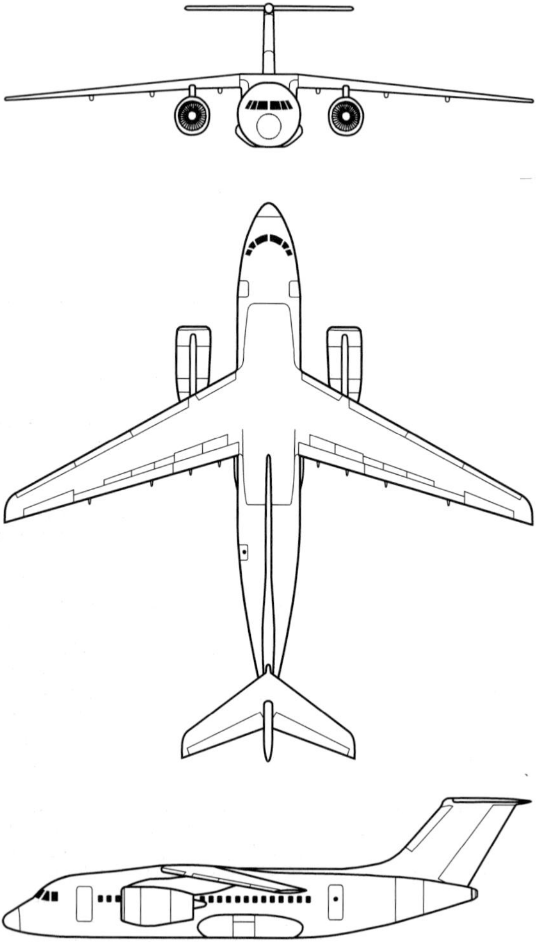

Abmessungen:
Spannweite 28,91 m
Länge (An-148) 29,13 m, (An-158) 31,63 m
Höhe 8,02 m
Flügelfläche 87,30 m².

ANTONOW AN-148/AN-158

Ursprungsland: Ukraine.
Kategorie: Ziviler Transporter für Kurz- bis Mittelstrecken.
Triebwerke: Zwei Mantelstromtriebwerke Progress D-436-148 von je 6920 kp (67,8 kN) Standschub.
Leistungen: Max. Reisegeschwindigkeit 870 km/h; normale Reisegeschwindigkeit 820 km/h; Dienstgipfelhöhe 12500 m; normale Reichweite 3600 km, maximal 5100 km.
Gewichte: Leergewicht 22490 kg; max. Startgewicht 38800 kg.
Zuladung: Zwei Mann Besatzung im Cockpit und bei Einheitsbestuhlung in Fünferreihen bis zu (An-148) 80 bzw. (An-158) 99 Passagiere; max. Nutzlast 9000 kg.
Entwicklungsstand: Nach einigen Verzögerungen hat der erste Prototyp am 17. Dezember 2004 die Flugerprobung begonnen. Das erste Serienflugzeug wurde Ende 2008 fertig gestellt. Mit den Ablieferungen an Kunden begann man Ende 2009. Neuesten Quellen zufolge sind derzeit 72 Einheiten bestellt (+54 Optionen) und rund 10 davon abgeliefert. 20 davon beschafft die russische Polet, 18 die Pulkovo, weitere die Ilyushin-Finance. Je zwei An-148 in VIP-Ausführung haben die Regierungen von Kazakhstan und Myanmar bestellt. Im Iran sollen bei HESA bis zu 80 Einheiten in Lizenz hergestellt werden. Die An-158 startete am 28. April 2009 zum Erstflug.
Bemerkungen: Die An-148 ist eine konsequente Weiterentwicklung der An-74 (siehe Ausgabe 2007). Der Rumpf wurde von ihr übernommen, jedoch verlängert. Dagegen sind die Flügel völlig neu konstruiert. Die Steuerung erfolgt mittels Fly-By-Wire-System. Die An-148 soll sich durch hohe Wirtschaftlichkeit und leichte Wartbarkeit auszeichnen. Mit der An-158 bietet der Hersteller eine um 2,50 m verlängerte Ausführung für 100 Passagiere an. Davon abgeleitet folgt später eine Frachtausführung An-158T. Auch eine Geschäftsreiseversion An-168 für 19 bzw. 38 Passagiere ist vorgesehen. Antonow plant schließlich auch eine Frachtversion der An-148, welche neu als An-178 bezeichnet wird. Sie wäre primär für Militäreinsätze mit einer Heckladerampe und einer Nutzlast von rund 20000 kg gedacht.
Hersteller: Antonow Aeronautical Scientific Complex, Kiew, Werke Aviant, Kiew, Ukraine und VASO Woronezh, Russland.

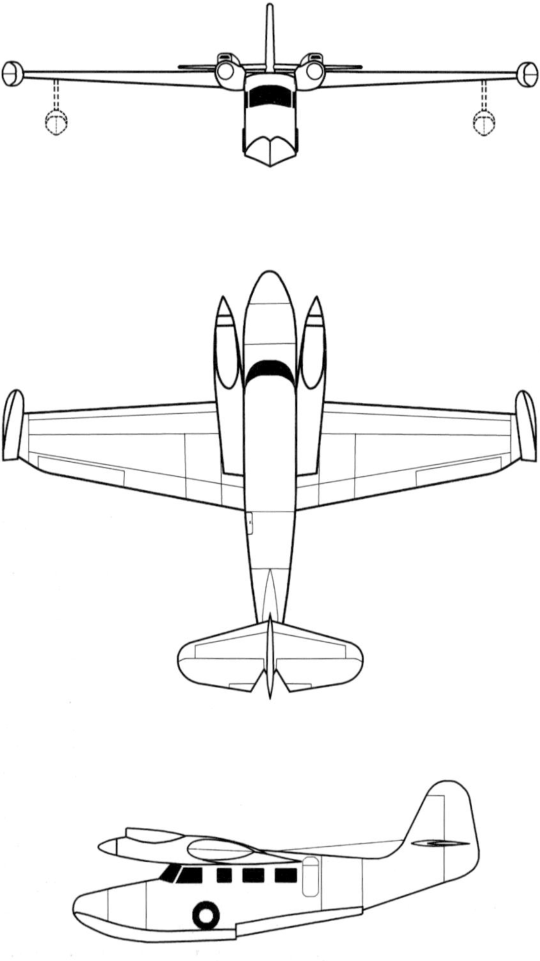

Abmessungen:
Spannweite mit eingezogenen Schwimmern 15,50 m
Länge 12,10 m
Höhe 4,60 m
Flügelfläche 35,80 m².

ANTILLES SEAPLANES/GRUMMAN G-21G SUPER GOOSE

Ursprungsland: USA.
Kategorie: Amphibienflugzeug für Passagier- und Frachteinsätze.
Triebwerke: Zwei Propellerturbinen Pratt & Whitney PT6A-34 mit auf 680 WPS (507 kW) reduzierter Leistung.
Leistungen: Höchstgeschwindigkeit 390 km/h, normale Reisegeschwindigkeit 330 km/h; max. Schrägsteiggeschwindigkeit 10,1 m/Sek; Dienstgipfelhöhe 6096 m; max. Reichweite bei Reisegeschwindigkeit 2220 km.
Gewichte: Leergewicht 2175 kg; max. Startgewicht 5670 kg.
Zuladung: Ein Pilot im Cockpit und je nach Innenausstattung bis zu zehn Passagiere; max. Nutzlast 2450 kg.
Entwicklungsstand: Der Erstflug der G-21G Super Goose fand im April 2009 statt. Der Hersteller kündigte Ende 2009 an, dass er nun Bestellungen annimmt. Der aktuelle Auftragsbestand ist nicht bekannt. Das Ausgangsmuster G-21 Goose flog erstmals am 29. Mai 1937. Bis 1945 wurden insgesamt 345 Maschinen gebaut.
Bemerkungen: Für den Nischenmarkt von Wasserflugzeugen besteht weltweit nach wie vor Bedarf. Neue Konstruktionen sind selten, die Zahl der noch im Einsatz stehenden meist sehr alten Modelle nimmt laufend ab. Antilles Seaplane hat deshalb basierend auf der bewährten Konstruktion der Grumman G-21 Goose eine den heutigen Anforderungen entsprechende Weiterentwicklung lanciert. Nach alten Plänen werden neue Maschinen gebaut. Diese weisen Propellerturbinen, eine Cockpit-Instrumentierung neuester Technologie und eine völlig überarbeitete Kabineneinrichtung auf. Teile der Struktur bestehen aus Carbonfiber. Geblieben ist die robuste Konstruktion, welche erlaubt, auch bei relativ hohem Seegang zu starten und zu landen. Auch das Einziehfahrwerk ist für Naturpisten, ja sogar für Starts ab Schneepisten ausgelegt. Neu entwickelt Antilles eine Ausführung für die US Special Forces.
Hersteller: Antilles Seaplanes LLC, Graham, North Carolina, USA.

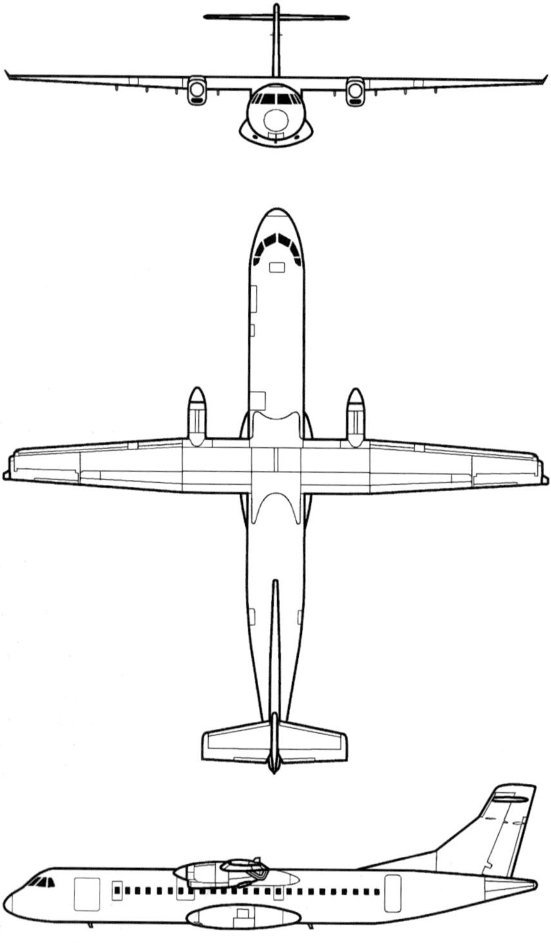

Abmessungen (ATR 42/ATR 72):
Spannweite 24,57/27,05 m
Länge 22,67/27,17 m
Höhe 7,59/7,65 m
Flügelfläche 54,50/61,00 m².

ATR 42-600/ATR 72-600

Ursprungsland: Frankreich und Italien.
Kategorie: Regionalverkehrsflugzeug.
Triebwerke (ATR 42-500/ATR 72-500): Zwei Propellerturbinen Pratt & Whitney Canada PW127E von je 2400 WPS (1790 kW) bzw. PW127F von je 2750 WPS (2050 kW) Leistung.
Leistungen (ATR 42-500/ATR 72-500): Max. Reisegeschwindigkeit 555/511 km/h auf 7620 m; ökonom. Reisegeschwindigkeit 450 km/h auf 7620 m; Reichweite mit 48/68 Passagieren und max. Gepäckzuladung 1550/1650 km und ohne Nutzlast über 4000 km.
Gewichte (ATR 42-500/ATR 72-500): Rüstgewicht 11250/12950 kg; max. Startgewicht 18600/22500 kg.
Zuladung: Zwei Mann Cockpitbesatzung und verschiedene Innenausstattungen für (ATR 42) max. 48 bzw. (ATR 72) 64 bis 74 Passagiere in Viererreihen mit Mittelgang; Nutzlast (ATR 42-500) 5450 kg, als Frachter 5800 kg bzw. (ATR 72-500) 7350 kg.
Entwicklungsstand: Die neueste Ausführung ATR 72-600 flog erstmals am 24. Juli 2009. Bisher sind 106 Maschinen (ATR 42-600 7, ATR-72-600 99) bestellt. Mit den Ablieferungen beginnt man 2011. Bis dahin werden die ATR42/72-500 weiterhin produziert. Von allen Varianten waren bis Ende 2010 über 1000 Einheiten (ATR-42 418, ATR-72 588) bestellt. Die 900. ATR wurde im September 2010 ausgeliefert. Aktuell beläuft sich die Jahresproduktion auf rund 50 Einheiten.
Bemerkungen: Mit der ATR-42/72-600 wird die dritte Generation dieses bewährten Flugzeugs lanciert. Bei gleichen Abmessungen wie die früheren Varianten erfährt sie einige Verbesserungen. So sind stärkere Triebwerke PW127M eingebaut, die insbesondere bessere Startleistungen auf hoch gelegenen Flugplätzen ermöglichen. Zudem kann eine größere Nutzlast mitgeführt werden. Das Cockpit ist völlig neu und mit einer Thales-Avionik ausgerüstet. Weiter erhöhte man den Kabinenkomfort. Bereits wird an einer nochmals verbesserten, größeren und voraussichtlich mit einem neuen Rumpf ausgestatteten Weiterentwicklung gearbeitet. Unter der Bezeichnung ATR 42-400MP bzw. ATR-72-400MP existiert eine Seeüberwachungsversion, versehen mit einem Raytheon SV2022-Radar unter dem Rumpf, FLIR und ESM-Ausrüstung; bestellt u.a. von Italien, Nigeria, Türkei und Lybien.
Hersteller: Avions de Transport Régional (ATR): Aérospatiale Matra, Toulouse-Blagnac, Frankreich und Alenia, Neapel, Italien.

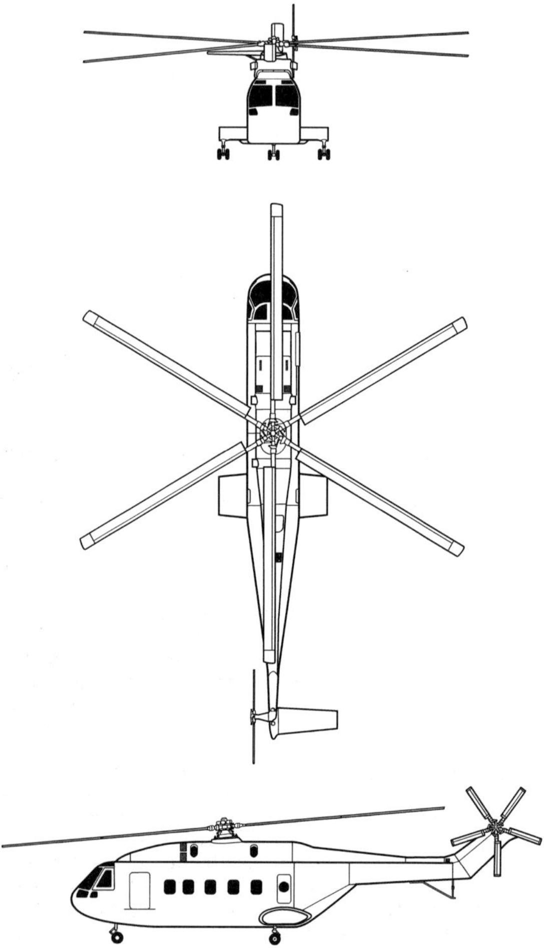

Abmessungen (CAIG/Change Z-8F):
Rotordurchmesser 18,90 m
Rumpflänge inkl. Rotor 23,05 m
Höhe 6,66 m.

AVICOPTER AC313

Ursprungsland: Volksrepublik China.
Kategorie: Mittelschwerer Hubschrauber.
Triebwerke: Drei Gasturbinen Pratt & Whintey PT6B-67A noch unbekannter Leistung.
Leistungen: Max. Reichweite rund 900 km. Weitere Leistungsdaten bisher nicht bekannt.
Gewichte (provisorische Angaben): Max. Startgewicht 13800 kg.
Zuladung: Zwei Mann Besatzung im Cockpit und bis zu 27 Passagiere; max. Nutzlast intern 4000 kg, extern 5000 kg.
Entwicklungsstand: Ein erster Prototyp nahm am 18. März 2010 die Flugerprobung auf. Als bisher einziger Besteller beschafft die Flying Dragon Special Aviation fünf Einheiten. Es wird erwartet, dass auch die chinesischen Streitkräfte sowie weitere paramilitärische Organisationen diesen Typ in Auftrag geben. Die Ablieferungen sollen schon Ende 2011 beginnen. Es ist geplant, diesen Hubschrauber auch in den USA und in Europa zuzulassen.
Bemerkungen: Bei der AC313 handelt es sich um eine Weiterentwicklung der CHAIG/Changhe Z-8 (siehe Ausgabe 2008), welche wiederum von der Aérospatiale SA321 Super Frelon abstammt. Sie ist der bisher größte Hubschrauber, welcher in der Volksrepublik China gebaut wurde und dürfte von den Dimensionen her in etwa mit der Agusta Westland AW 101, der Mil Mi-38 und der Sikorsky S-92 vergleichbar sein. Neben dem Transport von Personen, soll die AC313 für eine Vielzahl von Aufgaben Verwendung finden wie beispielsweise Frachttransporte, Such- und Rettungseinsätze, VIP-Transporte sowie als Löschhubschrauber. Die Avionik ist eine vollständige chinesische Eigenentwicklung. 50% der Rumpfkonstruktion soll aus Verbundwerkstoffen bestehen. Weitere Informationen sind derzeit noch nicht erhältlich.
Hersteller: Avicopter, eine Division des chinesischen Luftfahrtkonglomerats AVIC, Jingdezhen Facility, Jiangxi, VR China.

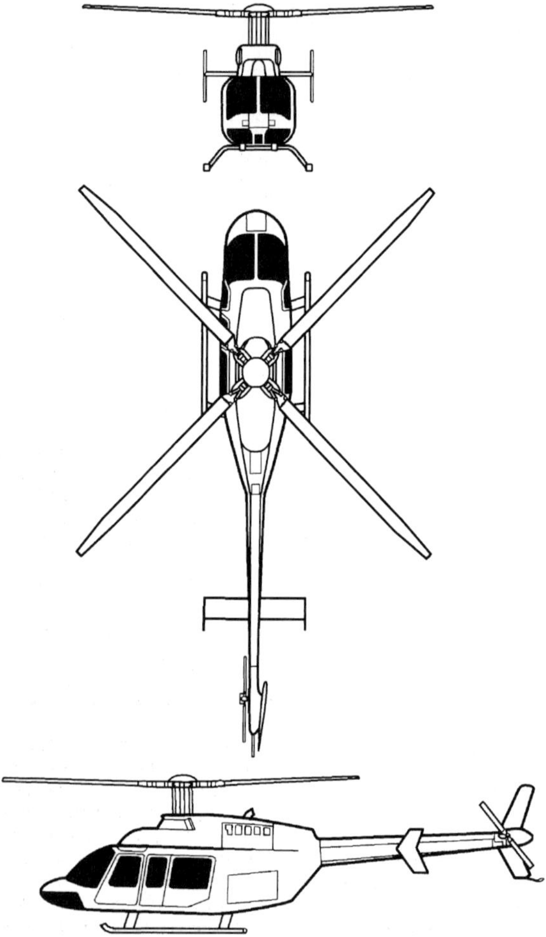

Abmessungen:
Rotordurchmesser 10,66 m
Rumpflänge 10,57 m
Höhe über Heckflosse 3,10 m,
mit den als Option erhältlichen höheren Kufen 3,30 m.

BELL 407

Ursprungsland: USA (Kanada).
Kategorie: Leichter Mehrzweckhubschrauber.
Triebwerke: Eine Gasturbine Allison 250-C47B von 674 WPS (503 kW) Leistung.
Leistungen: Höchstgeschwindigkeit 260 km/h, max. Reisegeschwindigkeit 250 km/h; max. Schrägsteiggeschwindigkeit 6,4 m/Sek; Dienstgipfelhöhe 6096 m; Schwebehöhe mit Bodeneffekt 5852 m, ohne Bodeneffekt 5364 m; Reichweite ohne Reserven 612 km; max. Flugzeit 4,0 Std.
Gewichte: Standard-Leergewicht 1214 kg; max. Startgewicht 2268 kg, mit externer Nutzlast 2722 kg.
Zuladung: Pilot und sechs Passagiere; max. interne Nutzlast 1065 kg, externe Nutzlast 1200 kg.
Entwicklungsstand: Ein Erprobungsträger der 407 fliegt seit 21. April 1994. Der erste von zwei eigentlichen Prototypen nahm im Juni 1995 die Flugerprobung auf. Bell begann mit der Auslieferung noch 1995. Im Juni 2010 wurde das 1000. Exemplar einem Kunden übergeben. Der aktuelle Auftragsbestand ist nicht bekannt.
Bemerkungen: Die einmotorige Bell 407 ersetzte die Erfolgsmodelle 206 JetRanger und TwinRanger. Nebst deutlich stärkerem Triebwerk verfügt die 407 über einen von der OH-58D abgeleiteten Vierblattrotor aus Kunststoff. Auch das Dynamiksystem ist von diesem Muster übernommen. Schließlich wird ein volldigitales Triebwerkmanagementsystem FADEC eingebaut. Dank dieser Maßnahmen fliegt die 407 wesentlich vibrationsärmer und kostengünstiger. Gegenüber der Vorgängerin 206 ist die Kabine 18 cm breiter und verfügt über größere Fenster und Türen. Die ab 2004 ausgelieferten Modelle weisen einige Verbesserungen auf, die besonders der Zuverlässigkeit und dem Komfort dienen, so u.a. neuer Heckausleger, überarbeitete Kühlung, Startgenerator, faltbare Rotorblätter, neue Sitze usw. Neu bietet Bell eine deutlich leistungsgesteigerte Ausführung 407HP an, welche über ein Triebwerk Honeywell HTS900 verfügt. Neue wie auch bestehende Hubschrauber können damit ausgerüstet werden. Zusammen mit Northrop Grumman entwickelt man die unbemannte Bell 407 Fire-X (Erstflug 15. Dezember 2010), welche für Überwachungs- und Aufklärungseinsätze entsprechend ausgerüstet würde.
Hersteller: Bell Helicopter Textron Inc., Canadian Division, Mirabel, Montreal, Kanada.

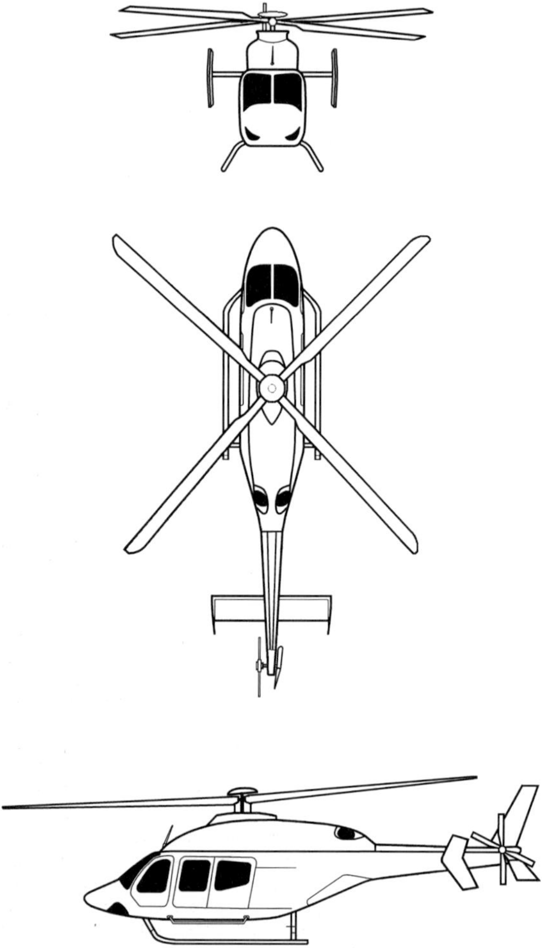

Abmessungen:
Rotordurchmesser 11,28 m
Rumpflänge 12,17 m
Höhe über Rotor 4,04 m.

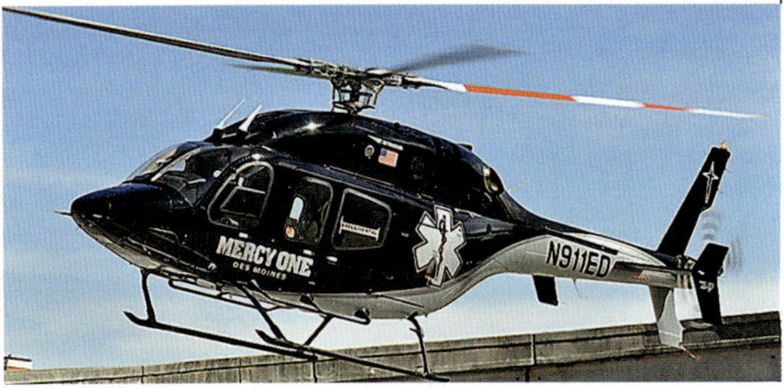

BELL 429 GLOBAL RANGER

Ursprungsland: USA (Kanada, Südkorea).
Kategorie: Leichter Mehrzweckhubschrauber.
Triebwerke: Zwei Gasturbinen Pratt & Whitney PW207D von je 710 WPS (529 kW) Leistung.
Leistungen: Max. Reisegeschwindigkeit 278 km/h; Schwebehöhe bei max. Abfluggewicht ohne Bodeneffekt 3439 m, mit Bodeneffekt 4307 m; max. Reichweite 750 km, max. Flugzeit 4,0 Std.
Gewichte: Leergewicht 2035 kg; max. Startgewicht 3400 kg.
Zuladung: Pilot und bis zu acht Passagiere oder Frachtzuladung intern von 1140 kg, als Außenlast 1271 kg. Als Ambulanzhubschrauber zwei liegende Verletzte.
Entwicklungsstand: Der erste von zwei 429-Prototypen fliegt seit 27. Februar 2007, gefolgt vom zweiten am 27. August 2007. Nach Angaben des Herstellers sind bisher rund 50 Festaufträge eingegangen. Die Auslieferung begann im Juli 2009, kam aber erst im Laufe des 2010 in Schwung. Nach einer gewissen Anlaufzeit sollen jährlich zwischen 50 und 60 Exemplare hergestellt werden.
Bemerkungen: Die Bell 429 basiert auf der 427 bzw. 427VFR (siehe Ausgabe 2007). Sie weist aber verschiedene Verbesserungen auf. Die Kabine lässt sich für verschiedenste Zwecke umgestalten. Die großen Türen (auf Wunsch als Schiebetüren) erleichtern dabei den Ein- und Auslad von Fracht. Im Cockpit wurde die BasiX-Avionik integriert. Dadurch kann die 429 durch einen Piloten alleine bedient werden. Das dynamische System (Rotorkopf, Getriebe und Rotoren) stammt von der 407 (siehe Seiten 58/59), die Rotorblätter sind aber rund 40 cm länger und 25 mm breiter. Der Heckrotor ist X-förmig angeordnet. Sämtliche Sitze sind »crash-resistent« konstruiert. Korea Aerospace stellt die Kabine und den Heckteil aller 429 her, während das Rotorsystem durch Bell, Fort Worth, beigesteuert wird. Die ganze Konstruktion hat man auf Kostengünstigkeit und wirtschaftlichen Betrieb hin optimiert. Mit der sog. MAPL-Technologie (Module Affordable Product Line) wurde erreicht, dass diverse Module auch für zukünftige Modelle verwendet werden können. Bell gibt für die Basisausführung einen Preis von US$ 4,9 Mio. an.
Hersteller: Bell Helicopter Textron Inc., Canadian Division, Werke Mirabel, Montreal, Kanada und Korea Aerospace, Sachon, Süd-Korea.

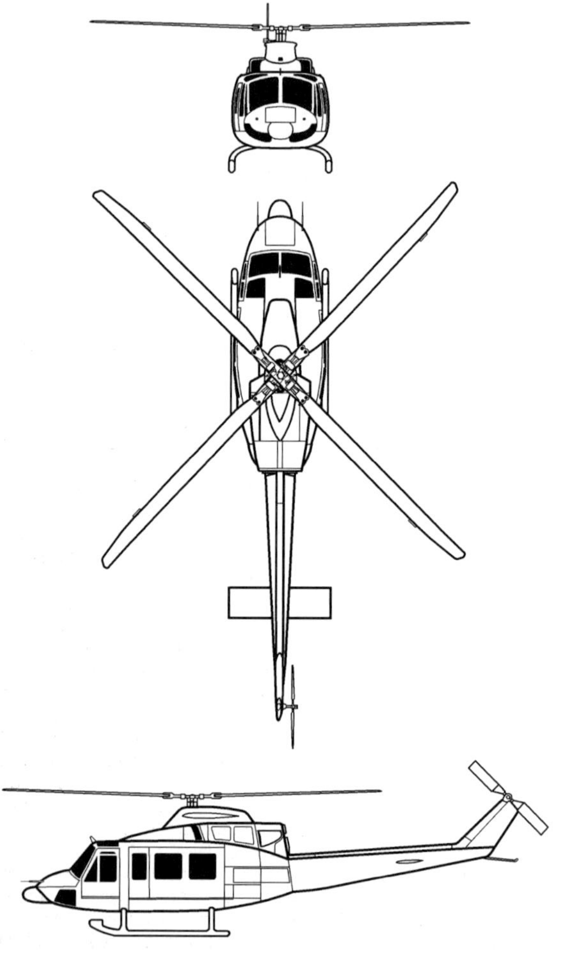

Abmessungen:
Rotordurchmesser (412) 14,02 m, (UH-1Y) 14,63 m
Rumpflänge inkl. drehendem Heckrotor (412) 14,15 m, (UH-1Y) 14,73 m
Höhe inkl. drehendem Heckrotor (412) 4,54 m (UH-1Y) 4,45 m.

BELL 412EP/UH-1Y

Ursprungsland: USA (Kanada).
Kategorie: Mehrzweck- und Transporthubschrauber.
Triebwerke (412EP): Eine Gasturbine Pratt & Whitney Canada PT6T-3D-Turbo Twin Pac von 1800 WPS (1342 kW) Leistung.
Leistungen (UH-1Y): Höchstgeschwindigkeit 293 km/h; Reisegeschwindigkeit 250 km/h; max. Schrägsteiggeschwindigkeit 12,8 m/Sek; Dienstgipfelhöhe 6100 m; Schwebehöhe mit Bodeneffekt 3110 m bei 4762 kg, ohne Bodeneffekt 1585 m; max. Reichweite ohne Zusatztanks auf 1525 m 745 km.
Gewichte (UH-1Y): Rüstgewicht 5369 kg; max. Startgewicht 8390 kg.
Zuladung (412EP/UH-1Y): Ein bis zwei Piloten und 13 bis 14 Passagiere bzw. zehn voll ausgerüstete Soldaten; max. Nutzlast 2086 bzw. 1460 kg.
Entwicklungsstand: Die derzeit produzierte Ausführung -EP erhielt die Zulassung im Februar 1991. Militärische Ausführungen der 412 von Bell bzw. Agusta haben 24 Länder erhalten. Darüber hinaus sind zivile 412 hergestellt worden, zusammen rund 570. Jährlich werden etwa 30 Einheiten hergestellt, nach längerer Pause auch wieder bei Indonesian Aerospace. Die erste umgebaute UH-1Y nahm die Flugerprobung am 20. Dezember 2001 auf. Neu erhält das USMC 160 statt 123 (70 davon bestellt) als UH-1Y bezeichnete Hubschrauber. Bei neun handelt es sich um Umbauten früherer UH-1N, alle übrigen sind Neubauten. Rund 35 davon sind bereits geliefert.
Bemerkungen: Die Bell 412EP (siehe Dreiseitenriss und Foto) ist die derzeit produzierte Ausführung des Modells 412 und verfügt über stärkere Triebwerke mit entsprechend angepasster Transmission und ein erhöhtes Abfluggewicht. Für 2012 ist eine neue Variante mit überarbeitetem Triebwerk und neuer Avionik angekündigt. Die UH-1Y des USMC weisen folgende Verbesserungen auf: Zwei GE T700-GE-401C-Triebwerke von je 1828 WPS (1363 kW) Leistung, neuer Flexbeam-Rotorkopf mit lagerloser Befestigung und vierblättrigen Kunststoffrotoren, um ca. 50 cm verlängerter Rumpf, längerer Heckausleger mit neuen Vierblatt-Heckrotor usw. Sie kann auch mit leichten Waffen an Trägern seitlich am Rumpf ausgerüstet werden.
Hersteller: Bell Helicopter Textron Inc., Canadian Division, Mirabel, Montreal, Kanada..

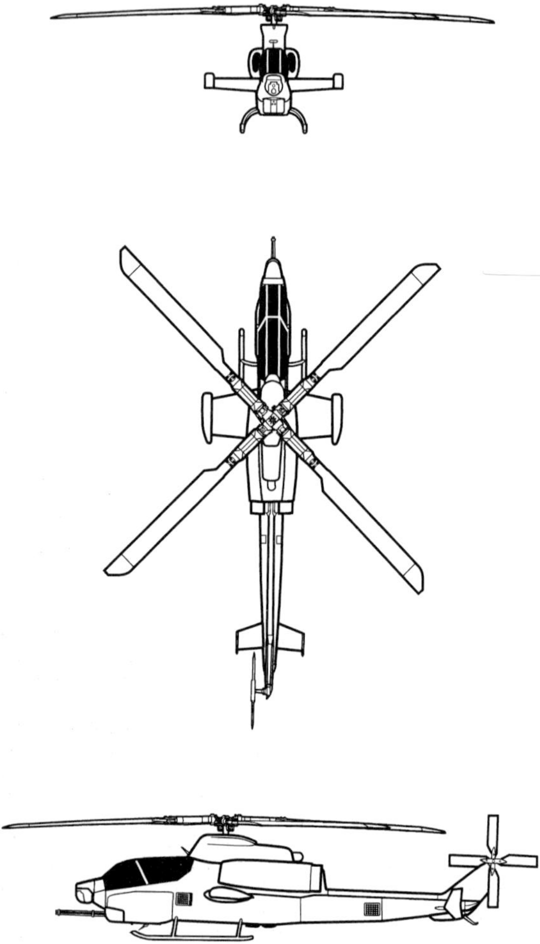

Abmessungen:
Rotordurchmesser 17,73 m
Rumpflänge 13,87 m
Höhe über Heckrotor 3,78 m.

BELL AH-1Z VIPER

Ursprungsland: USA.
Kategorie: Zweisitziger Kampfhubschrauber.
Triebwerke: Zwei Gasturbinen General Electric T700-401 von je 1773 WPS (1285 kW) Leistung.
Leistungen: Höchstgeschwindigkeit 298 km/h; typische Einsatzgeschwindigkeit 265 km/h; Aktionsradius mit einer Bewaffnung von 1134 kg 234 km; Reichweite mit max. interner Treibstoffzuladung und Bewaffnung 705 km, max. Flugdauer 3,7 Std.
Gewichte: Leergewicht 5580 kg; max. Startgewicht 8391 kg.
Bewaffnung: Eine dreiläufige 20-mm-Kanone General Electric M197 und an den Flügelstummeln z.B. vier Behälter für ungelenkte Raketen, acht bis sechzehn Panzerabwehrlenkwaffen AGM-114 Hellfire oder zwei Luft-Luft-Lenkwaffen AIM-9L Sidewinder.
Entwicklungsstand: Erstflug des Prototyps (eine umgebaute AH-1W) am 7. Dezember 2000. Das USMC soll insgesamt 189 neue und umgebaute AH-1W Exemplare erhalten und zwar in jährlichen Tranchen von 12 bis 36 Einheiten. Bestellt sind bisher 28 AH-1Z, zwölf davon wurden bisher abgeliefert. Die Einsatzbereitschaft begann im ersten Quartal 2011.
Bemerkungen: Gegenüber der AH-1W ist die AH-1Z Viper in wesentlichen Punkten völlig neu und deutlich leistungsfähiger. Beispielsweise erhält diese Ausführung einen gelenklosen Rotorkopf mit einem vierblättrigen Rotor aus Verbundwerkstoffen. Nebst einem Glas-Cockpit gelangt ein völlig neues integriertes Navigationssystem von Northrop Grumman/Litton zum Einbau. Die AH-1Z ist zudem mit einem multifunktionellen Zielakquisitions-System Hawkeye in der Rumpfspitze ausgerüstet, welches u.a. FLIR-, TV- und Laser-Zielbezeichnungs-Funktionen umfasst. Sie ist in der Lage, wesentlich mehr Waffen als die AH-1W mitzuführen. Ob neue Hubschrauber hergestellt oder bisherige AH-1W umgebaut werden, ist derzeit noch nicht entschieden.
Hersteller: Bell Helicopter Textron Inc., Fort Worth, Texas, USA.

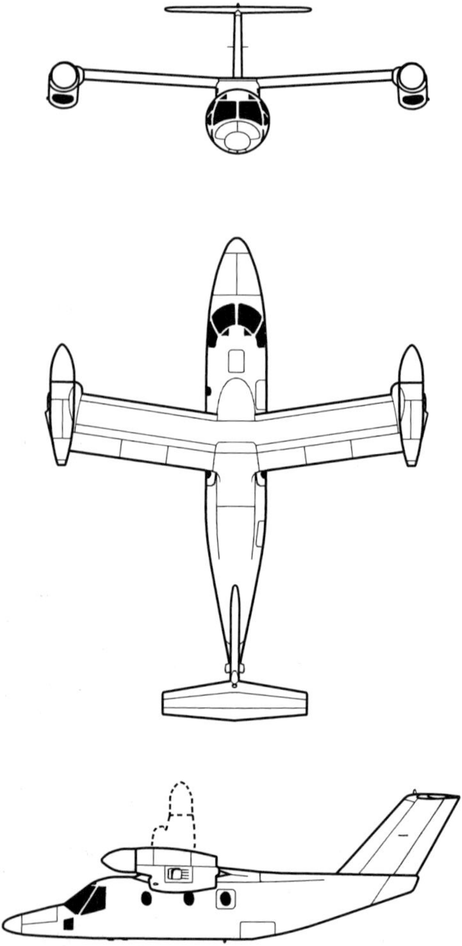

Abmessungen:
Spannweite inkl. drehenden Rotoren 18,29 m
Flügelspannweite 10,00 m
Rotorendurchmesser 7,93 m
Länge 13,31 m
Höhe über Seitenleitwerk 4,50 m.

BELL/AGUSTA WESTLAND BA 609

Ursprungsland: USA und Italien.
Kategorie: Ziviles Mehrzweck-Kipprotorflugzeug.
Triebwerke: Zwei Propellerturbinen Pratt & Whitney Canada PT6C-67A von je 1940 WPS (1447 kW) Leistung.
Leistungen: Max. Reisegeschwindigkeit 510 km/h; Langstrecken-Reisegeschwindigkeit 465 km/h; max. Steigrate 7,6 m/Sek; Dienstgipfelhöhe 7625 m; Schwebehöhe ohne Bodeneffekt 1525 m; Reichweite 1390 km, mit Zusatztanks 1880 km.
Gewichte: Rüstgewicht 4770 kg; max. Abfluggewicht 7260 ohne, 7631 kg mit Zusatztank.
Zuladung: Ein bis zwei Piloten und in einer Exekutivausführung sechs Passagiere, in engerer Bestuhlung bis zu neun Personen; bei SAR-Aufgaben zwei liegende Verletzte und drei Hilfspersonen; max. Nutzlast 2300 kg.
Entwicklungsstand: Der erste von vier Prototypen hat nach einigen technisch bedingten Verzögerungen die Flugerprobung am 7. März 2003 aufgenommen, der zweite folgte am 9. November 2006. Zwei weitere werden 2011 und 2012 erstmals fliegen. Neuesten Informationen zufolge wird die Einsatzbereitschaft erst 2013 erreicht. Bisher sind Aufträge für 80 BA 609 eingegangen.
Bemerkungen: Die BA 609 ist das erste zivile Kipprotorflugzeug, welches in kommerziellen Betrieb geht. Dabei wird Technologie angewendet, welche von der V-22 Osprey (siehe Seiten 68/69) stammt. Von ihr hingegen nicht übernommen werden die nach hinten an den Rumpf klappbaren Flügel mit faltbaren Rotoren. Nebst der zivilen Nutzung als Verbindungs- und VIP-Transporter sind auch Einsätze als Versorger für Ölbohrplattformen und Überwachungs- und Rettungsaufgaben für Küstenwachen vorgesehen. Die Arbeitsaufteilung zwischen Bell und AgustaWestland beträgt 75 zu 25. Die BA 609 verfügt über eine Aluminium-Struktur, die mit Verbundwerkstoffen verkleidet ist, während der Flügel vollständig aus Kunststoffen besteht. Die Cockpitinstrumente ProLine 21 und das Flight Management System stammen von Rockwell Collins. Das USMC prüft die Beschaffung einer bewaffneten Variante der BA 609, die italienische Guardia Costiera eine SAR-Ausführung.
Hersteller: Bell Helicopter Textron Inc., Fort Worth, Texas, Werk Amarillo, USA und AgustaWestland, Cascina Costa, Gallarate, Italien.

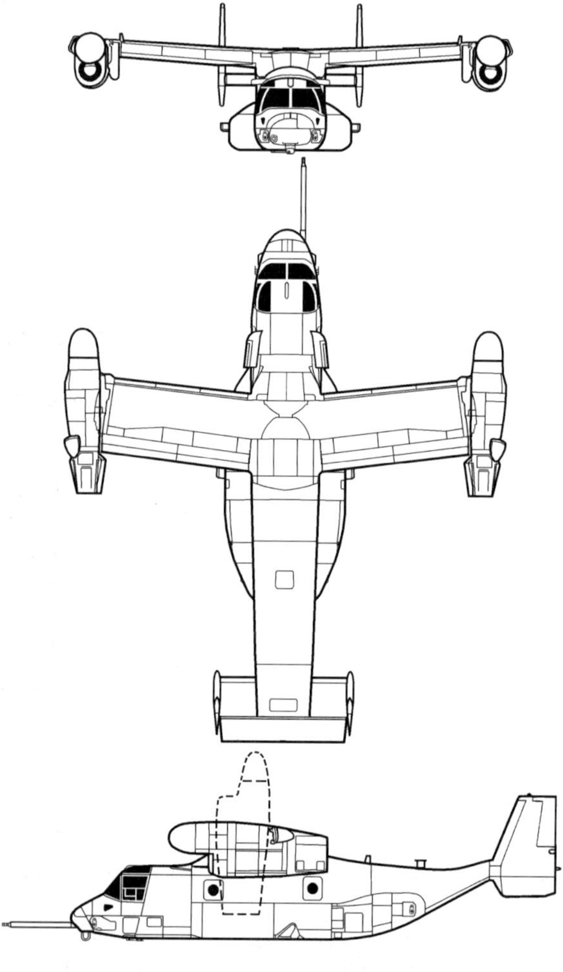

Abmessungen:
Spannweite inkl. Rotoren 25,77 m, ohne 15,52 m
Länge mit gefalteten Rotoren 19,20 m, ohne 17,47 m
Höhe über alles 6,73 m.

BELL-BOEING V-22B OSPREY

Ursprungsland: USA.
Kategorie: Schwenkrotorflugzeug (MV-22B) als Kampfzonentransporter und (CV-22B) für militärische Spezialeinsätze.
Triebwerke: Zwei Propellerturbinen Rolls Royce AE1107C von je 6150 WPS (4590 kW) Leistung.
Leistungen: Max. Reisegeschwindigkeit als Flächenflugzeug 550 km/h, in Helikopterkonfiguration 185 km/h auf Meereshöhe; max. Geschwindigkeit mit einer Außenlast von 6804 kg 370 km/h; max. Schrägsteiggeschwindigkeit im Flugzeugmodus 16,25 m/Sek; Dienstgipfelhöhe 7925 m; Reichweite bei Senkrechtstart und einer Nutzlast von 5443 kg 2224 km, bei Kurzstart und einer Nutzlast von 9072 kg 3336 km; Überführungsreichweite 3892 km.
Gewichte (CV-22B): Rüstgewicht 15032 kg; normales Startgewicht unter VTO-Bedingungen 23855 kg, max. unter STO-Bedingungen 27442 kg.
Zuladung: Drei Mann Besatzung und bis zu 24 ausgerüstete Soldaten oder 12 Tragen für Verletzte plus Sanitäter, max. Nutzlast 9072 kg.
Entwicklungsstand: Der erste von sechs V-22-Prototypen nahm die Flugerprobung am 9. März 1989 auf. Vier weitere, weitgehend dem Serienstandard entsprechende Ospreys folgten ab Ende 1996. Bis Ende 2010 sind fast 130 Einheiten hergestellt worden. Die US-Streitkräfte beschaffen 458 V-22: USMC 360 MV-22B, USN 48 HV-22B, USAF 50 CV-22B für Spezialmissionen. Davon sind bisher insgesamt 346 bestellt. Die erste Einsatzstaffel des USMC mit der definitiven Ausführung wurde Mitte 2006 gebildet.
Bemerkungen: Die Osprey gibt es vorerst in zwei Ausführungen, den Kampfzonentransporter MV-22B sowie die für Spezialeinsätze vorgesehene CV-22B (siehe Dreiseitenriss). Von der MV-22 (siehe Foto) unterscheidet sie sich hauptsächlich durch zusätzliche Avionik und Kommunikationssysteme. So wurde neu das Terrainfolgeradar Raytheon APQ-186 sowie ein Elektronikabwehrsystem ITT ALQ-211 eingebaut. Zur Erhöhung des Aktionsradius auf 925 km sind in den Flügeln acht zusätzliche Tanks und seitlich am Rumpf zwei Treibstoffbehälter vorhanden.
Hersteller: Bell Helicopter Textron Inc., Fort Worth, Texas, USA, und Boeing Helicopter Company, Philadelphia, USA, Werk Amarillo, Texas, USA.

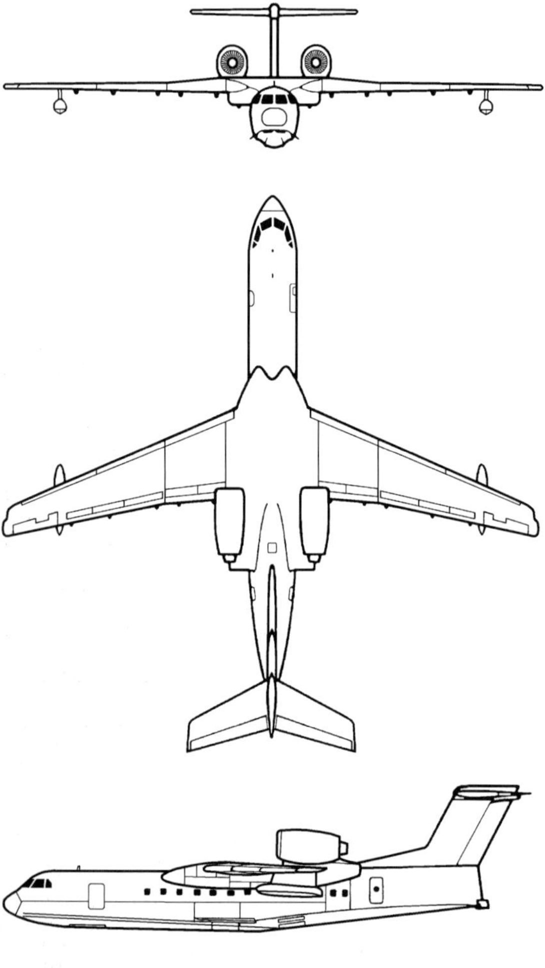

Abmessungen:
Spannweite 32,78 m
Länge 31,43 m
Höhe 8,90 m
Flügelfläche 117,44 m².

BERIEW BE-200

Ursprungsland: Russland.
Kategorie: Mehrzweck-Amphibienflugzeug und Löschflugzeug.
Triebwerke: Zwei Mantelstromtriebwerke ZMKB Progress D-436TP von je 7500 kp (73,60 kN) Standschub.
Leistungen: Höchstgeschwindigkeit auf 7000 m 710 km/h; ökonomische Reisegeschwindigkeit auf 8000 m 600 km/h; Anfangssteiggeschwindigkeit 14 m/Sek; Dienstgipfelhöhe 11000 m; Reichweite mit einer Nutzlast von 3000 kg 2500 km, max. 3850 km.
Gewichte: Rüstgewicht 25120 kg; max. Startgewicht 36000 kg bzw. für Löscheinsätze bis zu 43000 kg.
Zuladung: Zwei Piloten und bis zu 72 Passagiere in der Touristenklasse oder bis 7500 kg Nutzlast als Frachter.
Entwicklungsstand: Der erste Prototyp nahm die Flugerprobung am 24. September 1998 auf, der zweite folgte am 27. August 2002. Mitte 2002 erhielt die Be-200 die russische Zulassung. Bisher ist die Bestellung von zehn Exemplaren für das russische Zivilschutz-Ministerium für Rettungs- und Waldbrandeinsätze sowie eine von Azerbaijan bekannt gegeben worden; Auslieferung seit 2004. Weitere acht sollen demnächst in Auftrag gegeben werden. Die russische Marine beschafft vorläufig 4 A-42.
Bemerkungen: Mehrere Ausführungen werden angeboten: Eine Feuerwehrversion mit einer abwerfbaren Wasserlast von 12000 kg, Varianten als reiner Passagiertransporter oder Frachter sowie eine Version für Such-, Rettungs- und Evakuationseinsätze. Als Frachter verfügt die Be-200 über einen Laderaum von 17,00 m Länge, 2,60 m Breite und 1,90 m Höhe, der durch ein seitlich angebrachtes Frachttor beladen werden kann. Für eine Exportausführung Be-200RR prüft man, Triebwerke vom Typ BMW Rolls-Royce BR715 anzubieten. Die für die russische Marine von der Be-200 abgeleitete Version A-42 ist für Seeaufklärungs-, SAR- und U-Bootjagd-Aufgaben vorgesehen. Welche Ausrüstung diese erhält und ob sie bewaffnet sein wird, ist noch nicht bekannt.
Hersteller: OKB Georgi Beriew, Werk Tavia, Taganrog, Russland.

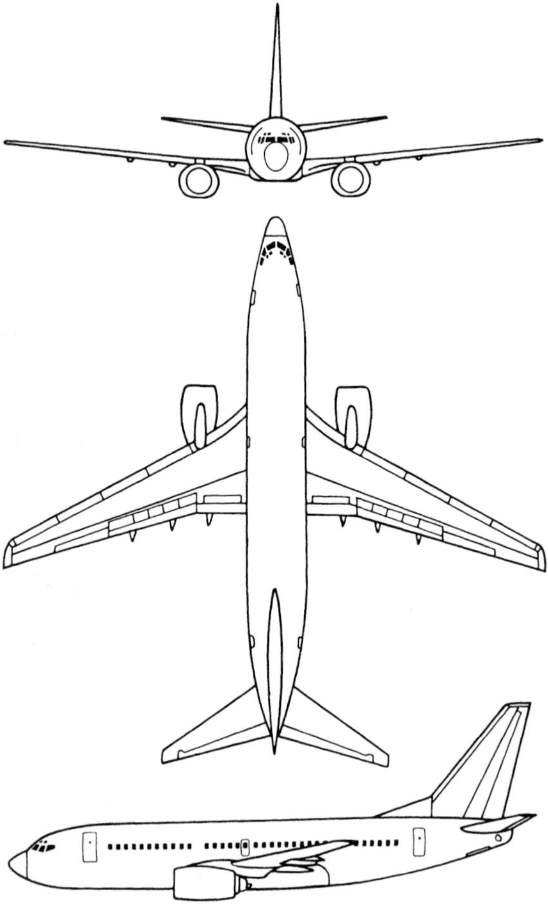

Abmessungen:
Spannweite ohne Winglets 34,30 m, inkl. Winglets 35,70 m
Länge (-600) 31,20 m, (-700) 33,60 m, (-800) 39,50 m
Höhe 12,50 m
Flügelfläche 124,60 m².

BOEING 737-600/-700/-800

Ursprungsland: USA.
Kategorie: Kurz- und Mittelstrecken-Verkehrsflugzeug.
Triebwerke: Zwei Mantelstromtriebwerke CFM International CFM56-7B18 (-600) von je zwischen 8391 kp (82,29) und CFM56-7B26 (-800) 11974 kp (117,43 kN) Standschub.
Leistungen: Max. Reisegeschwindigkeit 876 km/h (Mach 0,82), norm. Reisegeschwindigkeit 835 km/h; Dienstgipfelhöhe 12500 m; Reichweite mit 108 Passagieren (-600) 5940 km, mit 128 Passagieren (-700) 5940 km, mit 160 Passagieren (-800) 5380 km.
Gewichte: Rüstgewichte (-600) 36370 kg, (-700) 37640 kg, (-800) 41410 kg; max. Startgewichte (-600) 65090 kg, (-700) 69400 kg, (-800) 78204 kg.
Zuladung: Zwei Mann Cockpitbesatzung und in normaler Zweiklassenbestuhlung (-600) 108, (-700) 128, (-800) 160 Passagiere, maximal jedoch (-600) 132, (-700) 149 und (-800) 189 Personen.
Entwicklungsstand: Die aktuellste Generation der Boeing 737 gelangte in Etappen ab 1997 zum Erstflug. Diese vorläufig neuesten Modelle sind bisher die mit Abstand erfolgreichsten der Boeing 737-Familie. Bis Ende 2010 sind von den Modellen -600/-700/-800/-900 (letztere siehe Ausgabe 2008) einschließlich deren Unterversionen und der BBJ 5692 Maschinen (-600 69, -700 1522, -700C 15, 800 3614, 900(ER) 327, BBJ 145) in Auftrag gegeben worden, 3506 davon waren ausgeliefert. Zählt man noch die früheren Versionen -100/-200/T-43A/-300/-400/-500 hinzu, so sind es gar fast 9300 Maschinen. Mitte 2009 wurde die 6000. 737 ausgeliefert.
Bemerkungen: Im Grundaufbau unterscheiden sich diese Modelle weitgehend nur durch die Rumpflänge. In den letzten Jahren wurde besonders die -800 mit Winglets ausgerüstet, entweder bereits ab Werk oder nachgerüstet. Unter der Bezeichnung 737-X prüft Boeing derzeit eine mit Triebwerken neuester Generation versehene Ausführung, welche zusätzlich Modifikationen am Bugfahrwerk, Verstärkungen im Flügelmittelkasten und an den Flügeln sowie neue Triebwerkaufhängungen vorsieht. Nebst einer namhaften Treibstoffreduktion ermöglicht sie deutlich bessere Abgas- und Lärmwerte.
Hersteller: The Boeing Company, Commercial Airplane Group, Seattle, Werk Renton, Washington, USA.

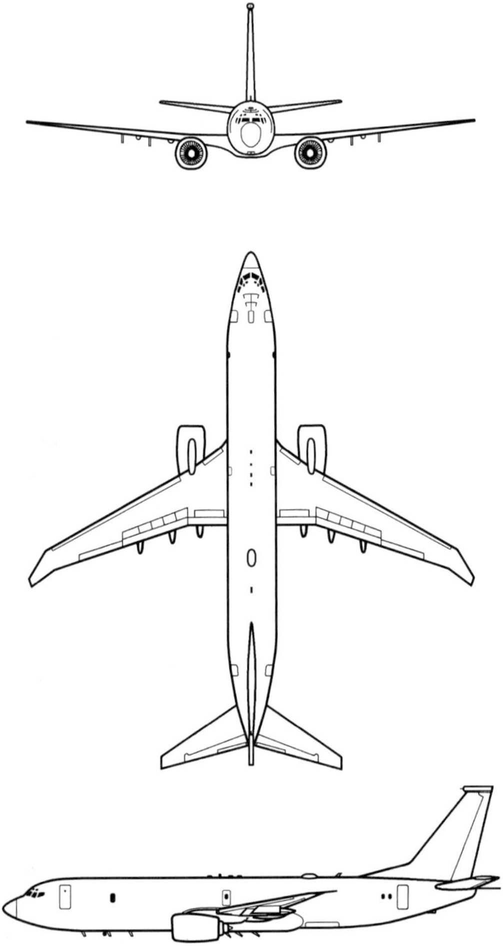

Abmessungen:
Spannweite 37,64 m
Länge 39,47 m
Höhe 12,83 m
Flügelfläche 124,60 m².

BOEING P-8A POSEIDON

Ursprungsland: USA.
Kategorie: Langstrecken-Seeaufklärungs- und Angriffsflugzeug.
Triebwerke: Zwei Mantelstromtriebwerke CFM International CFM56-7B27 von je 12469 kp (120,0 kN) Standschub.
Leistungen: Höchstgeschwindigkeit 907 km/h; norm. Reisegeschwindigkeit 789 km/h, Dienstgipfelhöhe 12500 m; max. Aufenthaltsdauer im Zielgebiet 4 Std. 2200 km vom Stützpunkt entfernt.
Gewichte: Rüstgewicht 62700 kg; max. Startgewicht 85130 kg.
Zuladung: Insgesamt eine Besatzung von neun Personen, zwei davon im Cockpit, ein Avionik-Engineer sowie sechs System-Operateure.
Bewaffnung: In einem Waffenschacht sowie unter dem Rumpf und unter den Flügeln kann eine Vielzahl von Waffen mitgeführt werden, so u.a. Bomben, Torpedos, Minen und Lenkwaffen aller Art.
Entwicklungsstand: Der erste von insgesamt drei Prototypen nahm die Flugerprobung am 25. April 2009 auf, der letzte fliegt seit 29. Juli 2010. Die US Navy plant ab 2013 insgesamt zwischen 113 und 125 P-8A zu beschaffen. Neun davon wurden bisher bestellt. Die indische Marine erwirbt vorerst zwölf der Version P-8i.
Bemerkungen: Mit der P-8A Poseidon wird die US Navy die veralteten P-3 Orions ersetzen. Als Ausgangsmuster dient die Boeing 737-800ERX. Die Flügel dagegen stammen von der 737-900, sind aber leicht modifiziert. Die P-8A werden auf der gleichen Produktionsstraße wie die zivilen Muster gefertigt und dann entsprechend umgebaut und ausgerüstet. Der Rumpf ist verstärkt, um die höheren Belastungen aufzufangen. Zur Erfüllung der Aufgaben, u.a. die U-Boot-Jagd, Schiffsbekämpfung und allgemeine Überwachungsmissionen wird die Poseidon über modernste Systeme verfügen. Sichtbar davon sind die rund 100 Antennen an Rumpf und Flügeln. Als wichtigstes Element ist das synthetische Breitbandradar APY-10 zu erwähnen. Geprüft werden auch weitere Varianten, so eine für sog. SIGINT-Aufgaben als Ersatz der Lockheed EP-3E Orion. Die US Navy hat einen Bedarf zwischen 19 und 26 Maschinen.
Hersteller: The Boeing Company, Defense & Space Group, St. Louis, Werk Renton, Washington, Washington, USA.

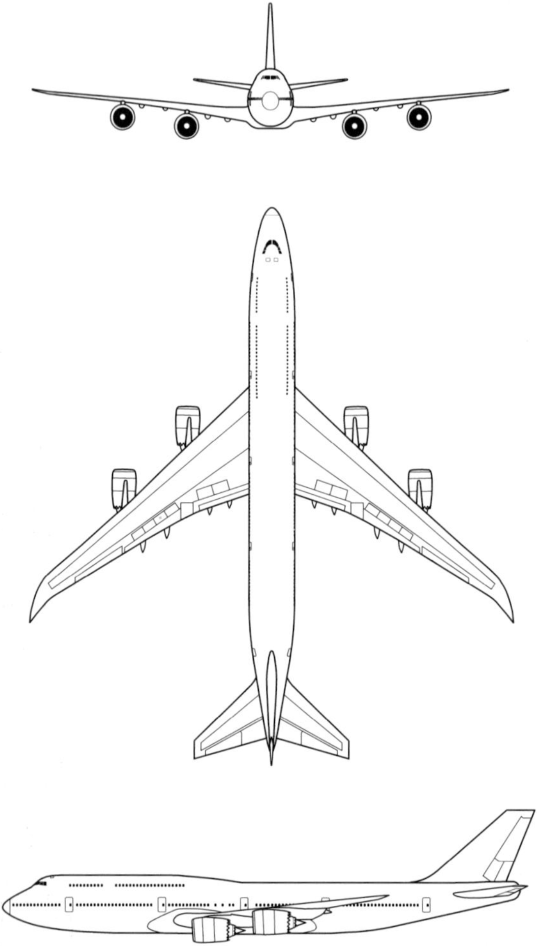

Abmessungen:
Spannweite 68,50 m
Länge 76,30 m
Höhe 19,41 m
Flügelfläche 554,00 m².

BOEING 747-8/-8F

Ursprungsland: USA.
Kategorie: Langstrecken-Passagierflugzeug (-8) und Frachter (-8F).
Triebwerke: Vier Mantelstromtriebwerke General Electric GEnx-2B67 von je 30163 kp (295,80 kN) Standschub.
Leistungen (nach Angaben des Herstellers): Langstrecken-Reisegeschwindigkeit (-8) Mach 0,85, (-8F) Mach 0,845; Reichweite mit max. Nutzlast als Frachter 8185 km; Reichweite der 747-8 mit max. Treibstoffzuladung 14815 km.
Gewichte: Leergewicht 198660 kg; max. Startgewicht 442200 kg.
Zuladung: Zwei Mann Cockpitbesatzung und (-8) beispielsweise 467 Passagiere in drei Klassen. Als Frachter (-8F) 140000 kg Nutzlast.
Entwicklungsstand: Nach diversen Verzögerungen startete die erste 747-8 am 8. Februar 2010 zum Erstflug. Von der Frachtausführung sind bisher 76 Einheiten bestellt. Für die Passagiervariante liegen Aufträge für 20 von Lufthansa und sieben von Korean vor. Sieben weitere Maschinen werden in VIP-Ausführung gebaut. Die Auslieferung des Frachters ist nun für Mitte 2011, jene der Passagierausführung für Anfang 2012 vorgesehen. Von den früheren 747-Versionen wurden 1418 Einheiten gebaut, die Produktion 2009 eingestellt.
Bemerkungen: Boeing lancierte im November 2005 die verlängerte Ausführung 747-8 (siehe Dreiseitenriss) bzw. 747-8F (siehe Foto). Der Rumpf der -8/-8F ist gegenüber der 747-400 um 5,09 m länger, das Abfluggewicht um ca. 40000 kg höher. Die überarbeiteten Tragflächen erhalten anstatt der Winglets neu geformte Flügelspitzen. Zudem erfolgen Verbesserungen primär durch aerodynamische Verfeinerungen an Flügeln und Triebwerkgondeln mit dem Ziel, den Außenlärm zu reduzieren. Nebst bewährten Komponenten der 747-Reihe werden auch eine ganze Anzahl Elemente von der neuen 787 verwendet, so u.a. die Triebwerke. Boeing verspricht, dass die 747-8 bzw. 8F über wesentlich bessere Leistungsdaten verfügen wird als die Vorgängerversion.
Hersteller: The Boeing Company, Commercial Airplane Group, Seattle, Werk Everett, Washington, USA.

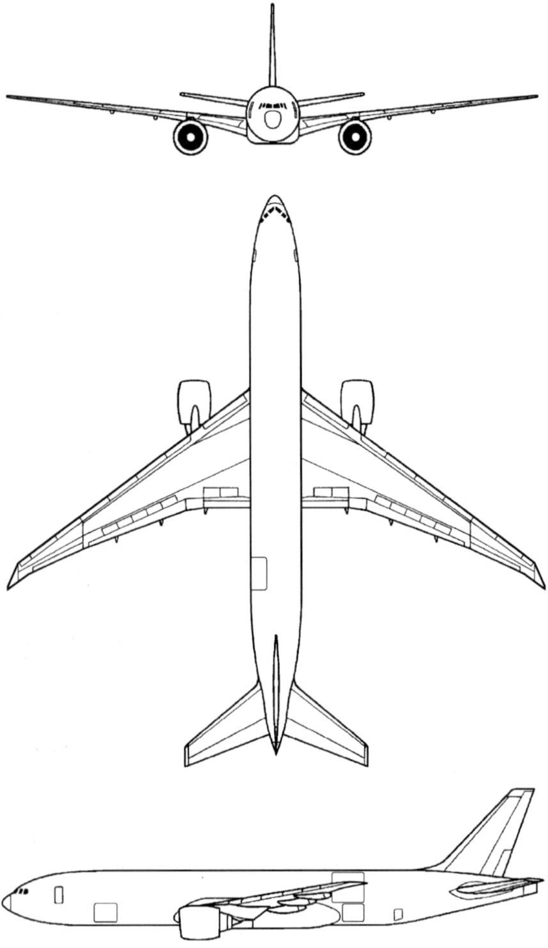

Abmessungen:
Spannweite 64,80 m
Länge (200LR/F) 63,70 m, (300, -ER) 73,90 m
Höhe 18,44 m
Flügelfläche 436,80 m².

BOEING 777-200LR/777-200F

Ursprungsland: USA.
Kategorie: Ultra-Langstecken-Verkehrsflugzeug und Frachter.
Triebwerke: Zwei Mantelstromtriebwerke General Electric GE90-110B1 von je 49865 kp (489,0 kN) Standschub.
Leistungen: Max. Reisegeschwindigkeit 950 km/h (Mach 0,87); Langstrecken-Reisegeschwindigkeit 895 km/h (Mach 0,84); Dienstgipfelhöhe 13106 m; Reichweite mit 301 Passagieren bis zu 17445 km, als Frachter mit voller Nutzlast 9200 km.
Gewichte: Rüstgewicht 155580 kg; max. Startgewicht 322055 kg, als Option 347800 kg.
Zuladung: Zwei Piloten und in normaler Dreiklassenbestuhlung 301, max. mit Economy-Einrichtung 440 Passagiere. Max. Nutzlast (-200LR) 50850 kg, (-200F) 103900 kg.
Entwicklungsstand: Die erste 777-200LR nahm die Flugerprobung am 8. März 2005 auf. Der Frachter 777-200F flog erstmals am 14. Juli 2008. 79 Maschinen sind derzeit bestellt, die Ablieferung startete 2008. Von der -200LR sind bisher 56 Einheiten (+ Optionen) bestellt worden. Der Auftragsbestand aller 777-Versionen belief sich Ende 2010 auf 1163 Maschinen (-200 88, -200ER 429, -300 60, -300ER 451). Bei einer derzeitigen Monatsproduktion von drei 777 sind bis Ende 2010 910 Einheiten gebaut worden.
Bemerkungen: Die von Boeing für Ultra-Langstrecken konzipierte 777-200LR ist derzeit das Verkehrsflugzeug mit der längsten Reichweitenleistung. Dazu wurden gegenüber der -200ER mehrere Veränderungen vorgenommen: Leistungsstärkere Triebwerke, Verstärkungen an Rumpf, Tragflächen und Heck, zurückgepfeilte Flügelspitzen sowie vergrößerte Treibstoffkapazität durch Zusatztanks in den Flügeln und im Frachtraum. Als Option ist ein Schlafraum für bis zu 40 Personen im Frachtraum und einer für die Besatzung oberhalb des Passagierraumes erhältlich. Das neueste Modell ist die auf der -200LR basierende Frachtervariante -200F (siehe Dreiseitenriss und Foto), mit seitlicher Frachttüre. Zur Aufnahme der höheren Gewichte wurden sowohl Flügelmittelstück wie auch der Frachtboden verstärkt. Als Antwort zum in Entwicklung stehenden Airbus A350 prüft Boeing die Weiterentwicklung der 777, u.a. durch Verwendung von Technologien der 787.
Hersteller: The Boeing Company, Commercial Airplane Group, Seattle, Werk Everett, Washington, USA.

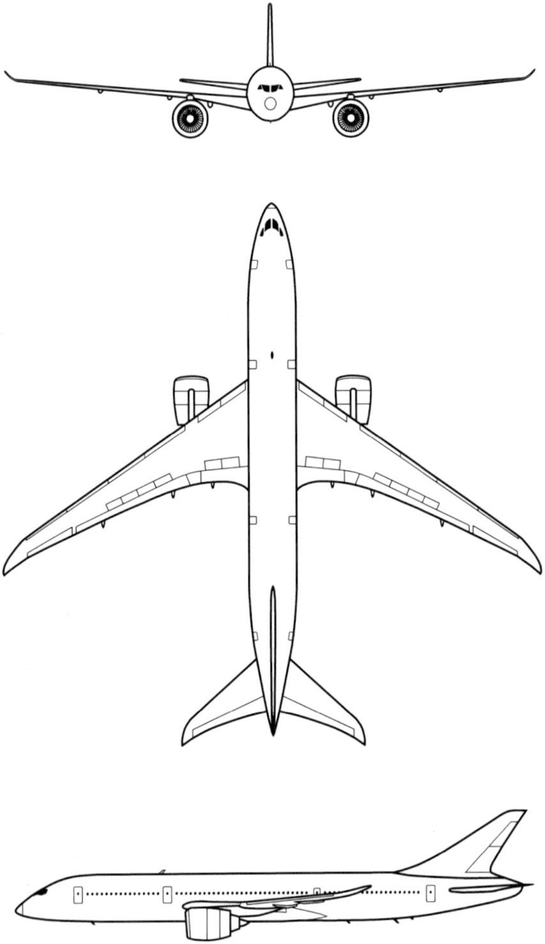

Abmessungen:
Spannweite 60,10 m
Länge (787-8) 57,00 m, (787-9) 63,00 m
Höhe 16,50 m
Flügelfläche 245 m².

BOEING 787 DREAMLINER

Ursprungsland: USA.
Kategorie: Mittel- bis Langstrecken-Verkehrsflugzeug.
Triebwerke: Zwei Mantelstromtriebwerke General Electric GEnx oder Rolls-Royce Trent 1000 von je zwischen 25000 kp und 32000 kp (244 bis 311 kN) Leistung.
Leistungen (vorläufige Angaben): Reisegeschwindigkeit Mach 0,85; Reiseflughöhe 13000 m; Reichweite bei voller Zuladung (787-8) 11000, max. Reichweite (787-8) 13000 km, (787-9) 15100 km.
Gewichte: Max. Startgewicht (787-8) 227900 kg, (787-9) 247400 kg.
Zuladung: Zwei Mann Cockpitbesatzung und (787-8/-9) in Dreiklassenbestuhlung 217/257 Passagiere, bei Einheitsklasse 230/300 Passagiere.
Entwicklungsstand: Der erste von sechs Prototypen, eine 787-8, verließ am 8. Juli 2007 die Montagehalle. Aufgrund technischer Schwierigkeiten verzögerte sich der Erstflug um über zwei Jahre und fand schließlich am 15. Dezember 2009 statt. Neuesten Angaben zufolge beginnen die Ablieferungen frühestens im Laufe des dritten Quartals 2011. Bis Ende 2010 sind Aufträge für 847 Einheiten (787-8 613, 787-9 234) von 57 Luftfahrtgesellschaften eingegangen.
Bemerkungen: Mit der Familie 787 Dreamliner lanciert Boeing eine neue Generation von Verkehrsflugzeugen. Zwei Neuerungen sind dabei zentral: Der erhöhte Passagierkomfort und die Wirtschaftlichkeit. So will man den Passagierraum besonders attraktiv gestalten. Nebst bequemen Stühlen mit mehr Sitzabstand fallen die großen Fenster auf. Durch ein Bündel von Maßnahmen, vor allem aber durch zukunftsweisende Technologien, sollen bezüglich Wirtschaftlichkeit und Ökologie neue Bestwerte erreicht werden. Erstmals stellt man bei einem so großen Flugzeug den Rumpf vollständig aus Verbundwerkstoffen her. Von den neuen Triebwerken verlangt Boeing vor allem einen hohen Wirkungsgrad, einfache Wartung und geringen Lärm. Bei einer typischen Auslastung soll der Treibstoffverbrauch pro Person, gemessen an der zurückgelegten Distanz, drei Mal geringer als bei einem Personenwagen sein. Auf die Lancierung der Kurzstrecken-Variante 787-3 wurde mittlerweile verzichtet.
Hersteller: The Boeing Company, Commercial Airplane Group, Seattle/Chicago, Werk Everett, Washington, USA.

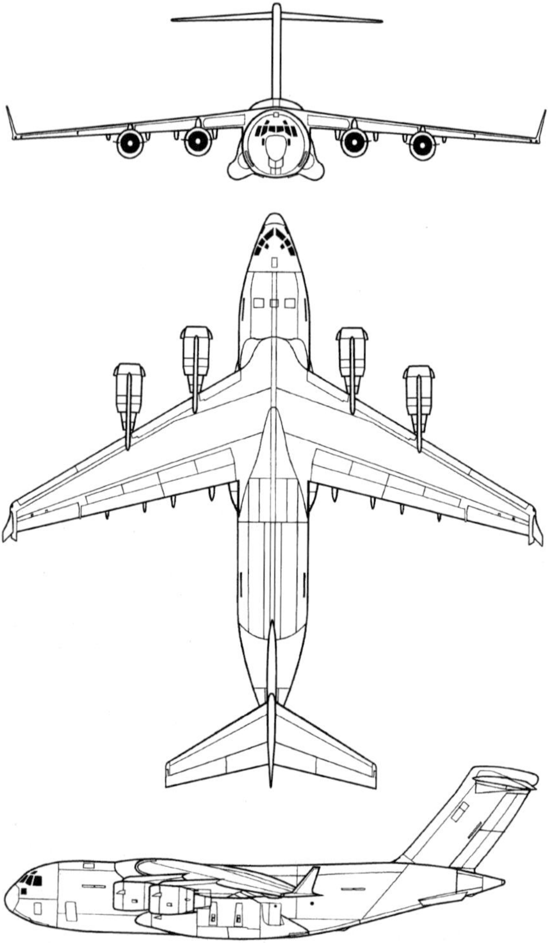

Abmessungen:
Spannweite 50,29 m
Länge 53,04 m
Höhe 16,79 m
Flügelfläche 353 m².

BOEING C-17A GLOBEMASTER III

Ursprungsland: USA.
Kategorie: Schwerer Militärfrachter.
Triebwerke: Vier Mantelstromtriebwerke Pratt & Whitney F117-PW-100 von je 18914 kp (185,5 kN) Standschub.
Leistungen: Max. Reisegeschwindigkeit 818 km/h auf 10975 m (Mach 0,77), 650 km/h in niedriger Höhe; Dienstgipfelhöhe 13700 m; Reichweite mit 75000 kg Nutzlast 5100 km; Überführungsreichweite 11575 km.
Gewichte: Rüstgewicht 127685 kg; max. Startgewicht 278960 kg.
Zuladung: Zwei Piloten und zwei Lademeister. Im 26,82 m langen, 5,49 m breiten und 4,11 m hohen Frachtraum können Nutzlasten bis zu 75750 kg mitgeführt werden. Typische Lasten: Drei Kampfhubschrauber AH-64 oder ein voll ausgerüsteter Kampfpanzer M-1 Abrams, bis zu 102 Fallschirmspringer. Einzellasten von 27215 kg oder mehrere Paletten von max. 49895 kg können im Flug abgeworfen werden.
Entwicklungsstand: Der Prototyp flog erstmals am 15. September 1991; erste Ablieferungen an die USAF im Juni 1993. Die USAF beschafft insgesamt 223 Einheiten, die bis 2012 abzuliefern sind. Weitere Besteller: Australien 4, Großbritannien 7, Kanada 4, NATO 3, Qatar 2, UAE 6. Ende 2010 waren über 205 Einheiten gebaut. Ev. beschafft Indien 10 C-17.
Bemerkungen: Das Besondere an der C-17A ist die Fähigkeit, schwere Lasten auf strategischen Distanzen direkt in die Nahkampfzone fliegen zu können. Für diese Aufgabe wurde sie sehr robust ausgelegt und ist beispielsweise in der Lage, Lande- und Startbahnen mit einer Länge von nur 915 m zu benützen. Das superkritische Tragwerk mit einer Pfeilung von 250 ist mit Winglets und einem angeblasenen Klappensystem ausgerüstet. Das stabile Fahrwerk erlaubt ein Manövrieren mit eigener Kraft am Boden. Seit 2001 erhalten alle C-17 einen Zusatztank von 39000 l im Flügelkasten. Damit erhöht sich die Reichweite bei einer Nutzlast von 18145 kg von 8150 auf 9815 km.
Hersteller: The Boeing Company, Defence & Space Group, Seattle, Washington, Werk Long Beach, Kalifornien, USA.

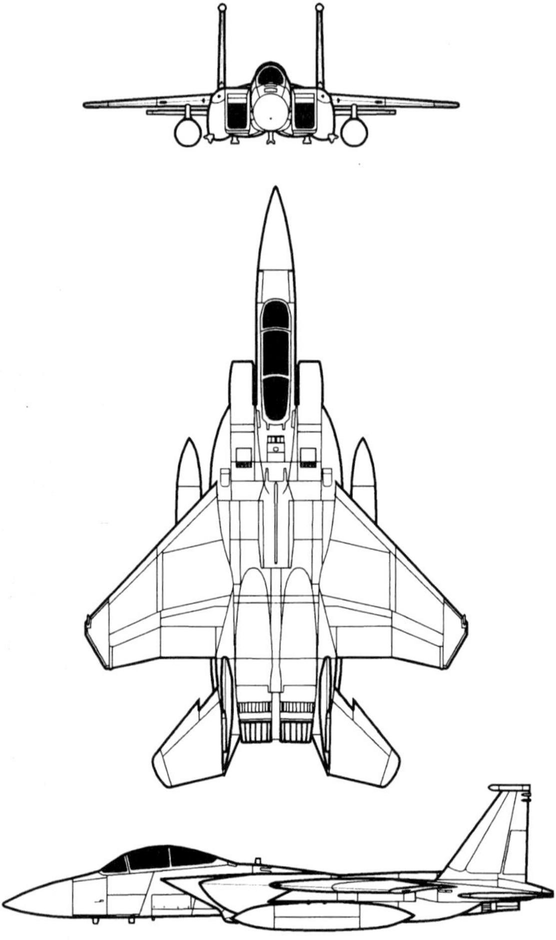

Abmessungen:
Spannweite 13,05 m
Länge 19,45 m
Höhe 5,65 m
Flügelfläche 56,50 m².

BOEING F-15E/K/SG EAGLE

Ursprungsland: USA.
Kategorie: Zweisitziger Luftüberlegenheitsjäger und Erdkämpfer.
Triebwerke: Zwei Mantelstromtriebwerke (F-15E) Pratt & Whitney F100-PW-229 bzw. (F-15K) General Electric F-110-GE-129 von je 8073 kp (79,20 kN) Standschub ohne und 13200 kp (129,40 kN) mit Nachbrenner.
Leistungen: Kurzzeitig erreichbare Spitzengeschwindigkeit 2698 km/h oder Mach 2,54 auf 12190 m; länger dauernde Höchstgeschwindigkeit 2443 km/h oder Mach 2,4 auf 12190 m; Dienstgipfelhöhe 18300 m; max. Aktionsradius 1270 km; Überführungsreichweite mit Zusatztanks 4445 km.
Gewichte: Rüstgewicht 14379 kg; max. Startgewicht 36741 kg.
Bewaffnung: Eine sechsläufige 20-mm-Revolverkanone M61A1 und bis zu 10500 kg Außenlasten (Erdkampf) bzw. je vier Luft-Luft-Lenkwaffen AIM-7F Sparrow und AIM-9L Sidewinder oder bis zu acht AIM-120 (Luftüberlegenheitseinsatz).
Entwicklungsstand: Die erste F-15E begann mit den Testflügen am 11. Dezember 1986. Ablieferungen in einer Stückzahl von 245 an die USAF ab 1988. Der F-15E ähnliche Ausführungen bestellten Israel 25 F-15I und Saudi Arabien 72 F-15S (Beschreibung siehe Ausgabe 2002). Südkorea erhält 60 F-15K, Singapore 24 F-15SG. Neuester Auftrag: Saudi Arabien weitere 84 F-15SA. Von allen F-15-Versionen sind insgesamt gegen 1600 Einheiten gebaut worden.
Bemerkungen: Die Ausführung F-15K für Südkorea unterscheidet sich vom Ausgangsmuster F-15E u.a. durch neue Triebwerke, neues Cockpit, verbesserte Sensoren und Avionik. Das ebenfalls neue APG-63V1 oder V-2-Radar erlaubt, bewegte Ziele auf dem Land wie auch im Meer zu verfolgen. Die Ablieferungen begannen 2005. Derzeit baut Boeing nur die auf der F-15K basierende Variante F-15SG (früher F-15T genannt), die mit einer neuen Version des AESA-APG-63-Radars ausgerüstet ist. Im Rahmen eines Modernisierungsprogramms erhalten rund 225 F-15E der USAF ein neues AESA-Radar APG-82. Die Abfangjägerausführung F-15C wird teilweise mit diesem Radar ausgerüstet.
Hersteller: The Boeing Company, Defence & Space Group, Seattle, Washington, Werk St. Louis, Missouri, USA.

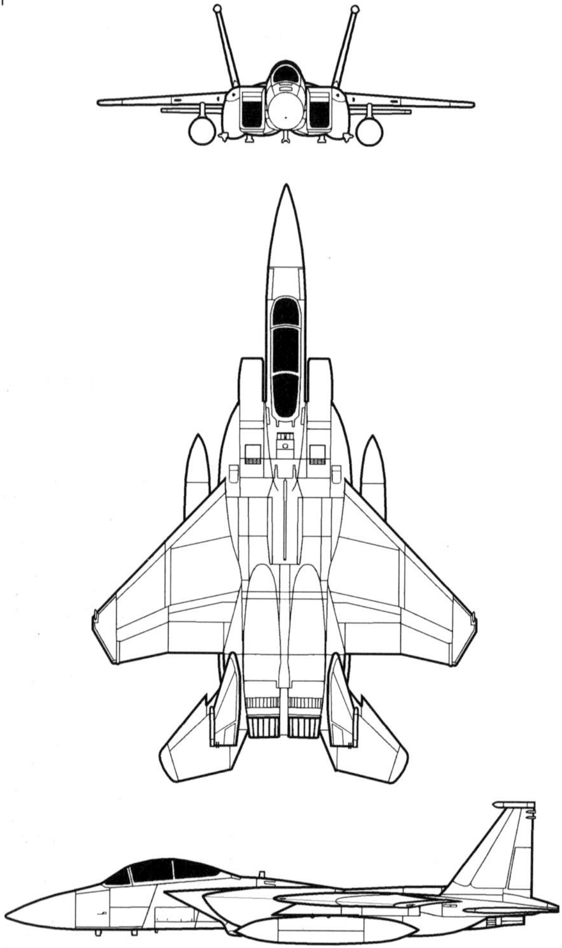

Abmessungen:
Spannweite 13,05 m
Länge 19,45 m
Höhe 5,65 m
Flügelfläche 56,50 m².

BOEING F-15SE SILENT EAGLE

Ursprungsland: USA.
Kategorie: Zweisitziger Luftüberlegenheitsjäger und Erdkämpfer.
Triebwerke: Zwei Mantelstromtriebwerke (F-15E) Pratt & Whitney F100-PW-229 bzw. (F-15K) General Electric F-110-GE-129 von je 8073 kp (79,20 kN) Standschub ohne und 13200 kp (129,40 kN) mit Nachbrenner.
Leistungen: Kurzzeitig erreichbare Spitzengeschwindigkeit 2698 km/h oder Mach 2,54 auf 12190 m; länger dauernde Höchstgeschwindigkeit 2443 km/h oder Mach 2,4 auf 12190 m; Dienstgipfelhöhe 18300 m; max. Aktionsradius 1270 km; Überführungsreichweite mit Zusatztanks 4445 km.
Gewichte: Rüstgewicht ca. 14300kg; max. Startgewicht 36741 kg.
Bewaffnung: Eine sechsläufige 20-mm-Revolverkanone M61A1 und bis zu 10500 kg Außenlasten (Erdkampf) bzw. je vier Luft-Luft-Lenkwaffen AIM-7F Sparrow und AIM-9L Sidewinder oder bis zu acht AIM-120 (Luftüberlegenheitseinsatz).
Entwicklungsstand: Ein erster Erprobungsträger F-15SE begann mit den Testflügen am 8. Juli 2010. Ob dieses Muster in Serie geht, ist noch offen.
Bemerkungen: Anfangs 2009 präsentierte Boeing unter dem Namen Silent Eagle eine überarbeitete F-15, welche wesentliche Elemente eines Jägers der sog. 5. Generation aufweist. Mittlerweile gab man dieser Version die Bezeichnung F-15SE. Sie soll über gute Stealth-Eigenschaften verfügen. Dazu wurden die Seitenleitwerke schräg gestellt und an verschiedenen Stellen absorbierendes Material verwendet. Nebst einer digitalen Fly-By-Wire-Steuerung werden seitlich an den Triebwerken integrierte Waffenschächte eingebaut. Schließlich verfügt die Silent Eagle über ein ASEA-Radar Raytheon APG-63 und ein fortschrittliches digitales Waffensteuerungssystem. Das sich derzeit in Erprobung befindliche Muster besitzt noch das gleiche Doppelseitenleitwerk der F-15-Reihe. Ob die Silent Eagle die oben erwähnten schräg gestellten Seitenleitwerke erhält, ist derzeit nicht klar.
Hersteller: The Boeing Company, Defence & Space Group, Seattle, Washington, Werk St. Louis, Missouri, USA.

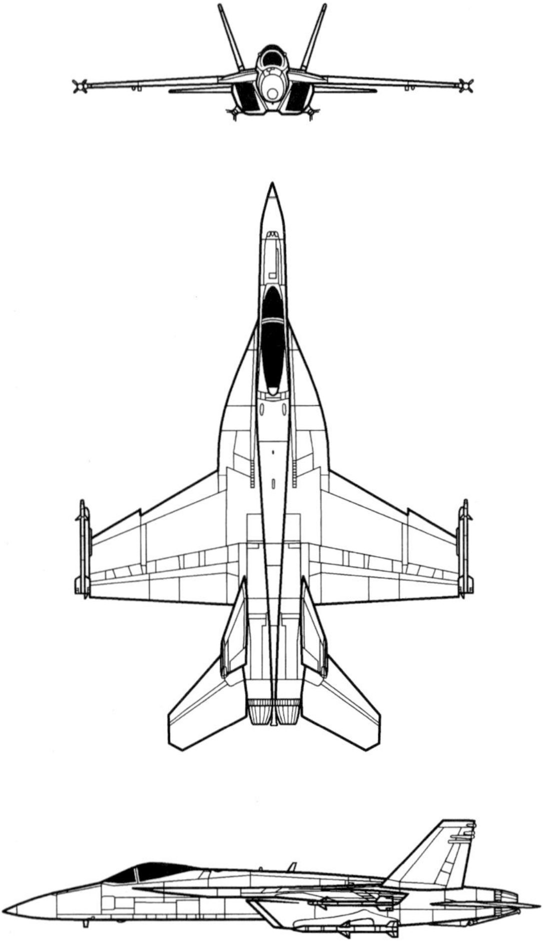

Abmessungen:
Spannweite 13,70 m
Länge 18,40 m
Höhe 4,88 m
Flügelfläche 46,45 m².

BOEING F/A-18E/F SUPER HORNET

Ursprungsland: USA.
Kategorie: Einsitziges und zweisitziges bord- und landgestütztes Mehrzweckkampfflugzeug.
Triebwerke: Zwei Mantelstromtriebwerke General Electric F414-GE-400 von je 6470 kp (63,4 kN) Standschub ohne und 9978 kp (97,86 kN) mit Nachverbrennung.
Leistungen: Höchstgeschwindigkeit auf optimaler Höhe Mach 1,8 +; Dienstgipfelhöhe 15240 m; Radius als Abfangjäger mit je zwei Luft-Luft-Lenkwaffen Sidewinder und AMRAAM 760 km, bei Tiefangriffseinsätzen mit vier 450-kg-Bomben, zwei Sidewinders und zwei 1818-l-Außentanks (hoch-tief-tief-hoch) 722 km.
Gewichte: Leergewicht 13876 kg; norm. Startgewicht 23541 kg, max. 29964 kg.
Bewaffnung: Eine 20-mm-Revolverkanone M61A2 und eine Waffenlast verschiedenster Auslegung von 8050 kg.
Entwicklungsstand: Der erste von sieben Prototypen flog erstmals am 29. November 1995. Die USN hat die Zahl der zu beschaffenden F/A-18E/F auf 515 erhöht, alle sind mittlerweile bestellt. Rund 450 davon waren Ende 2010 übergeben. Australien erhält ab 2010 24 F/A-18F Block II Super Hornets.
Bemerkungen: Die F/A-18E/F Super Hornet ist eine leistungsfähigere Weiterentwicklung der F/A-18C/D Hornet. Die Hauptflügel sind größer, der Rumpf wurde um eine zusätzliche Sektion von 86 cm verlängert. Rund ein Drittel der Zelle besteht aus Verbundwerkstoffen, vorwiegend Karbonfaser. Die Triebwerkeinläufe sind rechteckig gestaltet. Gegenüber dem Ausgangsmuster ist die Super Hornet um rund 25 % größer. Im Übrigen sind alle Konturen möglichst reflektionsarm ausgelegt, um die Radarsignatur klein zu gestalten. Dank um rund 35 % stärkeren Triebwerken und einer um einen Drittel erhöhten Treibstoffkapazität resultieren in allen Bereichen wesentlich bessere Flugleistungen und insbesondere eine deutlich erhöhte Reichweite. Alle ab 2005 gebauten Super Hornets erhalten in einer neu konfigurierten Rumpfnase das wesentlich leistungsfähigere Radar vom Typ APG-79 AESA.
Hersteller: The Boeing Company, Defence & Space Group, Seattle, Washington, Werk St. Louis, Missouri, USA.

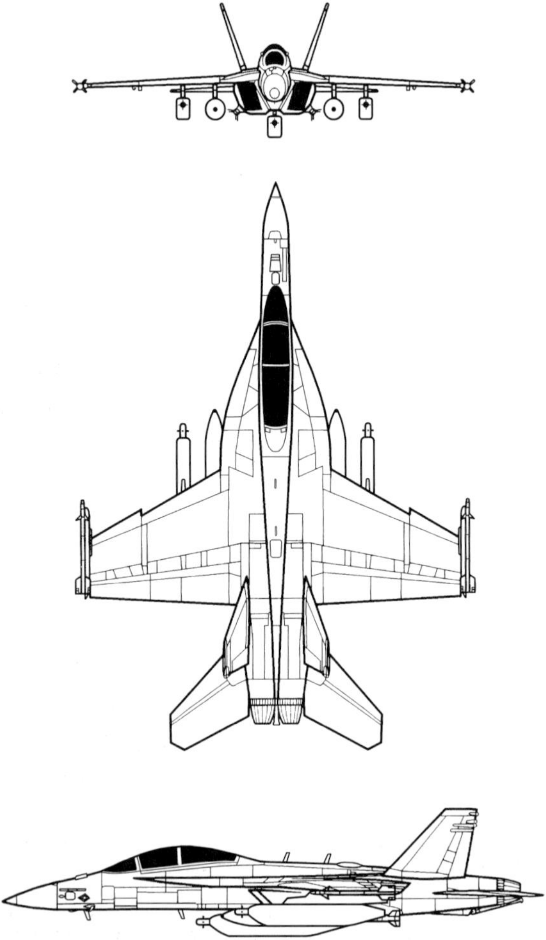

Abmessungen:
Spannweite 13,70 m
Länge 18,40 m
Höhe 4,88 m
Flügelfläche 46,45 m².

BOEING EA-18G GROWLER

Ursprungsland: USA.
Kategorie: Zweisitziges bord- und landgestütztes Elektronikkampfflugzeug.
Triebwerke: Zwei Mantelstromtriebwerke General Electric F414-GE-400 von je 6470 kp (63,4 kN) Standschub ohne und 9978 kp (97,86 kN) mit Nachverbrennung.
Leistungen: Höchstgeschwindigkeit auf optimaler Höhe Mach 1,8 +; Dienstgipfelhöhe 15240 m; Radius als Abfangjäger mit je zwei Luft-Luft-Lenkwaffen Sidewinder und AMRAAM 760 km, bei Tiefangriffseinsätzen mit vier 450-kg-Bomben, zwei Sidewinders und zwei 1818-l-Außentanks (hoch-tief-tief-hoch) 722 km.
Gewichte: Leergewicht 15010 kg; max. Startgewicht 29964 kg.
Bewaffnung: Eine 20-mm-Revolverkanone M61A2 und an insgesamt neun Aufhängepunkten unter den Flügeln und unter dem Rumpf bis zu fünf ALQ-99/-218/-227-Störbehälter, Zusatztanks oder AGM-88-HARM-Radarabwehr-Lenkwaffen.
Entwicklungsstand: Der erste von zwei Prototypen der EA-18G nahm die Flugerprobung am 16. August 2006 auf, gefolgt vom ersten Serienflugzeug im September 2007. Die USN beschafft neu 114 Einheiten, die meisten sind bereits bestellt. Insgesamt werden 10 Staffeln gebildet, die erste erlangte im Oktober 2009 die Einsatzbereitschaft.
Bemerkungen: Die EA-18G basiert auf der zweisitzigen Variante der F/A-18F (siehe Seiten 88/89). Ihre Hauptaufgabe ist die Bekämpfung von Radar-/Flabanlagen und anderen Verteidungseinrichtungen in einem modernen Kampfumfeld mit elektronischen Störmitteln (sog. SEAD-Kapazität, Suppression of Enemy Air Defence). Die ersten Maschinen des Blocks I werden mit folgenden Behältern ausgerüstet: Empfänger-System ALQ-218(V2), ALQ-227 zur Bekämpfung der Kommunikations-Einrichtungen sowie Störsystem im Nieder- und Hochfrequenzbereich ALQ-99. Im Übrigen behält die EA-18G die gleiche Einsatz- und Waffenkapazität wie die F/A-18F bei. Spätere Beschaffungsblocks erhalten weiter entwickelte Systeme, so u.a. eines zur Egalisierung gegnerischer Gegenmaßnahmen, so dass die Freund-Feind-Erkennung und die Kommunikation in der Angriffsphase jederzeit aufrechterhalten bleiben kann.
Hersteller: The Boeing Company, Defence & Space Group, Seattle, Washington, Werk St. Louis, Missouri, USA.

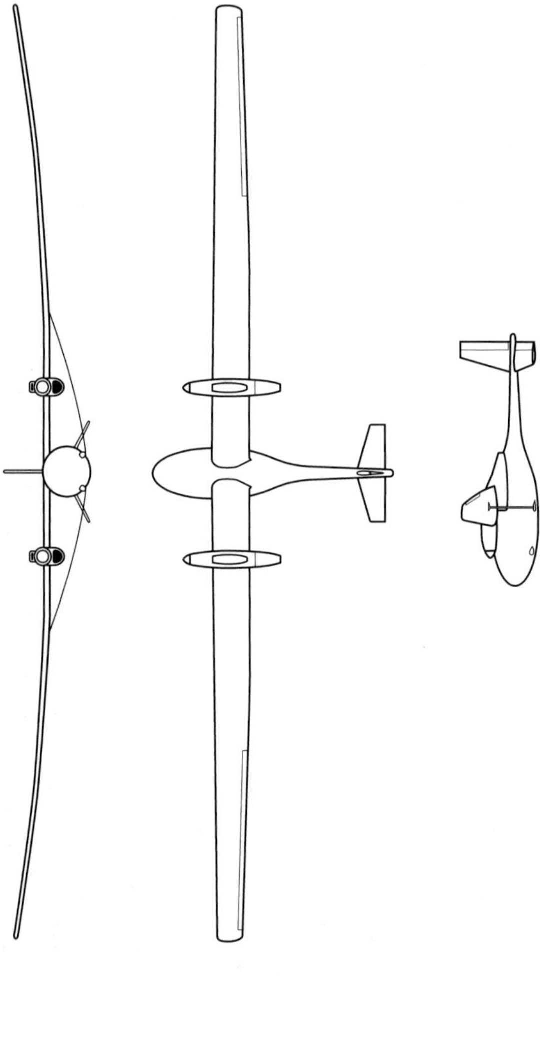

Abmessungen:
Spannweite 45,70 m
Weitere Angaben noch nicht bekannt.

BOEING PHANTOM EYE

Ursprungsland: USA.
Kategorie: Unbemannter Höhenaufklärer für militärische wie auch für zivile Einsätze.
Triebwerk: Zwei Turbolader-Automotoren Ford 2,3-Liter mit einer Leistung von je 150 PS (110 kW).
Leistungen (provisorische Angaben): Normale Reisegeschwindigkeit 280 km/h; Dienstgipfelhöhe rund 20000 m.
Gewichte (geschätzt): Max. Startgewicht 4308 kg.
Zuladung: Eine Aufklärungsausrüstung bis zum Gewicht von 200 kg kann im Rumpf mitgeführt werden.
Entwicklungsstand: Ein Demonstrator wurde am 12. Juli 2010 von Boeing präsentiert. Er soll Anfang 2011 erstmals fliegen. Ob eine Beschaffung folgt, ist noch offen.
Bemerkungen: Mit der Phantom Eye wird erstmals ein UAV entwickelt, welches vollständig mit Wasserstoff angetrieben und entsprechend ökologisch sein wird. Die Hauptaufgabe soll die permanente Aufklärung in großen Höhen sein. Dazu ist Phantom Eye in der Lage, bis zu vier Tage ununterbrochen zu fliegen. Kennzeichnend für diesen Typ ist der massige Rumpf, welcher nebst der Aufklärungsausrüstung auch zwei kugelförmige Wasserstofftanks enthält. Der Erprobungsträger entspricht größenmäßig in etwa 60 bis 70% der geplanten Serienausführung. Mit vier Phantom Eye's könnte ein Luftraum bzw. ein Abschnitt davon 24 Stunden am Tag, 7 Tage pro Woche während des ganzen Jahres lückenlos überwacht werden.
Hersteller: The Boeing Company, Phantom Works, Advanced Military Aircraft Division, St. Louis, Missouri, USA.

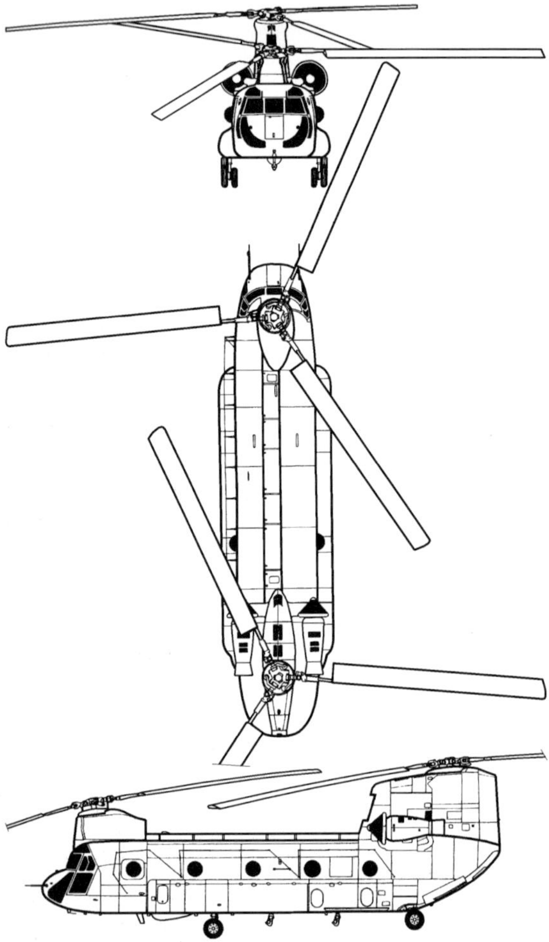

Abmessungen:
Durchmesser jedes der beiden Rotoren 18,29 m
Rumpflänge 15,84 m
Rumpfhöhe ohne Rotor 5,20 m.

BOEING CH-47SD/F CHINOOK

Ursprungsland: USA.
Kategorie: Schwerer Transporthubschrauber.
Triebwerke: Zwei Gasturbinen AlliedSignal T55-714A von je 4733 WPS (3529 kW) Leistung.
Leistungen: Höchstgeschwindigkeit 298 km/h auf Meereshöhe; Durchschnittsgeschwindigkeit 245 km/h; max. Schrägsteiggeschwindigkeit 9,38 m/Sek; Schwebehöhe mit Bodeneffekt 1837 m, ohne Bodeneffekt 1675 m; max. Flughöhe 6030 m; max. Einsatzradius 600 km; Überführungsreichweite 1902 km.
Gewichte: Leer 11550 kg; norm. Startgewicht 22688 kg.
Zuladung: Zwei Piloten und 45 Personen; als Ambulanzhubschrauber 24 Patienten plus zwei Sanitäter. Max. 11340 kg Außenlasten.
Entwicklungsstand: Der Erstflug der neuesten Ausführung CH-47SD fand am 25. August 1999 statt. Der erste Serienhubschrauber wurde im Juli 2006 der US Army übergeben. 452 CH-47F werden beschafft. 325 davon wurden bereits in Auftrag gegeben. Bei rund der Hälfte handelt es sich um neue Hubschrauber, die restlichen sind Umbauten aus der Version CH-47D. Weitere Besteller dieser Ausführung: Australien neu 7, Italien 16 (+ 4 Optionen), Kanada 15, Niederlande 6 und neu Großbritannien 22. 61 Einheiten einer der CH-47F angeglichenen Version MH-47G bezieht die US Special Operations der US Army durch Umbauten von bisherigen CH-47D/MH-47D/E. Im Juli 2010 wurde die 100. CH-47F abgeliefert.
Bemerkungen: Die CH-47SD (= »Super« D) ist eine wesentlich weiterentwickelte Ausführung. Das Äquivalent der US Army heißt CH-47F und flog erstmals am 25. Juni 2001. Die wichtigsten Neuerungen sind: Stark verbesserte Avioniksysteme mit einem MIL-STD-1553-Databus und ein voll integriertes Glascockpit, welches für NVG-Einsätze geeignet ist. Die Triebwerke erzeugen eine um rund 22 % höhere Leistung. Zudem werden größere Treibstofftanks eingebaut. Zur Erhöhung der Lebensdauer und zur Senkung des Vibrationspegels ist die Zelle verstärkt und versteift. Schließlich gelangen neue Elastomerlager an den Rotorköpfen zur Anwendung. Damit steigt die Zuverlässigkeit und sinkt der Wartungsaufwand. Boeing prüft bereits eine neue Variante mit neuem, breiterem Rumpf, stärkeren Triebwerken und nochmals erhöhter Nutzlast.
Hersteller: The Boeing Company, Helicopters Division, Philadelphia, Pennsylvania, USA.

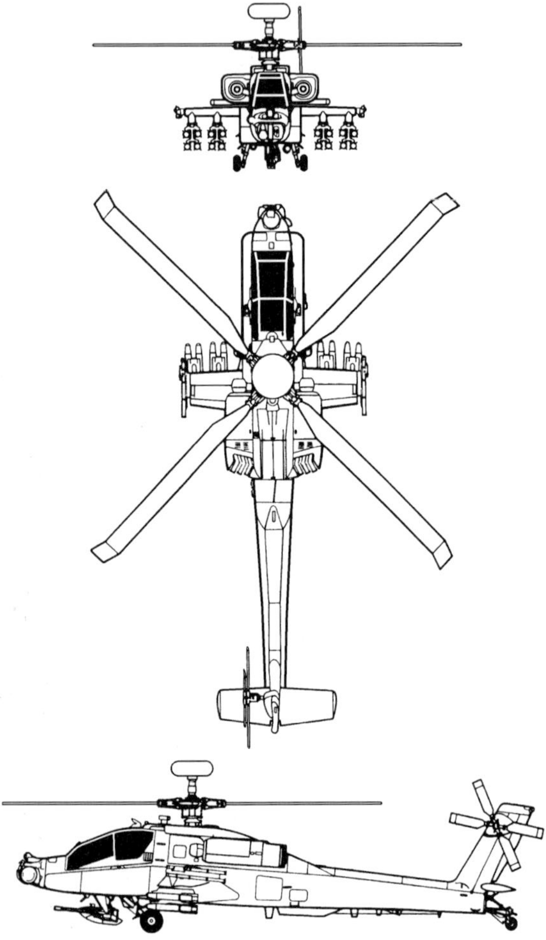

Abmessungen:
Rotordurchmesser 14,63 m
Rumpflänge 14,70 m
Höhe inkl. Mastvisier 4,90 m.

BOEING AH-64D LONGBOW APACHE

Ursprungsland: USA.
Kategorie: Zweisitziger Kampf- und Aufklärungshubschrauber.
Triebwerke: Zwei Gasturbinen General Electric T700-GE-701C von je 1890 WPS (1409 kW) Leistung.
Leistungen (bei 6552 kg): Höchstgeschwindigkeit 296 km/h; typische Einsatzgeschwindigkeit bei 7158 kg 272 km/h; max. Schrägsteiggeschwindigkeit 12,7 m/Sek; Schwebehöhe mit Bodeneffekt 5246 m, ohne Bodeneffekt 4124 m; Aktionsradius mit max. interner Treibstoffzuladung 407 km, Überführungsreichweite 1701 km.
Gewichte: Leergewicht 5352 kg; max. Startgewicht 9525 kg.
Bewaffnung: Eine einläufige 30-mm-Kanone unter dem Vorderrumpf sowie bis zu 16 lasergelenkte Hellfire-Panzerabwehrraketen oder 76 ungelenkte 70-mm-Raketen. Als Defensivbewaffnung können Luft-Luft-Lenkwaffen wie Stinger, Sidewinder oder Mistral mitgeführt werden.
Entwicklungsstand: Der erste AH-64D Longbow Apache startete am 15. April 1992 zum Erstflug. Aktuellen Plänen zufolgte bringt die US Army nun alle 717 AH-64A auf diesen Standard und kauft 128 neue AH-64D. Die ersten Einheiten sind seit Mitte 1998 im Einsatz. Von allen AH-64-Varianten sind derzeit ca. 1100 von 14 Luftwaffen beschafft worden. Neueste (Nach)bestellungen: Aegypten 12, Saudi Arabien 48, Taiwan 31, UAE 30. Der AH-64D Block III-Erprobungsträger flog erstmals am 9. Juli 2008, gefolgt vom ersten vollständig ausgerüsteten Prototypen am 4. Dezember 2009. 634 Hubschrauber sollen für die US Army ab 2011 entsprechend umgebaut werden.
Bemerkungen: Die AH-64D verfügt über ein Mastvisier (Longbow millimetre-wave = Millimeterwellenradar) zur Rundumgefechtsfeldbeobachtung. Sie ist in der Lage, mehr als ein Dutzend Ziele gleichzeitig zu entdecken. Die AH-64D ist zudem mit leistungsfähigeren Triebwerken ausgerüstet und kann die neuesten radiogesteuerten Hellfire-Lenkwaffen mitführen. Ab 2003 werden neue Umbauten mit faltbaren Rotoren ausgerüstet. Eine weitere Umrüstung erfolgt seit 2006 mit einem neuen Infrarot-Navigations- und Zielsystem Arrowhead. Ab 2011 erhalten die AH-64D weitere Verbesserungen in Etappen zum sog. Block III-Niveau. Sie umfassen u.a. stärkere Triebwerke 701D, mit 2000 WPS Leistung, verstärktes Getriebe und längere Rotorblätter. Eine Folge davon sind verbesserte Flugleistungen und eine größere Überlebensfähigkeit.
Hersteller: The Boeing Company, Helicopters Division, Philadelphia, Pennsylvania, Werk Mesa, Arizona, USA.

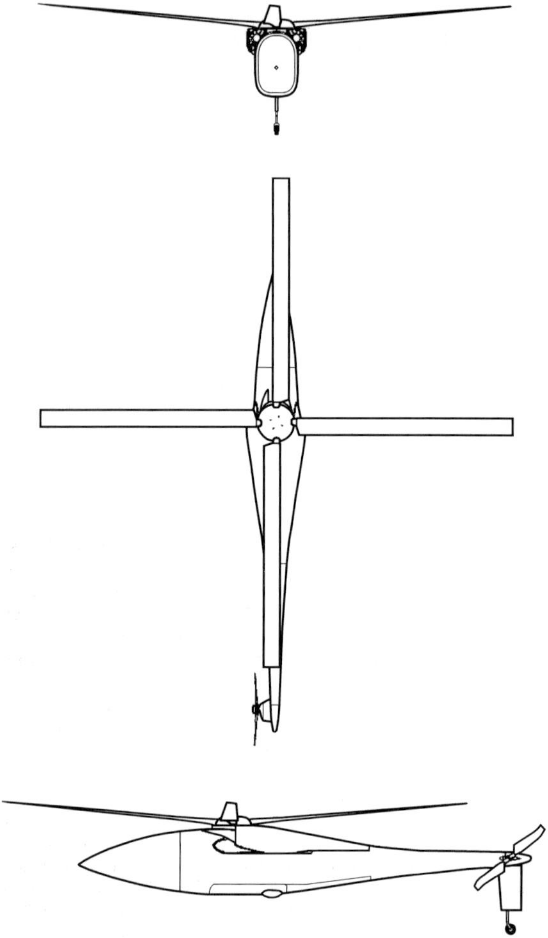

Abmessungen:
Rotordurchmesser 11,00 m
Rumpflänge alleine 10,70 m, inkl. drehendem Rotor 13,04 m
Höhe 2,95 m.

BOEING A160T HUMMINGBIRD

Ursprungsland: USA.
Kategorie: Erprobungsträger für einen unbemannten Langstrecken-Überwachungs- und Auflärungshubschrauber.
Triebwerke: Eine Gasturbine Pratt & Whitney Canada PW207D von 550 WPS (410 kW) Leistung.
Leistungen (nach Angaben des Hersellers): Höchstgeschwindigkeit 263+ km/h; Dienstgipfelhöhe 9144 m; Schwebehöhe ohne Bodeneffekt 6096 m; Reichweite mit max. Treibstoffzuladung von 1040 kg rund 4050 km; Flugdauer mehr als 20 Std.
Gewichte: Leergewicht 1050 kg; max. Startgewicht 2950 kg.
Zuladung: Nutzlast intern 800 kg, extern bis zu 1133 kg.
Bewaffnung: Eine Serienausführung soll eine Waffenlast von beispielsweise 6 Hellfire-Lenkwaffen an Trägern seitlich am Rumpf mitführen können.
Entwicklungsstand: Der noch mit einem Kolbenmotor ausgerüstete Erprobungsträger A160T Hummingbird flog erstmals im Januar 2002. Drei weitere teilweise stark modifizierte Modelle haben zwischen 2005 und 2007 die Flugerprobung aufgenommen. Weitere fünf folgten anschließend. 21 weitere baut Boeing seit 2010, obwohl dafür noch kein Auftrag vorliegt.
Bemerkungen: Nach einer langen, teilweise mit Rückschlägen verbundenen Entwicklungszeit ist mit der A160T eine recht revolutionäre Konstruktion eines unbemannten Hubschraubers entstanden. Aus diesem Erprobungsträger soll eine Serienvariante entwickelt werden. Das Bemerkenswerte am Hummingbrid sind seine Reichweiten- und Höhenleistungen. Während eines Erprobungsfluges erzielte der Erprobungsträger mit einer ununterbrochenen Flugzeit von 18 Std. und 42 Min. einen Weltrekord. Zur Erreichung einer für Hubschrauber hohen Fluggeschwindigkeit wurde der Rumpf sehr aerodynamisch ausgelegt. Er weist zudem »Stealth«-Eigenschaften auf. Das Fahrwerk ist einziehbar. Der aus Verbundwerkstoffen hergestellte Vierblatt-Rotor wurde starr ausgelegt und verfügt über einen gelenklosen Rotorkopf. Die Hummingbird soll nur rund die Hälfte des Lärms eines anderen Hubschraubers in dieser Klasse verursachen. Alle diese Maßnahmen sollen beitragen, ihn möglichst schwer erkennbar zu machen. Je nach Nutzlast soll die A160T für vielfältige Aufgaben eingesetzt werden. Die Serienausführung wird einige Verbesserungen aufweisen, welche insbesondere die Zuverlässigkeit erhöhen sollen.
Hersteller: The Boeing Company bzw. Tochtergesellschaft von Frontier Aircraft Systems, San Diego, Kalifornien, Werk Mesa, Arizona, USA.

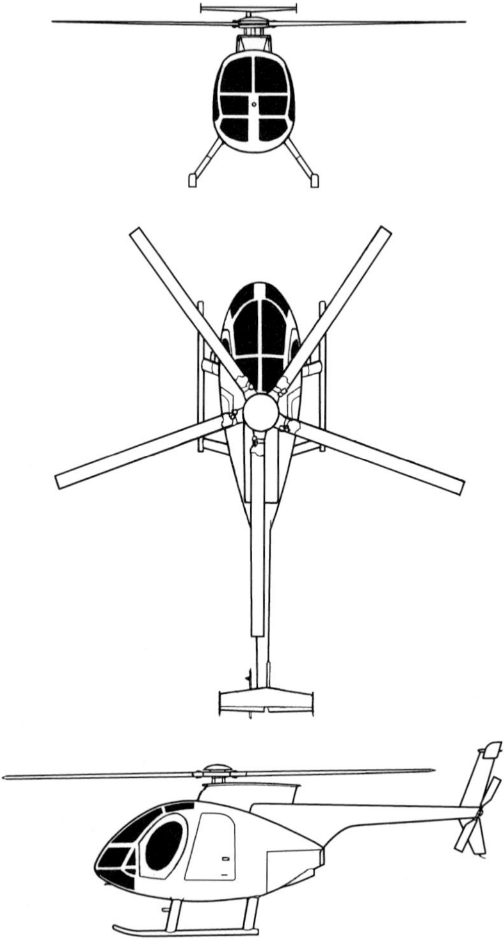

Abmessungen (AH-6i):
Rotordurchmesser 8,34 m
Rumpflänge ohne Rotor 7,04 m
Höhe über Rotorkopf 2,62 m.

BOEING AH-6M/ULB/AH-6i

Ursprungsland: USA.
Kategorie: Bewaffneter bemannter (AH-6M/AH-6i) oder unbemannter Aufklärungshubschrauber (ULB).
Triebwerke (AH-6i): Eine Gasturbine Allison 250-C30-R3M von 650 WPS (485 kW) Leistung.
Leistungen (MD530F): Höchstgeschwindigkeit 282 km/h; normale Reisegeschwindigkeit 249 km/h auf 1500 m; max. Schrägsteiggeschwindigkeit 10,5 m/Sek; Dienstgipfelhöhe 6096 m; Schwebehöhe mit Bodeneffekt 4877 m, ohne 4389 m, Reichweite rund 430 km.
Gewichte (AH-6i): Leergewicht 722 kg; max. Startgewicht 2132 kg.
Zuladung: Ein Pilot und fünf Personen; Nutzlast extern 908 kg.
Bewaffnung: Ein Maschinengewehr Minigun, ungelenkte oder gelenkte Hellfire-Lenkwaffen an zwei Auslegern seitlich am Rumpf.
Entwicklungsstand: Ein Erprobungsträger der AH-6M fliegt seit Anfang 2007. Der Beschaffungsentscheid der US Army steht noch aus. Sofern dieses Muster die Rolle der ARH-70 einnimmt, ist mit einer Bestellung von über 500 Hubschraubern zu rechnen. Die erste unbemannte ULB fliegt seit 30. Juni 2006. Die neueste Ausführung AH-6i nahm die Flugerprobung am 16. September 2009 auf. Jordanien hat 16 Exemplare geordert.
Bemerkungen: Die AH/MH-6 basiert auf einer relativ alten und bewährten Konstruktion Hughes 500/AH-6A/MD500, welche am 7. März 1963 erstmals flog. Seitdem wurde dieses Muster konsequent weiter entwickelt. Nachdem die Produktion des Bell ARH-70A (siehe Ausgabe 2008) aus technisch-finanziellen Schwierigkeiten gestoppt wurde, prüft die US Army die Beschaffung der AH-6M als Ersatz. Zur Erfüllung des militärischen Auftrags ist sie mit einer Vielzahl von Zusatzsystemen ausgerüstet, u.a. FLIR, Laser-Zielsucher und einer umfassenden Navigations- und Kommunikationseinrichtung. Eine weitere Ausführung der AH/MH-6X ist der umbenannte Erprobungsträger ULB, welcher sowohl mit wie auch ohne Pilot geflogen werden kann. Ganz neu ist die AH-6i, ausgerüstet mit Allison 250-C30R/3M-Triebwerk und einer open-architecture-Avionik.
Hersteller: The Boeing Company, Helicopters Division, Philadelphia, Pennsylvania, Werk Mesa, Arizona, USA.

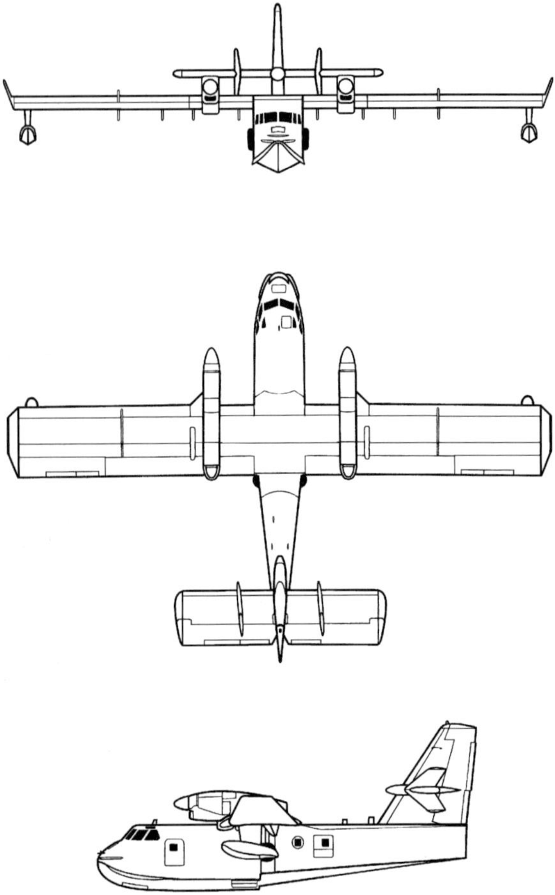

Abmessungen:
Spannweite 28,60 m
Länge 19,82 m
Höhe (an Land) 8,98 m
Flügelfläche 100,33 m^2.

BOMBARDIER 415 MR

Ursprungsland: Kanada.
Kategorie: Mehrzweck-Amphibium und Feuerlöscher.
Triebwerke: Zwei Propellerturbinen Pratt & Whitney Canada PW123AF von je 2380 WPS (1775 kW) Leistung.
Leistungen: Max. Reisegeschwindigkeit bei 14741 kg 375 km/h auf 1525 m; normale Reisegeschwindigkeit 287 km/h; Patrouillengeschwindigkeit bei 15876 kg 204 km/h auf Meereshöhe; Anfangssteiggeschwindigkeit bei 20865 kg 7,0 m/Sek; Überführungsreichweite 2427 km.
Gewichte: Rüstgewicht für Mehrzweckaufgaben 11789 kg, als Wasserbomber 12043 kg; max. Startgewicht an Land 19800 kg, im Wasser 17100 kg; max. Fluggewicht nach Wasseraufnahme 21000 kg.
Zuladung: Zwei Mann Besatzung und als Transporter 32 bis 35 Passagiere. Maximale Nutzlast von 4790 kg in Mehrzweckkonfiguration, 6123 kg als Wasserbomber. Für Marine-Patrouillenaufgaben bestehen zwei weitere Stationen für Flugingenieur/Navigator und für zwei Beobachter.
Entwicklungsstand: Der Erstflug der ersten 415 mr fand im März 2002 statt. Griechenland hat bisher als einziger Kunde zwei ihrer 10 bestellten Maschinen in dieser Ausführung beschafft. Die Einsatzbereitschaft begann 2003. Von der 415 bzw. 415 mr sind u.a. bestellt und zum größten Teil abgeliefert worden: Sécurité Civile 12, Griechenland 10 415 GR, Provinz von Quebec 8, Ontario 9, Sorem Italien 16, Kroatien 6 (davon 2 neu bestellt), Spanien 1. Die Produktion wurde 2001 eingestellt, 2006 aber wieder aufgenommen, um weitere 40 bis 50 Einheiten zu bauen.
Bemerkungen: Die neueste Variante 415 mr (= multi role) ist nebst den Löscheinsätzen auch für allgemeine Seeüberwachungsaufgaben, Such- und Rettungseinsätze und Küstenschutz vorgesehen. Gegenüber der 415 unterscheidet sie sich u.a. durch ein in der Nase montiertes Radar Primus 660. Zudem sind auf beiden Seiten des Rumpfes seitwärts gerichtete Radarantennen von Ericsson angebracht. Schließlich weist das Rumpfheck ein Infrarot-System SeaFLIR auf.
Hersteller: Bombardier Aerospace, Station Centreville, Montreal, Quebec, Kanada.

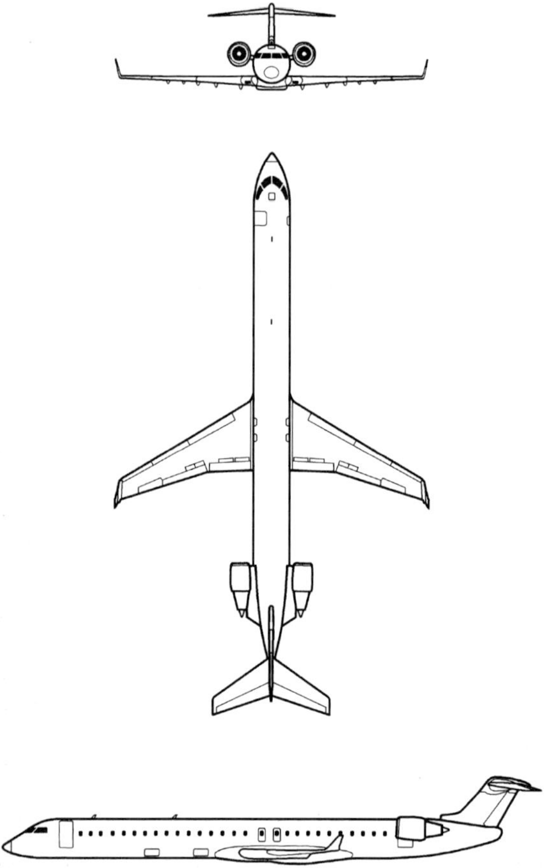

Abmessungen:
Spannweite (CRJ700) 23,24 m, (CRJ900) 24,85 m, (CRJ1000) 26,18 m
Länge (CRJ700) 32,51 m, (CRJ900) 36,40 m, (CRJ1000) 39,13 m
Höhe (CRJ700/900) 7,51 m, (CRJ1000) 7,13 m
Flügelfläche (CRJ700) 68,63m², CRJ900) 70,60 m², (CRJ1000) 75,81 m².

BOMBARDIER CRJ700/900/1000 NEXTGEN

Ursprungsland: Kanada.
Kategorie: Regionalverkehrsflugzeug.
Triebwerke: Zwei Mantelstromtriebwerke General Electric CF34-8C1 oder C5A von je 6168 bis 6577 kp (60,48 bis 64,49 kN) Standschub.
Leistungen: Max. Reisegeschwindigkeit(CRJ700/900) 860 km/h (Mach 0,81), (CRJ1000) 870 km/h (Mach 0,82); normale Reisegeschwindigkeit (CRJ700) 818 km/h, (CRJ900/1000) 827 km/h (Mach 0,78); Dienstgipfelhöhe 12600 m; Reichweite (CRJ700 ER) 3600 km, (CRJ900 ER) 3200 km, (CRJ1000) mit 100 Passagieren 2760 km, (CRJ1000 ER) 3130 km.
Gewichte: Rüstgewicht (CRJ700) 19731 kg, (CRJ900) 21546 kg, (CRJ1000) 23179 kg; max. Startgewicht (CRJ700 ER) 34019 kg, (CRJ900 ER) 37421 kg, (CRJ1000 EuroLite, EL) 38995 kg, (ER) 41640 kg.
Zuladung: Zwei Piloten und bis zu (CRJ700) 70, (CRJ900) 86 und (CRJ1000) 104 Passagiere in Viererreihen; max. Nutzlast (CRJ700) 8527 kg, (CRJ900) 10306 kg, (CRJ 1000) 11975 kg.
Entwicklungsstand: Der Prototyp der CRJ1000 NextGen flog erstmals am 3. September 2008. Die ersten Serienmaschinen wurden im Dezember 2010 ausgeliefert. Durch Annullierungen reduzierte sich der Auftragsbestand auf derzeit 49 Maschinen durch zwei Gesellschaften. Von der CRJ700 sind bisher rund 316 Maschinen, von der CRJ900 deren 230 beschafft und fast alle bereits ausgeliefert worden.
Bemerkungen: Nachdem die Nachfrage nach immer größeren Regionaljets wächst und die C-Serie später als geplant gebaut wird, will man mit dieser vermutlich letzten Verlängerung CRJ1000 im Markt der 100-Plätzigen mitzuhalten versuchen. Gegenüber der CRJ900 (siehe Ausgabe 2009) ist der Rumpf um 1,58 m vor und 1,37 m hinter dem Flügel verlängert. Diverse strukturelle Verstärkungen waren zudem nötig. Dies betrifft vor allem das Mittelrumpfsegment und Teile des Flügels. Seine Spannweite wurde durch Zusätze an den Flügelspitzen um je 66 cm vergrößert. Das Fahrwerk und die Bremsen sind verstärkt. Schließlich mussten auch die Klappenstellungen an die neuen aerodynamischen Erfordernisse angepasst werden. Neben der Standard- und der Extend-Range-Ausführung gibt es auch eine leichtere EuroLite-Variante mit geringerem Startgewicht.
Hersteller: Bombardier Aerospace, Montreal, Quebec, Werk Montreal-Mirabel, Quebec, Kanada.

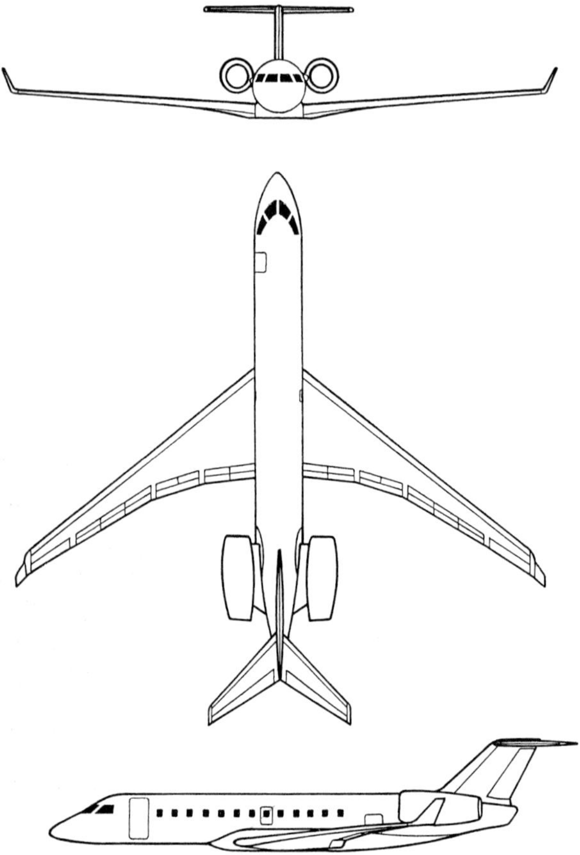

Abmessungen:
Spannweite inkl. Winglets (XRS/Global 5000) 28,65 m,
(Global 7000/8000) 31,79 m
Länge (XRS) 30,30 m, (Global 5000) 29,50 m, (Global 7000) 33,83 m,
(Global 8000) 30,97 m
Höhe 7,70 m
Flügelfläche (XRS/Global 5000) 94,94 m².

BOMBARDIER GLOBAL EXPRESS XRS/GLOBAL 5000

Ursprungsland: Kanada.
Kategorie: Firmenflugzeug.
Triebwerke: Zwei Mantelstromtriebwerke BMW/Rolls-Royce BR710-48A2-20 von je 6690 kp (65,6 kN) Standschub.
Leistungen: Max. Reisegeschwindigkeit 950 km/h (Mach 0,89); Langstrecken-Reisegeschwindigkeit 907 km/h (Mach 0,85); max. Anfangssteiggeschwindigkeit 18,3 m/Sek; Dienstgipfelhöhe 15545 m; Reichweite bei Mach 0,85 (XRS) 11390 km, (Global 5000) 9620 km.
Gewichte: Rüstgewicht (XRS) 23224 kg, (Global 5000) 23056 kg; max. Startgewicht (XRS) 44452 kg, (Global 5000) 42000 kg.
Zuladung: Zwei Piloten und je nach Innenausstattung (XRS) 8 bis 19 Passagiere, (Global 5000) bis 17 Passagiere; Innenmaße der Kabine: 14,74 m lang, (Global 5000 12,94 m), 2,49 m breit und 1,91 m hoch; max. Nutzlast 3266 kg.
Entwicklungsstand: Der erste Prototyp der Global Express begann mit der Flugerprobung am 13. Oktober 1996. Die Auslieferungen starteten Ende 1998. Die Global Express XRS fliegt seit 16. Januar 2005, die Global 5000 seit 7. März 2003. Ende 2010 waren von beiden Versionen über 400 Einheiten gebaut. Vier Global 5000 beschafft die Flugbereitschaft des deutschen Verteidigungsministeriums. Die neu vorgestellten Global 7000 (Erstbesteller Comlux 2) und 8000 sollen 2016 bzw. 2017 ausgeliefert werden.
Bemerkungen: Ab 2006 ersetzte eine unter der Bezeichnung XRS verbesserte Ausführung die Ursprungsversion auf der Montagestraße. Dank zusätzlichem Treibstofftank im Vorderrumpf erzielt die XRS besonders bei hohen Reisegeschwindigkeiten größere Reichweiten. Zudem ist das Kabinen-Management-System neu. Die Global 5000 unterscheidet sich von der Global Express nur durch einen um 81 cm gekürzten Rumpf und wegen reduzierter Tankkapazität geringere Reichweitenleistungen. Seit 3. August 2009 fliegt die erste Global Express XRS mit einem Flugdeck von Global Vision. Mitte 2010 hat Bombardier zwei Weiterentwicklungen Global 7000 und Global 8000 vorgestellt. Beide nutzen das General Electric-Triebwerk TechX neuester Technologie, welches bezüglich Treibstoffverbrauch, Lärmemissionen und Abgaswerte neue Bestwerte verspricht. Im vergrößerten Flügel wird die Treibstoffkapazität erhöht, so dass Reichweiten von bis (Global 7000) 13520 km bzw. (Global 8000) 14630 km erreicht werden. Sonst unterscheiden sich diese beiden Versionen fast nur bezüglich der Rumpflänge.
Hersteller: Bombardier Aerospace, Montreal, Quebec, Werk Montreal-Mirabel, Quebec, Kanada.

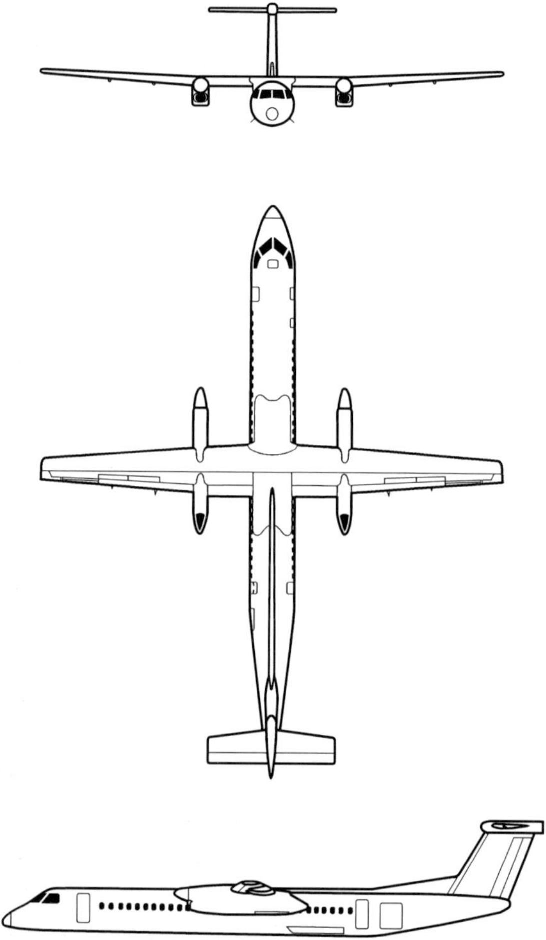

Abmessungen:
Spannweite 28,42 m
Länge 32,84 m
Höhe 8,36 m
Flügelfläche 63,08 m².

BOMBARDIER Q400

Ursprungsland: Kanada.
Kategorie: Regionalverkehrs- und Mehrzweckflugzeug.
Triebwerke: Zwei Propellerturbinen Pratt & Whitney Canada PW150A von je 4580 WPS (3415 kW) Leistung.
Leistungen: Max. Reisegeschwindigkeit 667 km/h; ökonom. Reisegeschwindigkeit 565 km/h; Dienstgipfelhöhe 7620 m; Reichweite mit max. Nutzlast 1596 km, mit 70 Passagieren 2522 km.
Gewichte: Rüstgewicht 17108 kg; max. Startgewicht 29574 kg.
Zuladung: Zwei Piloten und Standard-Innenausstattung für 70 Passagiere in Viererreihen. Max. Nutzlast 8625 kg.
Entwicklungsstand: Die erste Dash 8-400 (mittlerweile als Q400 bezeichnet) startete am 31. Januar 1998 zum Erstflug, Ablieferung im Januar 2000. Ende 2010 waren von der Version Q400 bzw. Q400 NextGen etwa 420 Einheiten von über 30 Betreibern in Auftrag gegeben, rund 290 davon hergestellt worden. Bombardier lieferte Ende 2010 die 1000. Maschine der Dash 8-Familie ab.
Bemerkungen: Die Dash 8 Q400 ist eine nochmals vergrößerte Ausführung des Grundmusters Dash 8. Gegenüber der Dash 8-300 (siehe Ausgabe 1996) unterscheidet sie sich durch den 7,16 m längeren Rumpf, leistungsfähigere Triebwerke und ein verstärktes Flügelmittelstück. Dadurch vergrößert sich die Spannweite um rund 1 m. Neue, besonders lärmarme Sechsblattrotoren von Dowty sind rund 20 cm weiter vom Rumpf entfernt platziert worden. Zur weiteren Lärmreduktion ist ein sog. »active cabin-noise control system« (= aktives Lärmunterdrückungssystem) eingebaut, welches den in die Kabine eindringenden Lärm erheblich auf 77 dB abdämpft, weshalb der Name des Musters auf Q400 (Q = quiet/ruhig) abgeändert wurde. Einige ältere Maschinen werden zu Frachtern Q400PF umgebaut. Die derzeit angebotene Variante Q400 NextGen (Erstablieferung im Mai 2009) weist einige Verbesserungen in der Inneneinrichtung auf. Bombardier prüft unter der Bezeichnung Dash 8 Q400X eine weitere Verlängerung des Musters für 90 Passagiere.
Hersteller: Bombardier Aerospace, Downsview, Ontario, Kanada.

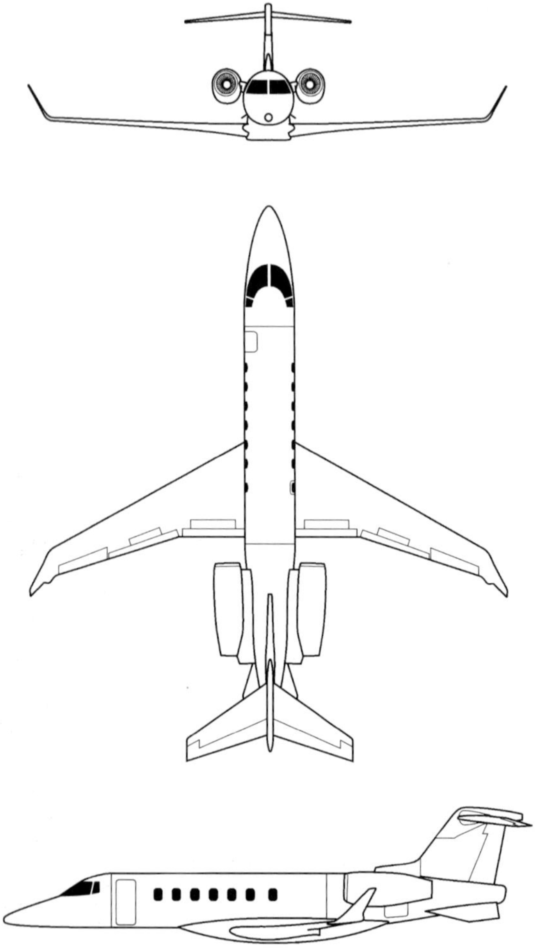

Abmessungen:
Spannweite einschließlich Winglets 18,75 m
Länge 20,76 m
Höhe 6,08 m
Flügelfläche 37,25 m².

BOMBARDIER LEARJET 85

Ursprungsland: USA/Kanada.
Kategorie: Firmenflugzeug.
Triebwerke: Zwei Mantelstromtriebwerke Pratt & Whitney Canada PW307B von je 2677 kp (27,13 kN) Standschub.
Leistungen (nach Angaben des Herstellers): Max. Reisegeschwindigkeit auf 13100 m 871 km/h (Mach 0,82); Langstreckenreisegeschwindigkeit auf 13700 m 829 km/h (Mach 0,78); Dienstgipfelhöhe 14935 m; max. Reichweite mit vier Passagieren und IFR-Reserven 5556 km.
Gewichte (nach Angaben des Herstellers): Leergewicht 9752 kg; max. Startgewicht 15195 kg.
Zuladung: Zwei Piloten und in der Kabine normalerweise acht, maximal zehn Passagiere.
Entwicklungsstand: Der Erstflug der Learjet 85 ist für 2011 vorgesehen. Heutigen Plänen zufolge sollen die ersten Serienmaschinen im Laufe von 2013 an die Kunden abgeliefert werden. Der aktuelle Auftragsbestand ist nicht bekannt.
Bemerkungen: Im Mai 2008 stellte Bombardier die Learjet 85 vor. Obwohl äußerlich als klassische Learjet zu erkennen, handelt es sich um eine vollständige Neukonstruktion. Sie ist der erste Businessjet, dessen Rumpf vollständig aus Faserverbundwerkstoffen besteht. Für acht Passagiere ausgelegt, soll sie eine komfortable Kabine mit folgenden Innenmaßen erhalten: Länge 7,54 m, Höhe 1,80 m, Breite 1,85 m. Bombardier bietet verschiedene Standardeinrichtungen an. Die Fenster sind größer als bei Vorgängermodellen dimensioniert. Der Tradition der Learjets folgend, zeichnet sich die Learjet 85 ebenfalls durch ein agiles und schnelles Flugverhalten aus. Vorgesehen ist die Avionik neuester Technologie Rockwell Collins Pro Line Fusion, welche sich u.a. durch einfache Bedienung auszeichnen soll.
Hersteller: Bombardier Aerospace, Werk Wichita, Kansas, USA, Quebec, Kanada.

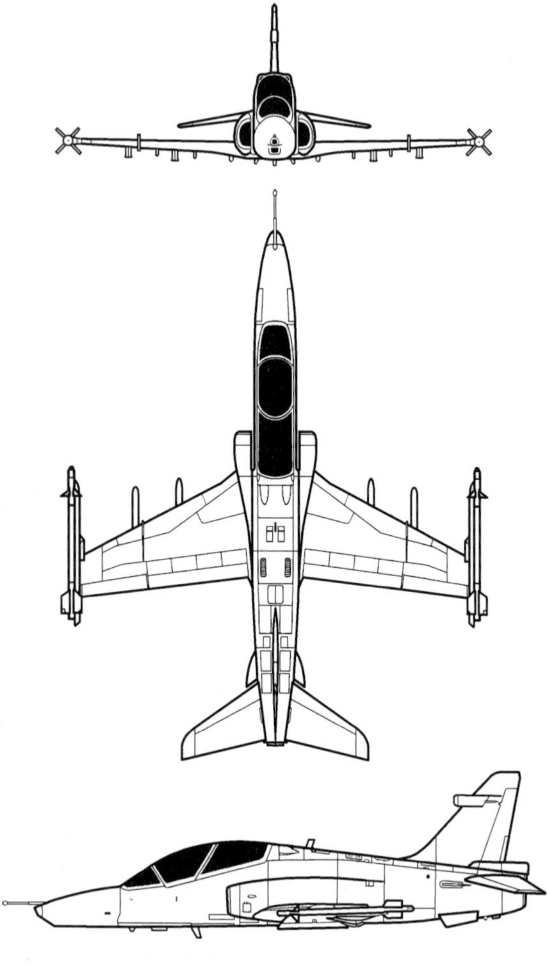

Abmessungen:
Spannweite inkl. Lenkwaffen 9,94 m
Länge 12,43 m
Höhe 3,98 m
Flügelfläche 16,69 m².

BRITISH AEROSPACE HAWK Mk.128

Ursprungsland: Großbritannien.
Kategorie: Zweisitziger Fortgeschrittenentrainer und Erdkämpfer.
Triebwerke: Ein Mantelstromtriebwerk Rolls-Royce/Turboméca Adour 951 von 2950 kp (28,89 kN) Standschub.
Leistungen: Höchstgeschwindigkeit 1040 km/h oder Mach 0,85; max. Reisegeschwindigkeit 1019 km/h auf Meereshöhe; Dienstgipfelhöhe 13565 m; taktischer Einsatzradius je nach Bewaffnung zwischen 583 und 925 km; Überführungsreichweite mit zwei 860-l- und einem 590-l-Zusatztank 2584 km.
Gewichte: Rüstgewicht 4570 kg; max. Startgewicht 9100 kg.
Bewaffnung: Eine 25-mm-Aden- oder eine 27-mm-Mauser-Kanone und maximal 3000 kg externe Waffenlasten, verteilt auf sieben Stationen unter Flügeln und Rumpf.
Entwicklungsstand: Ein Erprobungsträger der neuesten Ausführung LIFT, welche die Basis der aktuellsten Variante Mk.128 darstellte, fliegt seit 1998. Insgesamt sind bisher (ohne T-45 der USN, siehe Ausgabe 2003) über 650 Maschinen aller Versionen für 19 Luftwaffen bestellt und zum größten Teil ausgeliefert worden. Neueste Besteller: Großbritannien 28 T.2/Mk. 128, Indien 66 Mk. 132 (z.T. Lizenzbau) und hat kürzlich den Auftrag für weitere 57 erteilt.
Bemerkungen: Die als LIFT (Lead-In-Fighter-Trainer) bezeichnete Ausführung der Hawk weist, besonders was die Avionik angeht, einige bedeutende Verbesserungen auf: MIL-Std-1553B-Databus, überarbeitetes Cockpit mit drei Flachbildschirmen und HUD, Nachtsichtgeräte, INS/GPS und weitere elektronische Hilfen. Die Zelle wurde für eine längere Lebensdauer verstärkt, das Bugfahrwerk kann aktiv gesteuert werden. Zudem ist ein APU (= **A**uxiliary **P**ower **U**nit = Starthilfstriebwerk) installiert. Seit Mitte August 2002 fliegt eine neue Ausführung Mk.120 mit voll digitalisiertem Cockpit und Adour 951-Triebwerken, von der schließlich die Mk. 128 für die RAF (Erstflug 27. Juli 2005) abgeleitet wurde. Diese verfügt über ein neues Avioniksystem mit offener Architektur. Eine weitere Entwicklung dieser Variante wird derzeit geprüft.
Hersteller: British Aerospace PLC, Military Aircraft Division, Warton, Preston, Lancashire, Großbritannien.

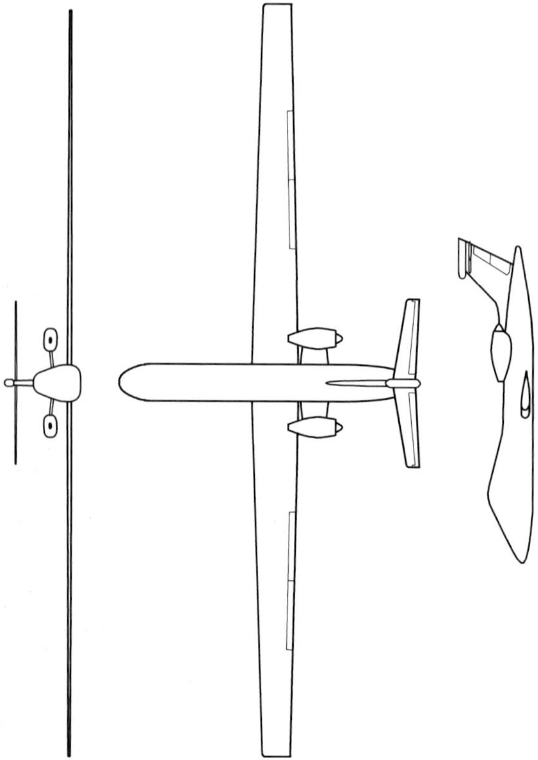

Abmessungen:
Spannweite rund 20 m.

BRITISH AEROSPACE MANTIS

Ursprungsland: Großbritannien.
Kategorie: Drone für Erdkampf-, Aufklärungs- und ELINT-Aufgaben in großen Höhen.
Triebwerke: Zwei Propellerturbinen Rolls Royce RB250B-17 von je 450 WPS (336 kW) Leistung.
Leistungen (noch sehr unvollständige Angaben): Höchstgeschwindigkeit 550 km/h; Dienstgipfelhöhe 16800 m; max. Flugdauer von rund 30 Std.
Gewichte: Keine Angaben bekannt.
Zuladung: Aufklärungs- und Elekronikausrüstung bis zu einem Gewicht von 1000 kg.
Bewaffnung: Beispielsweise vier Lenkbomben Paveway IV von je 227 kg und sechs Brimstone-Lenkwaffen an Aufhängepunkten unter den Flügeln.
Entwicklungsstand: Die Entwicklung der Mantis startete Ende 2007, eine Attrappe wurde 2008 vorgestellt. Der als Spiral 1 bezeichnete Konzeptträger absolvierte am 21. Oktober 2009 den Erstflug. Dieser soll in verschiedenen Phasen die Einsatzfähigkeit des Konzepts beweisen. Ein Produktionsentscheid soll frühestens 2012 fallen.
Bemerkungen: Die Mantis soll ein ähnliches Leistungsspektrum wie die General Atomics MQ-9A Reaper aufweisen (siehe Seiten 180/181). Sie ist von Anfang an nebst für Aufklärungsaufgaben auch für Kampfeinsätze konzipiert worden und kann entsprechende Waffen mitführen. Die einzelnen Systeme sollen im »plug-and-play-Verfahren« jeweils sehr einfach ausgewechselt werden können. Vorne am Rumpf sind ein nach oben ausgerichtetes Satelliten-Kommunikationssystem sowie ein optisches Senorsystem L-3 Wescam MX-20 HD eingebaut. Die allfällige Serienversion erhält zudem ein SAR-Radar. Der Hersteller bezeichnet die Mantis als ein UAV der Folgegeneration, welche vollständig elektrisch gesteuert wird. Ein wesentlicher Unterschied zu anderen Mustern besteht darin, dass sie vollständig autonom eingesetzt werden kann. So ist ein am Boden stationierter Pilot nicht erforderlich. Eine Serienausführung Spiral 2 wird voraussichtlich größer ausfallen, andere Triebwerke aufweisen und auf einer Höhe von 15200 m rund 30 Std. im Einsatz bleiben können.
Hersteller: British Aerospace PLC, Military Aircraft Division, Warton, Preston, Lancashire, Großbritannien.

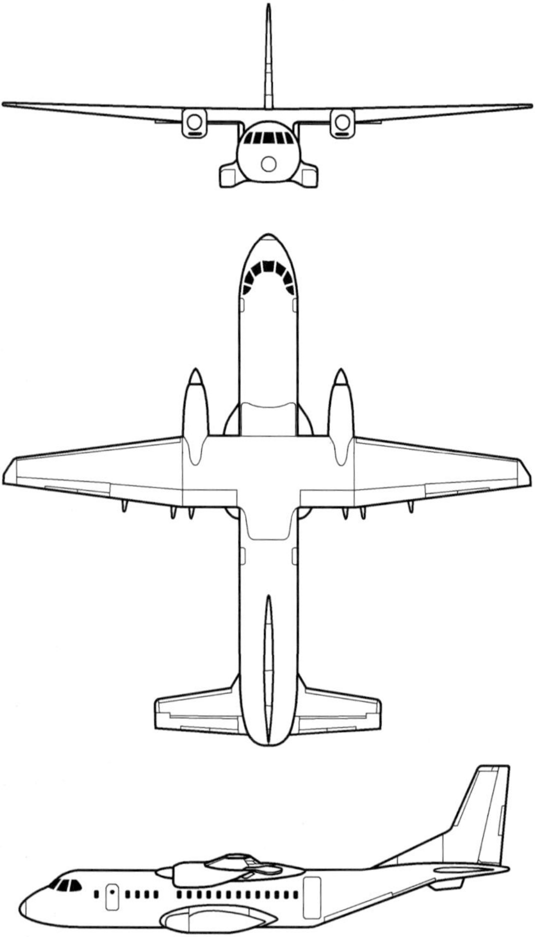

Abmessungen:
Spannweite 25,81 m
Länge 24,45 m
Höhe 8,60 m
Flügelfläche 59,10 m^2.

CASA C-295

Ursprungsland: Spanien.
Kategorie: Mehrzwecktransporter.
Triebwerke: Zwei Propellerturbinen Pratt & Whitney Canada PW127G von je 2645 WPS (1972 kW) Startleistung.
Leistungen: Max. Reisegeschwindigkeit 474 km/h auf 7620 m; Steigzeit auf Dienstgipfelhöhe von 7620 m 12 Min; Reichweite mit max. Nutzlast 1445 km, max. Reichweite 5278 km.
Gewichte: Leergewicht 11000 kg; max. Startgewicht 23200 kg.
Zuladung: Zwei Piloten und normalerweise 69 oder bis zu 78 voll ausgerüstete Soldaten; für Evakuationseinsätze 27 liegende Personen und vier Helfer; als Frachter fünf Standard-Container oder drei leichte Fahrzeuge; max. Nutzlast 9250 kg.
Entwicklungsstand: Der erste, bereits dem Serienstandard entsprechende Prototyp, nahm die Flugerprobung am 22. Dezember 1998 auf. Im Oktober 2001 begann CASA mit den Auslieferungen. Folgende Luftwaffen haben bisher Bestellungen aufgegeben: Ägypten neu 3, Algerien 6, Brasilien 12, Finnland neu 3, Jordanien 2, Kolumbinen 4, Mexico 2, Polen 12, Portugal 12, Spanien 13, neu Tschechien 4. Rund 60 davon waren Ende 2010 ausgeliefert.
Bemerkungen: Basierend auf der CN-235 (siehe Seiten 40/41) wurde die C-295 von CASA alleine entwickelt. Von der Größe und der Leistungsfähigkeit her ist sie eine Klasse höher und kann als direkter Konkurrent zur Alenia C-27J (siehe Seiten 44/45) angesehen werden. Durch Einfügen von Rumpfsegmenten vor und hinter dem Flügel wurde die Außenlänge um 3,10 m, die Kabinenlänge um 3,00 m vergrößert. Stärkere Triebwerke gelangen zum Einbau, verbunden mit Sechsblatt-Propellern neuester Technologie von Hamilton. Weiter mussten wegen der höheren Gewichte Flügel und Fahrwerk verstärkt werden. Dank dieser Maßnahmen steigt die Ladekapazität gegenüber dem Ausgangsmuster um rund 50 %. Schließlich verfügt die C-295 über eine neue Avionik Topdeck von Sextant und ist für Luftbetankungen ausgelegt. Eine Seeüberwachungs- und U-Bootbekämpfungsversion C-295MPA »Persuader« wird ebenfalls angeboten. Die Vereinigten Arabischen Emirate haben vier, die chilenische Marine neu sechs Einheiten bestellt. Fünf der zwölf von Portugal bestellten Maschinen haben eine ähnliche Konfiguration und werden als C-295 VIMAR bezeichnet.
Hersteller: CASA, Werk Sevilla, Madrid, Spanien.

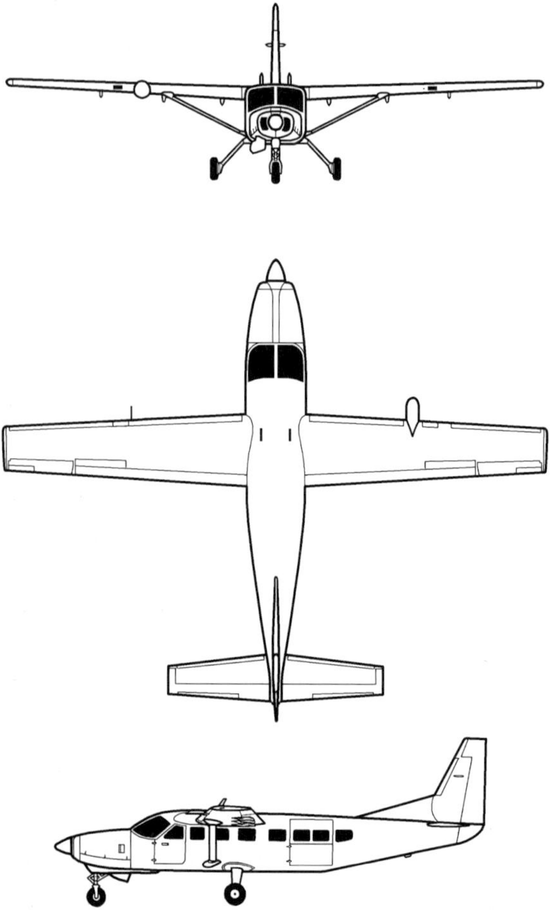

Abmessungen:
Spannweite 15,87 m
Länge (Caravan) 11,50 m, (Grand Caravan) 12,72 m
Höhe (Caravan) 4,52 m, (Grand Caravan) 4,70 m
Flügelfläche 25,96 m^2.

CESSNA 208B GRAND CARAVAN

Ursprungsland: USA.
Kategorie: Mehrzweckflugzeug.
Triebwerke: Eine Propellerturbine Pratt & Whitney Canada PT6A-114A von 675 WPS (503 kW) Leistung.
Leistungen: Max. Reisegeschwindigkeit 340 km/h auf 3050 m, 295 km/h auf 6095 m; Anfangssteiggeschwindigkeit 4,9 m/Sek; Dienstgipfelhöhe 7620 m; max. Reichweite mit 45 Min. Reserven 1680 km auf 3050 m.
Gewichte: Leergewicht 1861 kg; max. Startgewicht (Caravan) 3629 kg, (Grand Caravan) 3969 kg.
Zuladung: Ein bis zwei Piloten und in der Standardausführung neun Passagiere, maximal jedoch 14 Passagiere oder (Caravan) 1758 kg, (Grand Caravan) 1933 kg Fracht.
Entwicklungsstand: Der Prototyp der 208 flog erstmals am 9. Dezember 1982; Beginn der Kundenablieferungen im Februar 1985. Die militärische Variante U-27A wurde 1986 eingeführt. Die verbesserte Version 208B nahm am 3. März 1986 die Flugerprobung auf, gefolgt von der Grand Caravan 1991. Nebst der 208B werden derzeit angeboten: Caravan 675, Caravan Amphibian, Grand Caravan und Super Cargomaster. Nach wie vor ist die Nachfrage nach diesem Typ hoch. So konnte im September 2010 die 2000. Maschine abgeliefert werden.
Bemerkungen: Die neueste Variante der um 1,22 m verlängerten Cessna 208B, die Grand Commander, verfügt über ein stärkeres Triebwerk und entsprechend verbesserte Flugleistungen. Auch eine Ausführung mit Schwimmern ist erhältlich. Besonders für diese Variante offeriert Aero Twin einen Umbausatz mit dem leistungsstärkeren Triebwerk Honeywell TPE331-12 von 850 WPS (633 kW) Leistung und einem Vierblattpropeller. Damit verbessern sich insbesondere die Startleistungen. Als eigentliches »Arbeitspferd« ist die Caravan für die verschiedensten Aufgaben eingesetzt, sei es als Frachter bis zum Passagierflugzeug mit VIP-Einrichtung.
Hersteller: Cessna Aircraft Company, Wichita, Kansas, USA.

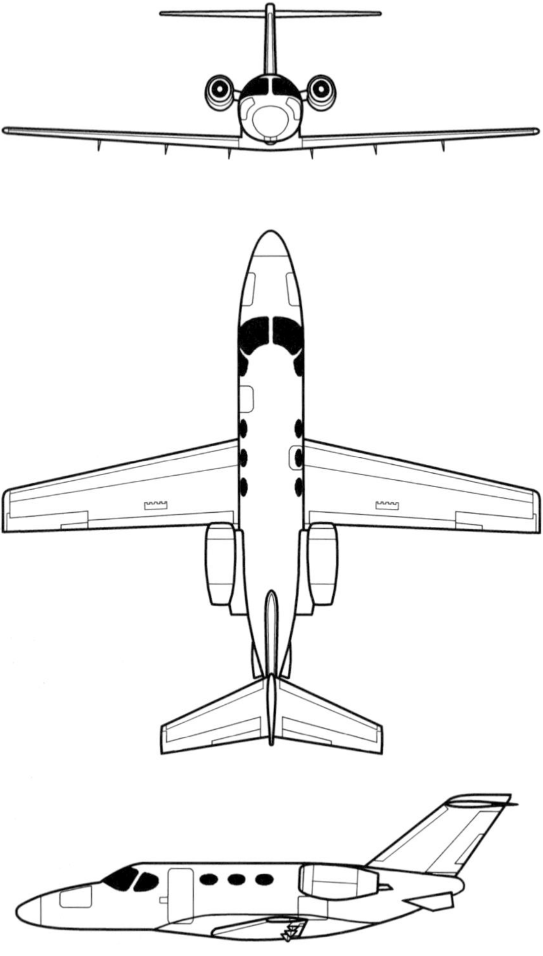

Abmessungen:
Spannweite 13,16 m
Länge 12,17 m
Höhe 4,09 m
Flügelfläche 19,50 m^2.

CESSNA 510 CITATION MUSTANG

Ursprungsland: USA.
Kategorie: Taxi- und Firmenflugzeug.
Triebwerke: Zwei Mantelstromtriebwerke Pratt & Whitney PW615F von je 662 kp (6,49 kN) Standschub.
Leistungen: Typische Reisegeschwindigkeit 630 km/h auf 10688 m; Dienstgipfelhöhe 12500 m; Reichweite unter IFR-Bedingungen bei einer Nutzlast von 270 kg 2161 km.
Gewichte: Leergewicht 2480 kg; max. Startgewicht 3921 kg.
Zuladung: Pilot und bis zu fünf Passagiere; Nutzlast bei voller Treibstoffzuladung 272 kg.
Entwicklungsstand: Der Prototyp der Citation Mustang absolvierte den Erstflug am 23. April 2005, das erste Serienflugzeug folgte am 29. August 2005. Bisher sind über 500 Einheiten bestellt worden. Anfang 2010 wurde die 300. Mustang ausgeliefert. Jährlich will Cessna rund 150 Maschinen herstellen.
Bemerkungen: Mit diesem neuesten und kleinsten Jet will sich Cessna gegenüber der neu aufkommenden Konkurrenz von sehr leichten und preisgünstigen Düsenflugzeugen am Markt behaupten. Die Citation Mustang stellt eine Brücke zwischen mit Kolbenmotoren ausgerüsteten Sport- und Reiseflugzeugen und den eigentlichen Businessjets dar. Der Basispreis beträgt rund US$ 3,0 Mio. Von der Auslegung her ist die ganz aus Aluminium hergestellte Mustang der CitationJet-Familie ähnlich, in den Außenabmessungen jedoch kleiner. Der Flügel ohne Pfeilung wurde völlig neu konzipiert. Die kleine Passagierkabine (Länge 4,42 m, Breite 1,42 m, Höhe 1,37 m) verfügt jedoch über eine Toilette. Im Cockpit gelangt die Garmin G100-Avionik zum Einbau, welche drei große Flachbildschirme und als Erleichterung für den Piloten ein umfassendes Flight Management System umfasst. Cessna prüft derzeit eine Ableitung mit einer Propellerturbine statt mit zwei Mantelstromtriebwerken zu entwickeln. Diese wäre deutlich kostengünstiger zu beschaffen.
Hersteller: Cessna Aircraft Company, Werk Independence, Wichita, Kansas, USA.

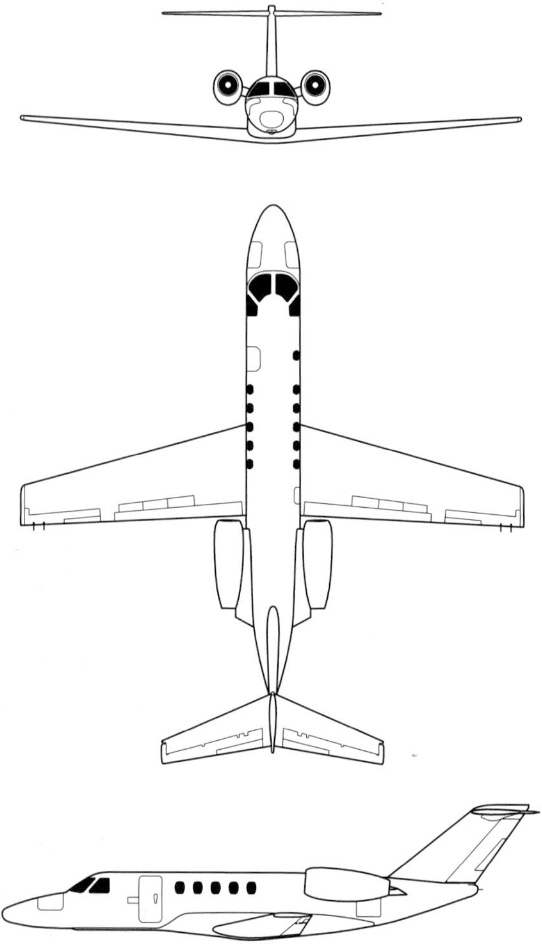

Abmessungen:
Spannweite (CJ1+) 14,30 m, (CJ2+) 15,19 m, (CJ3) 15,37 m, (CJ4) 15,49 m
Länge (CJ1+) 12,98 m, (CJ2+) 14,53 m, (CJ3) 15,29 m, (CJ4) 16,26 m
Höhe (CJ2) 4,24 m, (CJ3) 4,62 m, (CJ4) 4,67 m
Flügelfläche (CJ4) 30,66 m².

CESSNA 525B CITATION CJ4

Ursprungsland: USA.
Kategorie: Firmenflugzeug.
Triebwerke: Zwei Mantelstromtriebwerke Williams Rolls-Royce FJ44-4A von je 1542 kp (15,12 kN) Standschub.
Leistungen: Max. Reisegeschwindigkeit 838 km/h auf 10668 m (Mach 0,77); Steigzeit auf 13106 m 28 Min, Dienstgipfelhöhe 13716 m; max. Reichweite (CJ1+) 2380 km, (CJ2+) 3200 km, (CJ3) 3518 km, (CJ4) mit sechs Personen an Bord 3710 km.
Gewichte: Rüstgewicht 4654 kg; max. Startgewicht 7705 kg.
Zuladung: Pilot und Copilot/Passagier im Cockpit und sechs bis acht Passagiere; Nutzlast bei voller Treibstoffzuladung 454 kg, max. 961 kg.
Entwicklungsstand: Am 5. Mai 2008 startete der Prototyp CJ4 zum Erstflug, gefolgt vom ersten Serienmuster am 19. August 2008. Mit den Auslieferungen begann Cessna im März 2010. Die aktuelle Auftragslage ist nicht bekannt. Von der CJ1, CJ2 und CJ3 hat Cessna mittlerweile weit über 1000 Einheiten gebaut, von allen Citations zusammen über 5600.
Bemerkungen: Die Familie der CitationJet wird kontinuierlich erweitert und modernisiert. Nach dem Ausgangsmuster CJ1 (siehe Ausgabe 2002), der verlängerten CJ2 (siehe Ausgabe 2003), der abermals gestreckten CJ3 (siehe Ausgabe 2007) lancierte Cessna 2008 die CJ4. Der Rumpf wurde um 0,93 m verlängert. Völlig neu ist der Flügel mit leichter Pfeilung. Die Triebwerke sind gegenüber der CJ3 wesentlich leistungsfähiger. Obwohl es sich um ein kleines Firmenflugzeug handelt, ist die Passagierkabine mit einer Länge ohne Cockpit von 5,29 m, einer Breite von 1,47 m und einer Höhe von 1,45 m recht geräumig. Wie bei den anderen CitationJet-Mustern gelangt die Collins Pro Line21-Avionik zum Einbau. Aufgrund der Testergebnisse konnten einige Leistungsparameter erhöht werden. Die CJ4 soll die Citation Bravo im Angebot von Cessna ersetzen. Der Hersteller gibt einen Basispreis von US$ 9,04 Mio. an
Hersteller: Cessna Aircraft Company, Wichita, Kansas, USA.

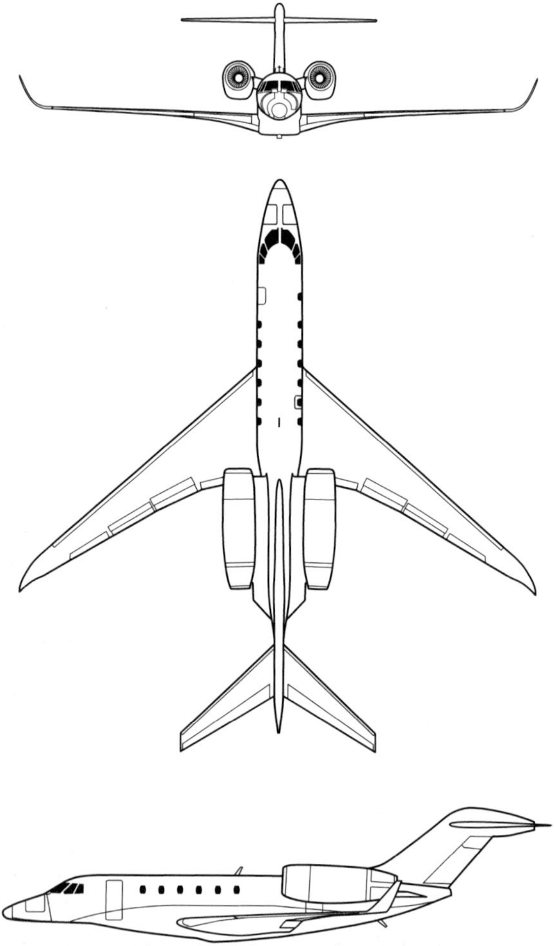

Abmessungen:
Spannweite 19,48 m
Länge 22,04 m
Höhe 5,86 m
Flügelfläche 48,96 m².

CESSNA 750 CITATION X / CITATION TEN

Ursprungsland: USA.
Kategorie: Firmenflugzeug.
Triebwerke (Citation X): Zwei Mantelstromtriebwerke Rolls Royce (Allison) AE 3007C-1 von je 3068 kp (30,09 kN) Standschub.
Leistungen (Citation X): Höchstgeschwindigkeit 972 km/h (Mach 0,92); max. Reisegeschwindigkeit auf 11275 m 934 km/h oder Mach 0,88; Langstrecken-Reisegeschwindigkeit 851 km/h; Anfangssteiggeschwindigkeit 22,4 m/Sek; Dienstgipfelhöhe 15545 m; VFR-Reichweite bei Mach 0,82 mit sechs Passagieren und 45 Min. Reserven 6115 km, IFR-Reichweite 5586 km.
Gewichte: Leergewicht 9843 kg; max. Startgewicht 16374 kg.
Zuladung: Zwei Mann Cockpitbesatzung und normalerweise acht, maximal aber bis zu 12 Passagiere in Einzelsitzen und einer dreiplätzigen Couch; Nutzlast mit vollen Treibstofftanks 617 kg, max. 1179 kg.
Entwicklungsstand: Das erste Erprobungsmuster nahm die Flugtests am 21. Dezember 1993 auf. Die Kundenauslieferungen begannen im Juni 1996. Im November 2009 ist die 300. X abgeliefert worden. Die neue Cessna Ten soll Ende 2011 erstmals fliegen.
Bemerkungen: Das Topmodell von Cessna wird laufend modernisiert. Citations X (siehe Dreiseitenriss) ab dem Modelljahr 2002 verfügen über Triebwerke mit um 180 kp größerer Startleistung und erhöhtes Maximalgewicht. Auch die Avionik von Honeywell wurde aufgerüstet. Ab der Seriennummer 225 erhielt sie ein überarbeitetes Interieur. Neu ist die Citation X auch mit Winglets erhältlich. Dadurch verbessert sich die Reisegeschwindigkeit um 28 km/h und die Reichweite um 280 km. Ab dem Modelljahr 2011 erhält die Cessna X eine neue Avionik Honeywell Primus Elite und ein aufdatiertes Kabinenmanagementsystem. Den größten Schritt kündigte der Hersteller jedoch Ende 2010 an. Unter der Bezeichnung Cessna Ten (siehe Foto) lanciert er eine um 0,38 m längere, mit Rolls Royce-Triebwerken AE3007 neuerer Generation ausgerüstete Weiterentwicklung. Sie erhält ein völlig neues Cockpit Garmin G5000 mit Head-Up-Display und wird deutlich bessere Flugleistungen aufweisen.
Hersteller: Cessna Aircraft Company, Wichita, Kansas, USA.

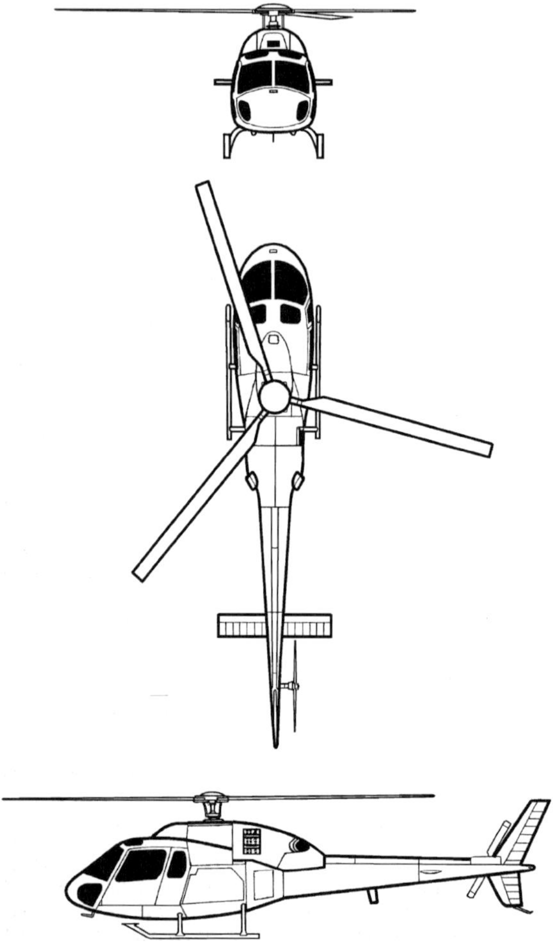

Abmessungen:
Rotordurchmesser 10, 69 m
Rumpflänge inkl. Rotor 13,01 m
Höhe 3,14 m.

CHANGHE Z-11

Ursprungsland: Volksrepublik China (Frankreich).
Kategorie (Z-11): Leichter ziviler und militärischer Mehrzweckhubschrauber, (Z-11W) leichter Kampfhubschrauber.
Triebwerke: Eine Gasturbine WZ8D von 600 WPS (450 kW) Leistung.
Leistungen: Höchstgeschwindigkeit 238 km/h; normale Reisegeschwindigkeit 218 km/h; max. Schrägsteiggeschwindigkeit 9,00 m/Sek; Dienstgipfelhöhe 5240 m; Schwebehöhe mit Bodeneffekt 3700 m, ohne Bodeneffekt 2900 m; Reichweite mit max. interner Treibstoffzuladung rund 600 km; Flugdauer 3,9 Std.
Gewichte: Leergewicht 1253 kg; max. Startgewicht 2200 kg.
Zuladung: Ein Pilot und fünf Passagiere.
Bewaffnung: Vier HJ-8 Anti-Tank-Lenkwaffen oder Raketenbehälter an Auslegern seitlich am Rumpf.
Entwicklungsstand: Der Erstflug fand im Dezember 1994 statt. Mit den Auslieferungen begann man 1998. Die chinesischen Streitkräfte haben bisher nach unbestätigten Angaben rund 20 Einheiten als Trainingshubschrauber beschafft. Weitere Z-11 gingen an zivile chinesische Betreiber. Der Hubschrauber befindet sich laut Hersteller weiterhin in Produktion.
Bemerkungen: Die Changhe Z-11 wurde von offizieller Seite als der erste in der VR China entwickelte Hubschrauber bezeichnet. In der Tat handelt es sich aber um eine abgeänderte Kopie des französischen Leichthubschraubers Eurocopter AS 350B Ecureuil (siehe Ausgabe 2007). Es gibt verschiedene Ausführungen: Die Z-11 ist für Verbindungs-, Trainings- und Rettungseinsätze konzipiert, ebenso die Z-11MB1. Diese behielt aber das ursprüngliche französische Triebwerk Turboméca Arriel 2B1A. Neu ist eine bewaffnete Version Z-11W für Aufklärungs- und leichte Kampfeinsätze. Sie verfügt über eine entsprechende Avionik wie ein Feuerleitsystem, V/UHF-Radioempfänger usw. Aus urheberrechtlichen Gründen ist der Export der Z-11 sehr schwierig, da die VR China von Frankreich angeklagt ist, eine unerlaubte Kopie der Ecureuil als eigenes Produkt ohne Lizenzrechte zu vermarkten.
Hersteller: Changhe Aircraft Industries Group, Jingdezhen, Provinz Jiangxi, Volksrepublik China.

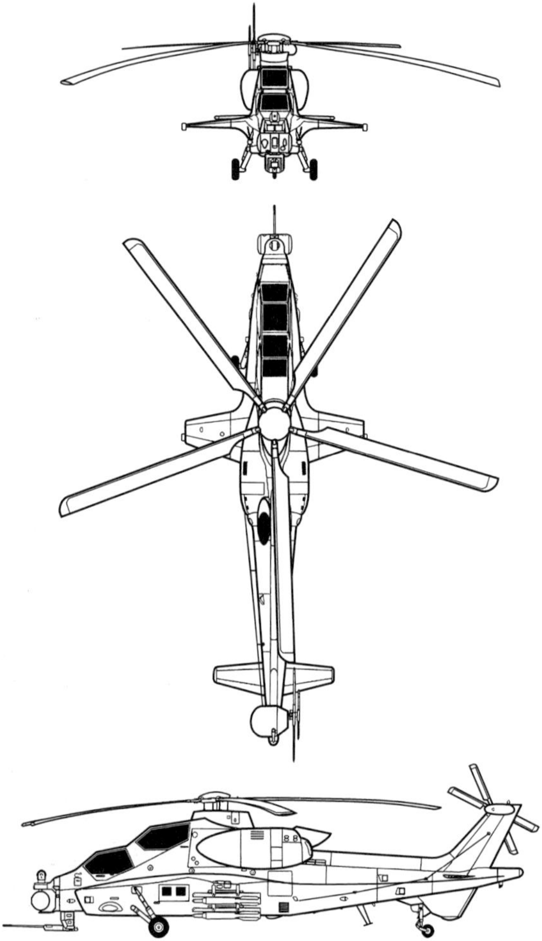

Abmessungen:
Rumpflänge 14,15 m
Höhe über Rotorkopf 3,84 m

CHANGHE WZ-10

Ursprungsland: Volksrepublik China.
Kategorie: Zweisitziger Kampfhubschrauber.
Triebwerke (Prototypen): Zwei Gasturbinen Pratt & Whitney Canada PT6C-67C von je 1531 WPS (1142 kW) Leistung.
Leistungen: Höchstgeschwindigkeit 300 km/h; weitere Angaben nicht bekannt.
Gewichte: Rüstgewicht 5500 kg.
Bewaffnung: An der Rumpfspitze eine Kanone mit einem Kaliber von vermutlich 23 mm sowie an zwei Auslegern seitlich am Rumpf bis zu acht Antitank-Lenkwaffen des neuen chinesischen Typs HJ-10. Alternativ können aber auch ungelenkte Raketen für den Erdkampf sowie infrarotgesteuerte Luft-Luft-Lenkwaffen TY-90 mitgeführt werden.
Entwicklungsstand: Der erste Prototyp flog erstmals am 29. April 2003, ging aber im Laufe der Flugerprobung verloren. Inzwischen sollen rund acht weitere Prototypen bzw. Vorserienhubschrauber gebaut worden sein. Ein Produktionsentscheid soll gefallen sein und die ersten Serienmuster sind für den Luftarm der chinesischen Armee im Bau.
Bemerkungen: Die WZ-10 bzw. gemäß anderen Quellen Z-10 (oder auch als Zhisheng bzw. Zhi-10 bezeichnet) ist von der Auslegung her mit der Agusta Westland AW 129 oder mit dem Eurocopter Tiger zu vergleichen. Die Hauptaufgabe des Musters wird die Bekämpfung von mechanisierten Verbänden, Kampffeld-Aufklärung sowie in zweiter Linie Einsätze gegen gegnerische Hubschrauber sein. Offenbar handelt es sich bei der WZ-10 um eine vollständige chinesische Eigententwicklung. Dabei wurde eine ähnliche Konzeption wie bei westlichen Mustern gewählt. Der Rumpf ist schlank mit einem Tandemcockpit für Piloten und Waffenoperateur. Zur Reduktion der Radarabstrahlung weist er verschiedene Verwinklungen auf. Die zwei Triebwerke treiben einen Fünfblatt-Hauptrotor und einen Vierblatt-Heckrotor an. Ob das PW-Triebwerk bei einer Serienausführung beibehalten oder als Alternative das chinesische Triebwerk WZ-9 verwendet wird, ist noch offen. Der Hubschrauber soll ein Fly-By-Wire-Kontrollsystem und ein modernes Cockpit mit Multifunktions-Displays aufweisen. Die elektronische Ausrüstung umfasst u.a. ein FLIR sowie diverse ECM-Komponenten wie Infrarot-Jammer, Laser Warngerät und Chaff-/Flare-Werfer.
Hersteller: CAIG Changhe Aircraft Industries Group, Ingdezhen, Jiangxi-Provinz, VR China.

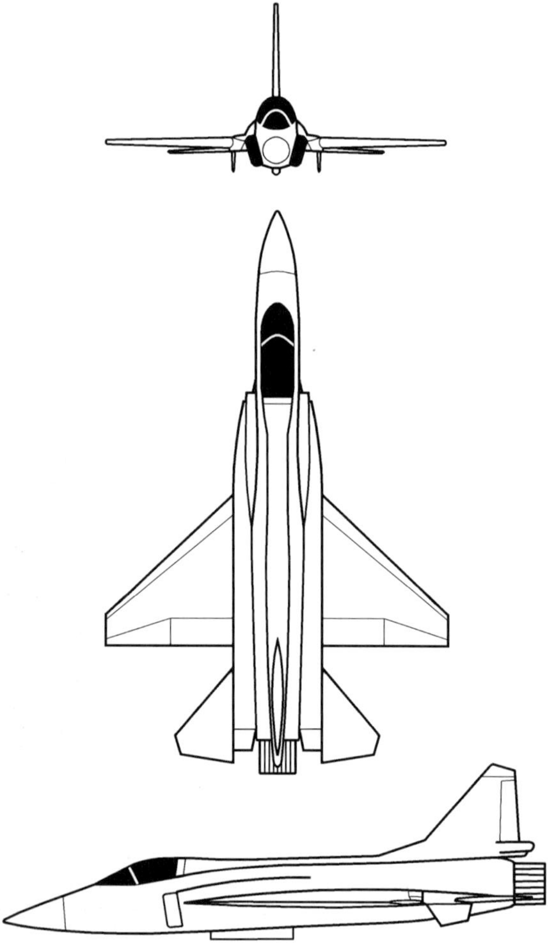

Abmessungen:
Spannweite 9,46 m
Länge 14,97 m
Höhe 4,77 m
Flügelfläche 24,40 m².

CHENGDU FC-1/JF-17 SUPER 7

Ursprungsland: Volksrepublik China.
Kategorie: Einsitziger Luftüberlegenheitsjäger und Erdkämpfer.
Triebwerke: Ein Mantelstromtriebwerk Klimow RD-93 von 5040 kp (49,4 kN) ohne und 8300 kp (81,4 kN) mit Nachverbrennung.
Leistungen (geschätzt): Höchstgeschwindigkeit ohne Außenlasten 1800 km/h (Mach 1,8); Dienstgipfelhöhe 16700 m; Aktionsradius als Jäger 1200 km, als Erdkämpfer 700 km; Reichweite mit internem Kraftstoff 1600 km; Überführungsreichweite 3000 km.
Gewichte: Leergewicht 6350 kg; Startgewicht normal beladen ohne Außenlasten 9100 kg; max. Startgewicht 12700 kg.
Bewaffnung: Eine doppelläufige 23-mm-Kanone GSh-223-2 unter dem Rumpf und Luft-Luft- bzw. Luft-Boden-Lenkwaffen sowie Bomben an vier Stationen unter den Flügeln und zwei an den Flügelspitzen. Max. Waffenladung 3600 kg.
Entwicklungsstand: Das erste Erprobungsmuster nahm nach längerer Verzögerung die Flugerprobung am 25. August 2003 auf. Das erste Serienmuster wurde im März 2007 der pakistanischen Luftwaffe übergeben. China soll 250 FC-1 erhalten. Das erste in pakistanischer Lizenz gebaute Muster wurde im November 2009 fertig gestellt. Neu will Pakistan bis zu 250 Einheiten beschaffen und hat bis Ende 2010 92 Einheiten geordert. Weiterer Besteller: Azerbeijan 26.
Bemerkungen: Das chinesisch-pakistanische Gemeinschaftsprojekt FC-1 wurde in enger Zusammenarbeit mit der russischen MAPO entwickelt. Dieses Muster basiert auf der nie fertig gestellten einmotorigen Variante der MiG-29, der MiG-33. Als kompakter Allwetter-Mehrzweckjäger soll er den Leistungen der F-16 nahe kommen. Die Auslegung der FC-1 ist recht konventionell. Rumpf wie Flügel bestehen aus Aluminium. Die Steuerung ist noch vollständig servogesteuert. Spätere Ausführungen sollen ein Fly-By-Wire-System erhalten. Eingebaut ist eine chinesische Avionik mit dem Mehrzweckradar KLJ-7. Damit ist die JF-17 eines der wenigen Kampfflugzeuge, welche keinerlei US-Systeme verwendet. Eine zweisitzige Ausführung ist ebenfalls vorgesehen. Chengdu prüft derzeit die Entwicklung einer vereinfachten Ausführung, welche insbesondere für unterentwickelte Länder von Interesse sein könnte.
Hersteller: Chengdu Aircraft Industrial Corp., Chengdu, Sichuan, VR China.

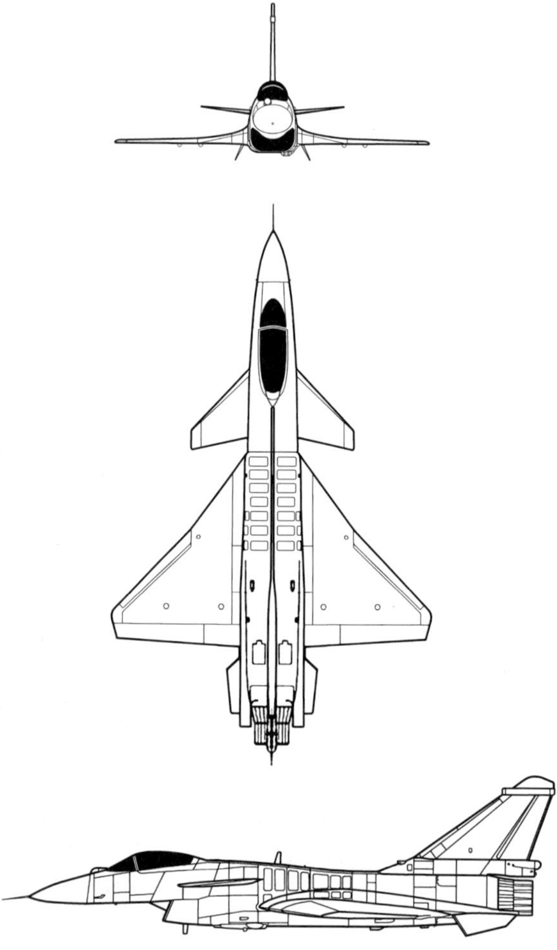

Abmessungen:
Spannweite Hauptflügel 9,75 m, Vorflügel 5,30 m
Länge 16,43 m
Höhe 5,43 m
Fläche Hauptflügel 39,00 m^2, Vorflügel 4,70 m^2.

CHENGDU J-10

Ursprungsland: Volksrepublik China.
Kategorie: Einsitziger Mehrzweckjäger und zweisitziger Einsatztrainer.
Triebwerke: Ein Mantelstromtriebwerk Saturn/Lyulka AL-31FN von 8100 kp (79,4 kN) Standschub ohne und 12800 kp (125,50 kN) mit Nachverbrennung.
Leistungen (geschätzt): Höchstgeschwindigkeit Mach 2,2 in großen Höhen, auf Meereshöhe Mach 1,2; Dienstgipfelhöhe 18000 m; Aktionsradius 550 km; Reichweite mehr als 2000 km.
Gewichte: Leergewicht 9730 kg; max. Startgewicht 24650 kg.
Bewaffnung: Eine Kombination von Kurzstrecken-Luft-Luft-Lenkwaffen PL-8, Mittelstrecken-Luft-Luft-Lenkwaffen PL-11 und Zusatztanks/Luft-Boden-Raketen/Bomben an bis zu elf Waffenstationen; max. Waffenlast rund 5500 kg. Zudem ist eine 23-mm-Kanone eingebaut.
Entwicklungsstand: Der erste von neun Prototypen führte am 24. März 1998 seinen Erstflug aus, der doppelsitzige Prototyp J-10S folgte am 26. Dezember 2003. Seit 2004 ist die J-10 bei der Luftwaffe der VR China im Einsatz. Insgesamt soll sie 300 Exemplare bekommen, fast 200 davon sind bereits abgeliefert. Pakistan wird voraussichtlich 36 J-10 beschaffen.
Bemerkungen: Der Mehrzweckjäger J-10 ist das Resultat einer gemeinsamen Entwicklung von Chengdu und der israelischen IAI. Diese brachte das Know-how des früheren Abfangjägers Lavi (siehe Ausgabe 1987/88) in das Projekt ein. Außer dem russischen Triebwerk sind alle Systeme, wie auch das Doppler-Bordradar KLJ-3, chinesischer Provenienz. Die J-10 verfügt über ein digitales Fly-By-Wire-Steuerungssystem. Vermutlich Anfang 2009 startete die verbesserte Ausführung J-10B zum Erstflug. Der Triebwerkeinlauf ist überarbeitet, die Rumpfnase vermutlich für ein neues AESA-X-Band-Radar umkonstruiert, die Zelle verstärkt und das Seitenleitwerk vergrößert. Zudem befinden sich zwei weitere Waffenaufhängepunkte unter den Flügeln. Auch soll ein verstärktes Triebwerk eventuell auch mit Vektor-Steuerung eingebaut sein. Spätere Ausführungen könnten das chinesische Triebwerk WS-10A Taihang erhalten.
Hersteller: CAC, Chengdu Aircraft Industrial Corporation, Chengdu, Sichuan, VR China.

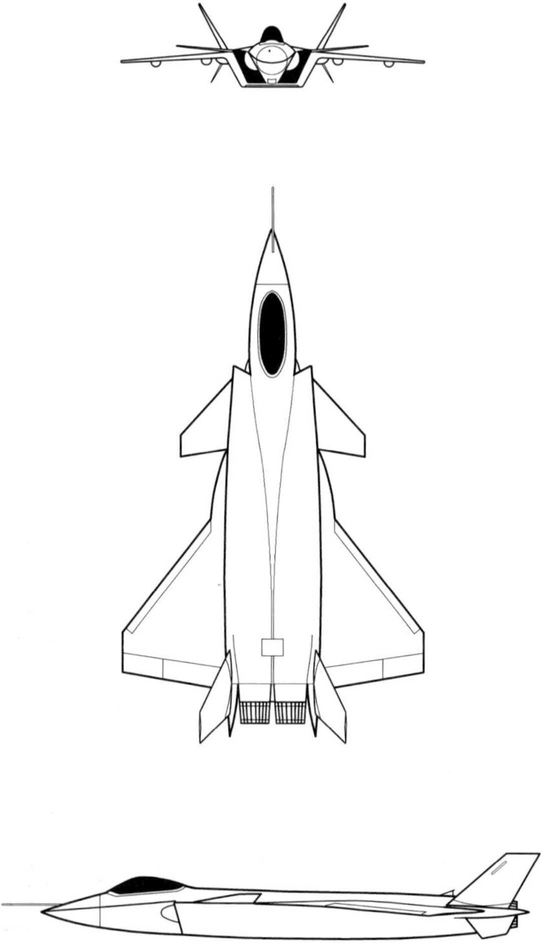

Abmessungen:
Spannweite mindestens 15 m
Länge etwa 23 m.

CHENGDU J-20 BLACK EAGLE

Ursprungsland: Volksrepublik China.
Kategorie: Einsitziger Luftüberlegenheitsjäger, vielleicht aber auch Angriffsflugzeug für mittlere Strecken.
Triebwerke: Wahrscheinlich zwei Mantelstromtriebwerke der Saturn AL-31-Familie von noch unbekannter Leistung.
Leistungen: Noch keine Angaben erhältlich.
Gewichte: Noch keine Angaben erhältlich.
Bewaffnung: Voraussichtlich Abfang- und Angriffslenkwaffen in internen Waffenschächten.
Entwicklungsstand: Zur großen Überraschung wurden erste Fotos des Prototypen am 22. Dezember 2010 herumgereicht. Bereits am 11. Januar 2011 nahm der erste von offenbar zwei Prototypen die Flugerprobung auf. Ob es sich dabei um echte Prototypen oder eigentliche Erprobungsträger handelt, ist nicht bekannt. Die Black Eagle soll aufgrund des J-XX-Programm-Pflichtenhefts für einen Überlegenheitsjäger der Luftwaffe der VR China entwickelt worden sein.
Bemerkungen: Bei der Chengdu J-20 handelt es sich um das erste bekannt gewordene Flugzeug chinesischer Produktion, das über sog. Stealth-Eigenschaften verfügt. Die bisher erhältlichen noch unscharfen Bilder lassen erkennen, dass es sich bei der J-20 um einen Deltaflügler mit Canards handelt. Die doppelt vorhandenen Seitenleitwerke sind nach außen abgewinkelt und voll beweglich, die rautenförmigen Lufteinlässe liegen am Bug an und sind wie bei der F-35 als Diverterless Supersonic Inlet (DSI) ausgeführt. Vom Aussehen her hat die außergewöhnlich große Black Eagle Ähnlichkeiten mit der Lockheed Martin F/A-22 Raptor (siehe Seiten 234/235) sowie mit der russischen MiG 1-44 (siehe Ausgabe 2001), von der allerdings nur ein einziger Erprobungsträger flog, bevor das Programm eingestellt wurde.
Hersteller: CAC, Chengdu Aircraft Industrial Corporation, Chengdu, Sichuan, VR China.

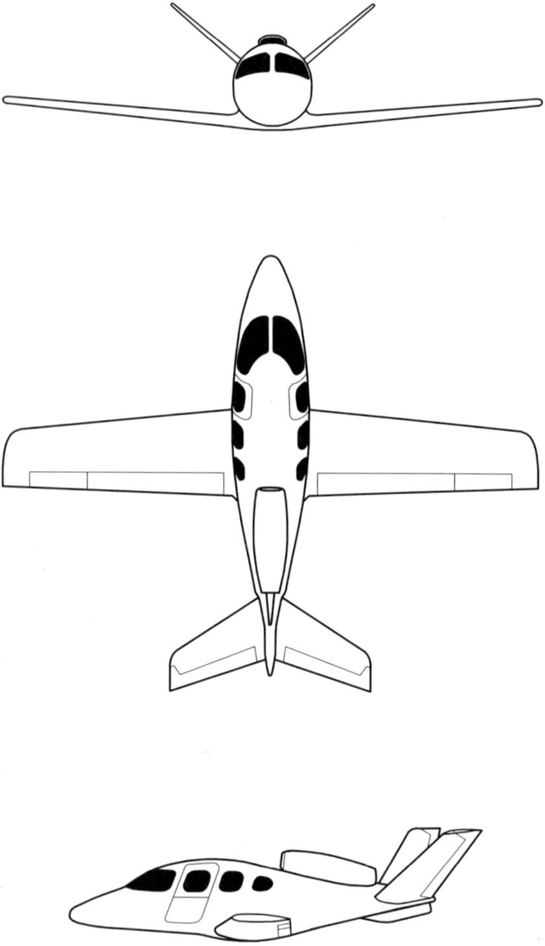

Abmessungen:
Spannweite 11,73 m
Länge (Prototyp) 9,02 m, (Serie) 8,91 m
Höhe 3,05 m.

CIRRUS SF50 VISION

Ursprungsland: USA.
Kategorie: Leichtes düsengetriebenes Sport- und Reiseflugzeug.
Triebwerke: Ein Mantelstromtriebwerk Williams International FJ33-4A-9 von 860 kp (8,45 kN) Standschub.
Leistungen (prov. Angaben für Erprobungsträger): Maximale Reisegeschwindigkeit 590 km/h; normale Reisegeschwindigkeit 555 km/h; Dienstgipfelhöhe 8535 m; normale Reichweite 1800 km, maximal 2590 km.
Gewichte: Rüstgewicht 1681 kg; max. Startgewicht 2727 kg.
Zuladung: Ein Pilot und normal vier, maximal bis zu sechs Passagiere; Nutzlast bei vollen Treibstofftanks 180 kg, max. Nutzlast 545 kg.
Entwicklungsstand: Der vorläufig einzige Erprobungsträger flog erstmals am 3. Juli 2008, ein eigentlicher Prototyp soll Ende 2011 folgen. Obwohl gemäß Hersteller bereits provisorische Aufträge für rund 500 SF50 vorliegen, wurde ein Produktionsentscheid noch nicht getroffen. Im positiven Fall könnten die ersten Maschinen 2013 geliefert werden.
Bemerkungen: In mehreren Belangen ist das erste Flugzeug mit Strahlantrieb von Cirrus eine echte Innovation. Im Gegensatz zu den meisten übrigen ähnlichen Konstruktionen fokussiert dieses Muster nicht auf den Taxiflugmarkt, sondern auf jenen der Privatpiloten, welche ihr einmotoriges Sportflugzeug durch ein höherwertiges Düsenflugzeug ersetzen möchten. Die Vision soll besonders einfach zu fliegen sein. Die Cockpitausrüstung sieht sehr futuristisch aus. Dem Passagierkomfort wird größte Beachtung geschenkt. So soll die Kabine mehr Raum pro Person bieten als einige Konkurrenzmuster. Die Konstruktion besteht vollständig aus Verbundwerkstoffen, wobei das V-förmige Höhenruder besonders auffällt. Einmalig für Jets ist das Rettungssystem mit Fallschirm, welches von den CR20/22-Modellen übernommen wird. Markant ist auch das oben am Rumpf angebrachte Triebwerk, welches für dieses Muster diverse Vorteile bringen soll. Der Wirtschaftlichkeit wird große Beachtung geschenkt. So sollen die Betriebskosten sehr tief sein. Cirrus gibt für die ersten Exemplare mit Garmin G3000-Avionik einen Kaufpreis von US$ 1,72 Mio. an.
Hersteller: Cirrus Design Corp., Duluth, Minnesota, USA.

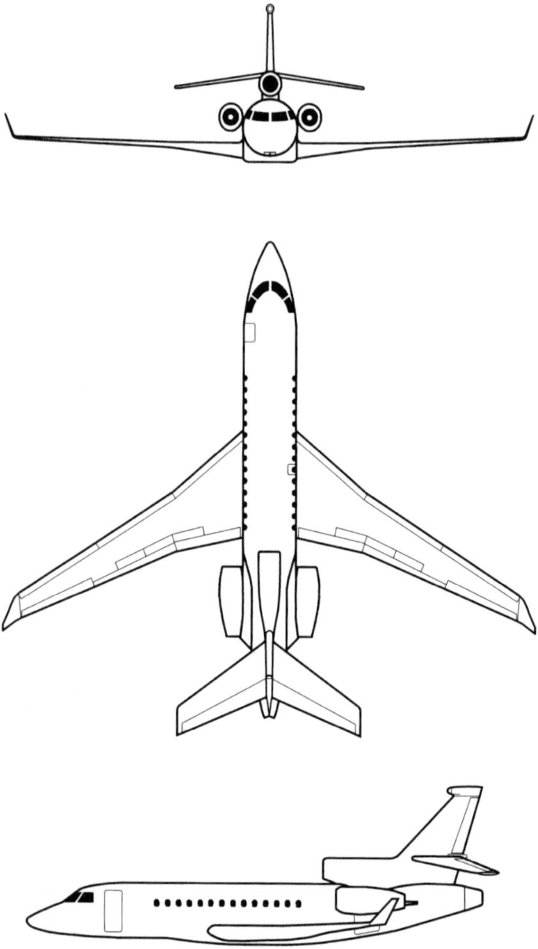

Abmessungen:
Spannweite 26,21 m
Länge 23,19 m
Höhe 7,83 m
Flügelfläche 70,70 m².

DASSAULT FALCON 7X

Ursprungsland: Frankreich.
Kategorie: Firmenflugzeug.
Triebwerke: Drei Mantelstromtriebwerke Pratt & Whitney Canada PW307A von je 2900 kp (28,47 kN) Standschub.
Leistungen: Max. Reisegeschwindigkeit Mach 0,90; Langstreckenreisegeschwindigkeit Mach 0,80; Dienstgipfelhöhe 15554 m; Reichweite mit acht Passagieren und NBAA-Reserven bei Mach 0,80 11119 km.
Gewichte: Rüstgewicht 15545 kg; max. Startgewicht 31290 kg.
Zuladung: Zwei Piloten im Cockpit und je nach Innenausstattung acht bis zwölf Passagiere in der Kabine, bei enger Bestuhlung 19 Passagiere; Nutzlast bei max. Treibstoffzuladung 1355 kg.
Entwicklungsstand: Die Dassault 7X absolvierte den Erstflug am 5. Mai 2005, gefolgt von einer zweiten am 5. Juli 2005. Bis Ende 2010 waren über 200 Maschinen bestellt, die 100. wurde im November 2010 abgeliefert.
Bemerkungen: Mit der Falcon 7X baut Dassault sein Angebot an Businessjets im obersten Segment aus. Der Rumpf ist gegenüber der Falcon 900 um 2,98 m länger. Bei gleichem Kabinenquerschnitt misst der Passagierraum nun 11,90 m. Dem Komfort wurde größte Aufmerksamkeit geschenkt. So ist der Lärmpegel nochmals reduziert worden. Auch die Klimatisierung wurde verbessert. Mit rund 4,45 m³ ist der Gepäckraum sehr großzügig ausgefallen. Ganz neu ist der Flügel, welcher für aeroelastische Effekte optimiert wurde, sehr hohe Reisegeschwindigkeiten ermöglicht, die guten Langsamflugeigenschaften jedoch beibehält. Im Vergleich zur Falcon 900EX weist er eine um 44 % größere Fläche auf und ist um 5° stärker gepfeilt. Wie alle neuen Falcons ist auch die 7X mit dem EASy-Cockpit ausgerüstet. Gesteuert wird mit einem Fly-By-Wire-System. Anstelle von Steuerhörnern sind Sidesticks eingebaut. Dank der leistungsstarken Triebwerke ist die Falcon 7X derzeit der schnellste Businessjet seiner Klasse. Dassault gibt einen Listenpreis von US$ 40 Mio. an.
Hersteller: Dassault Falcon Jet Corporation, Werk Bordeaux-Mérignac, St. Cloud, Frankreich.

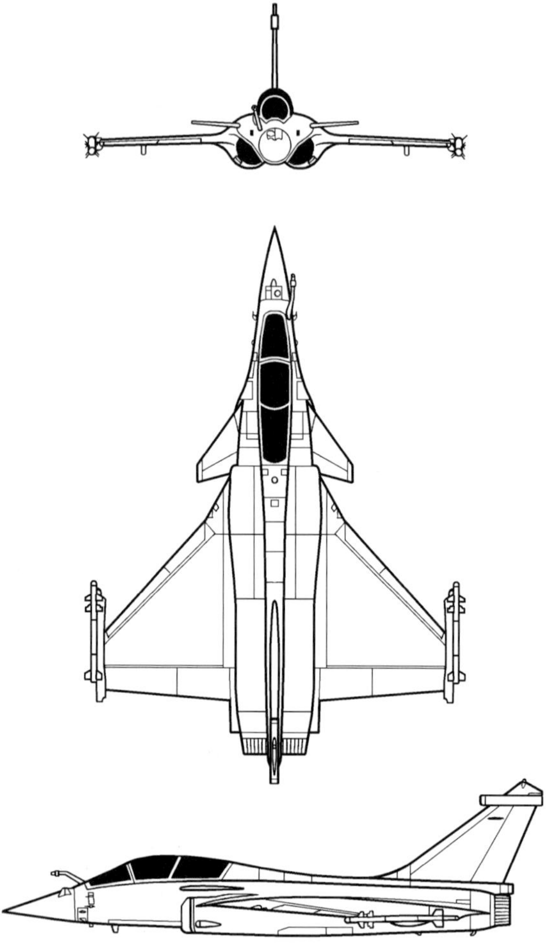

Abmessungen:
Spannweite inkl. Lenkwaffen an den Flügelspitzen 10,90 m
Länge 15,30 m
Höhe 5,34 m
Flügelfläche 45,70 m².

DASSAULT RAFALE F3

Ursprungsland: Frankreich.
Kategorie: Zweisitziges Mehrzweckkampfflugzeug B, einsitziger bordgestützter oder landgestützter Abfangjäger M bzw. C.
Triebwerke: Zwei Mantelstromtriebwerke SNECMA M88-2E4s (ab 2011 M88-4E) von je 5100 kp (50,04 kN) Standschub ohne und 7711 kp (75,61 kN) mit Nachbrenner.
Leistungen: Höchstgeschwindigkeit 2124 km/h über 10975 m (Mach 2,0), 1390 km/h im Tiefflug (Mach 1,15); Anfangssteiggeschwindigkeit 305 m/Sek; Dienstgipfelhöhe 16775 m; taktischer Einsatzradius in Abfangmission mit acht Mica Luft-Luft-Lenkwaffen, einem Zusatztank von 1700 l unter dem Rumpf und je einem von 1300 l unter den Flügeln 1853 km, bei einem Einsatzprofil hoch-tief-tief-hoch mit 12 250-kg-Bomben, vier Mica-Lenkwaffen und Zusatztanks von insgesamt 4300 l 1093 km.
Gewichte: Rüstgewicht (C) 9100 kg, (B) 10000 kg, (M) 9700 kg; max. Startgewicht 19500 bis 24500 kg.
Bewaffnung: Eine 30-mm-GIAT-DEFA-Kanone 791B und eine Waffenlast von max. 9500 kg, verteilt auf (Rafale M) 13, (Rafale C/B) 14 Aufhängepunkte unter Rumpf und Flügeln sowie an den Flügelenden.
Entwicklungsstand: Erstflug des ersten Prototypen am 19. Mai 1991. Die französische Luftwaffe erhält 234 Maschinen (84 Doppelsitzer Rafale B und 150 Einsitzer Rafale C; 134 bestellt), die französische Marine 60 Einsitzer Rafale M (bisher 50 bestellt). Im Juni 2004 wurde die erste Staffel der Aéronavale einsatzbereit, die erste der Armée de l'Air im Juni 2006. Jährlich werden 12 Maschinen gebaut, rund 90 waren Ende 2010 im Einsatz.
Bemerkungen: Fast die gesamte Zelle ist aus Verbundwerkstoffen hergestellt, Rumpfspitze und Heck bestehen aus Kevlar. In besonders beanspruchten Bereichen gelangt Titan zum Einsatz. Die Steuerung erfolgt nach dem Fly-By-Wire-Prinzip. Alle seit 2009 produzierten Maschinen entsprechen dem Standard F3, welche primär dank verbesserter Software umfassende Multi-Role-Kapazität aufweisen und neu entwickelte Waffen mitführen können. Frühere Rafales der Versionen F1 und F2 werden auf diesen Standard umgebaut. Ab 2010 erhalten alle neuen F3 ein zweidimensionales Breitbandradar AESA RBE-2 mit aktiv elektronisch scannender Antenne.
Hersteller: Dassault Défense, Vaucresson, Frankreich.

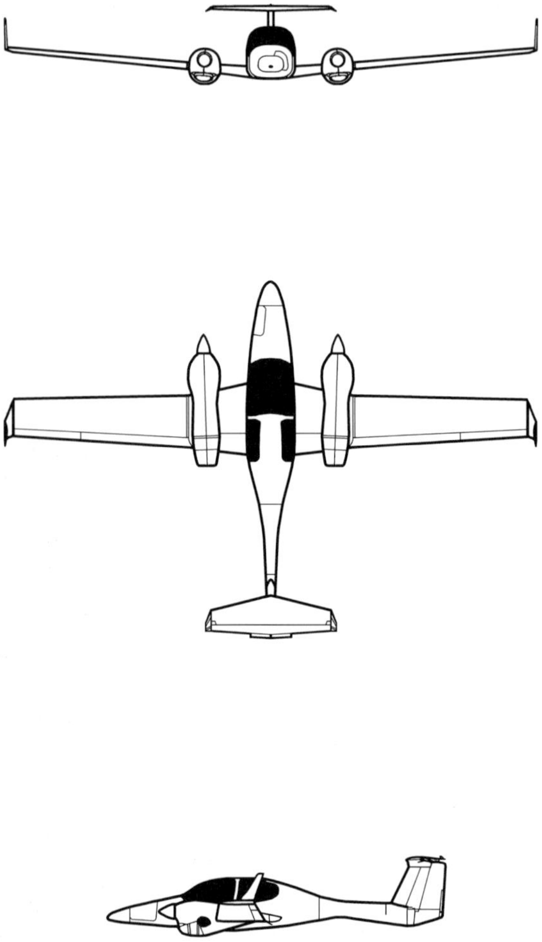

Abmessungen:
Spannweite 13,42 m
Länge 8,56 m
Höhe 2,49 m
Flügelfläche 16,29 m².

DIAMOND DA42/DA42 NEW GENERATION TWIN STAR

Ursprungsland: Österreich.
Kategorie: Sport- und Reiseflugzeug.
Triebwerke (DA42 NG): Zwei luftgekühlte Turbodieselmotoren mit Common-Rail Einspritzung Austro Engine AE300 von je 168 PS (125 kW) Leistung.
Leistungen (DA42 NG): Maximale Reisegeschwindigkeit 341 km/h; normale Reisegeschwindigkeit bei 75 % Leistung 322 km/h; Anfangssteiggeschwindigkeit 5,84 m/Sek; Dienstgipfelhöhe 5486 m; Reichweite bei 60 % Leistung 1315 km, mit optionalem Zusatztank 2000 km.
Gewichte (DA42 NG): Leergewicht 1415 kg; max. Startgewicht 1900 kg.
Zuladung: Vier Personen einschließlich des Piloten; max. Zuladung 525 kg.
Entwicklungsstand: Der Prototyp DA42 nahm am 9. Dezember 2002 die Flugerprobung auf. Erste Auslieferungen erfolgten im zweiten Semester 2004. Rund 550 sind bis Ende 2010 hergestellt worden. Die Produktionsrate wurde aufgrund der Krise merklich zurückgefahren. Von der Version DA42MPP hat Diamond bisher rund 50 hergestellt. Bestellt wurde sie u.a. von Großbritannien (2), Venezuela (6) und Niger (2).
Bemerkungen: Das interessanteste Teil der Twin Star sind sicherlich die Dieselmotoren. Sie zeichnen sich durch geringe Lärm- und Abgaswerte sowie durch äußerst günstige Verbrauchszahlen aus. Der Literverbrauch pro Stunde soll bei 200 km/h gerade mal 38,9 l betragen. Nebst Dieselkraftstoff kann auch A-1 Jet-Treibstoff oder eine beliebige Mischung von beiden getankt werden. Im Übrigen weist die DA42 eine sehr aerodynamische und eigenständige Form auf. Die Avionik entspricht dem heutigen Standard. Auf Wunsch kann das Cockpit mit drei Multifunktions-Displays ausgerüstet werden. Die Basisversion kostet rund Euro 523000. Diamond bietet diverse Überwachungsvarianten DA42MPP u.a. mit dem sog. OPALE-System in der Rumpfnase an. Sie verfügen über diverse Sensoren und Seitenscheiben mit Auswölbungen zur besseren Beobachtung. Seit 2009 ist die neu als DA42 NG bezeichnete Ausführung mit dem werkseigenen Dieseltriebwerk Austro AE300 als Ersatz für den Thielert-Motor erhältlich. Im Frühjahr 2009 startete die unbemannte DA42 Dominator 2 zum Erstflug. Sie soll in der Lage sein, ununterbrochen 28 Std. in der Luft zu verbleiben.
Hersteller: Diamond Aircraft Industries GmbH, Flugplatz Wiener-Neustadt, Österreich

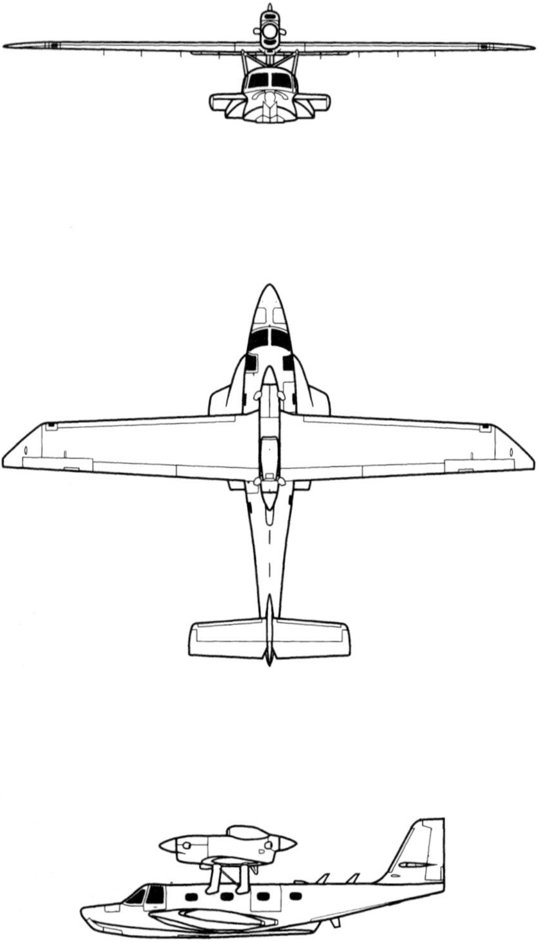

Abmessungen:
Spannweite 17,74 m
Länge 12,90 m
Höhe 5,28 m
Flügelfläche 30,60 m².

(CLAUDIUS) DORNIER SEASTAR CD2

Ursprungsland: Deutschland/Kanada.
Kategorie: Leichtes amphibisches Flugboot.
Triebwerke: Zwei Propellerturbinen Pratt & Whitney Canada PT6A-135A von je 500 WPS (373 kW) Leistung.
Leistungen: Max. Reisegeschwindigkeit 335 km/h auf 2000 m; normale Reisegeschwindigkeit 282 km/h; Anfangssteiggeschwindigkeit 6,2 m/Sek; Dienstgipfelhöhe 8600 m; Reichweite bei einer Nutzlast von 1360 kg 402 km, mit einer solchen von 907 kg 877 km, max. 1740 km. Max. Flugdauer 4,5 Std., bei nur einem laufenden Triebwerk bis zu 11 Std.
Gewichte: Leergewicht 2800 kg; max. Startgewicht 5000 kg.
Zuladung: Pilot und Copilot/Passagier im Cockpit nebeneinander und in der Kabine je nach Einrichtung acht bis zwölf Passagiere. Fracht von 1800 kg bis zu einem Volumen von 6,80 m^3.
Entwicklungsstand: Die erste von zwei Seastars flog erstmals am 17. August 1984 und wurde 1990 zugelassen. Eine davon hat man in die überarbeitete Ausführung CD2 umgebaut. Der Entscheid, die Produktion aufzunehmen, wurde Ende 2009 getroffen. Es liegen Bestellungen für rund 25 Einheiten vor. Ende 2011 soll die erste Seastar fertig gestellt sein, die Ablieferungen folgen ab 2012.
Bemerkungen: Die Seastar wurde von einem Team unter der Leitung von Prof. Claudius Dornier entwickelt. Mit ihr wollte man damals versuchen, die große Zahl an alten und nur noch bedingt einsatzfähigen Wasserflugzeugen zu ersetzen. Dies gelang nicht. In jüngster Zeit jedoch, scheint sich die Situation für die Seastar zu verbessern. Der Rumpf ist vollständig aus Glasfiber hergestellt, um gegen Korrosion geschützt zu sein. Interessant ist die Triebwerkanordnung in einer Linie mit einem Zug- und einem Druckpropeller. Um gute Start- und Landeeigenschaften zu erzielen, ist der Flügel mit Auftriebshilfen und großen Flügelkappen ausgerüstet. Auftrieb geben auch die seitlich am unteren Rumpfteil angebrachten Wülste, die gleichzeitig als Schwimmkörper dienen. Die Seastar kann außer im Wasser auch zu Lande, auf Grasflächen, Schnee und Eis starten und landen. Die ersten zehn Maschinen werden in der aktuellen Version gebaut, ab 2013 folgt eine weiterentwickele Ausführung, u.a. mit einem Glas-Cockpit und Klimaanlage.
Hersteller: Dornier Seaplane Comp., Werk St. Jean/Montreal, Kanada..

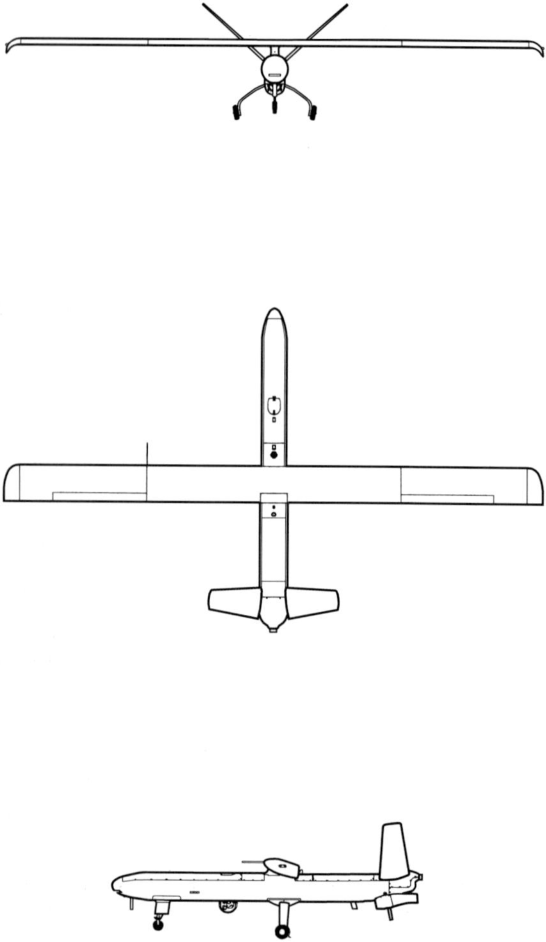

Abmessungen:
Spannweite (450) 10,50 m, (900) 15,00 m
Länge (450) 6,10 m, (900) 8,30 m.

ELBIT HERMES 450/900

Ursprungsland: Israel.
Kategorie: Unbemannte Langstrecken-Aufklärungsdronendronen für (450) mittlere und (900) große Höhen.
Triebwerke (450): Ein Kolbentriebwerk UEL Rotary AR-80-1011 von 52 PS (38,8 kW).
Leistungen (450): Patrouillengeschwindigkeit 150 km/h; Anfangssteiggeschwindigkeit 4,6 m/Sek; Dienstgipfelhöhe (450) 4584 m, (900) 9150 m; max. Flugdauer (450) 20 Std, (900) 30 Std.
Gewichte: Max. Startgewicht (450) 450 kg, (900) 1100 kg.
Zuladung: Aufklärungs- und Elektronikausrüstung bis zu einer Nutzlast von (450) 150 kg, (900) 300 kg.
Entwicklungsstand: Die erste Hermes 450 (siehe Dreiseitenriss) fliegt seit 1994. Israel hat beide Varianten beschafft, die Hermes 450 sowie neu die Hermes 900 (siehe Foto). Unter dem Namen Watchkeeper WK450 erwirbt Großbritannien 54 einmotorige Dronen, erste Ablieferungen 2010. Weitere Hermes 450 bestellten Azerbaijan (10), Kroatien, Mexico, Singapur und Zypern. Einige Systeme mietet das US Department of Homeland Security von Israel.
Bemerkungen: Die Hermes-Dronen sind für viele Aufgaben vorgesehen, u.a. Aufklärung, Überwachung, Zieldarstellung und -akquisition, aber auch für zivile Einsätze wie beispielsweise Wald- und Naturbeobachtungen, Schadensaufnahmen usw. Dabei ist das fliegende Objekt nur ein Teil eines ganzen, auch terrestrische Elemente umfassenden Systems. Die gesamte Ausrüstung, Flugzeug und Fahrzeug, können zusammen in einer C-130 Hercules transportiert werden. Alle Systeme sind redundant vorhanden, so dass die Drone völlig autonom operieren kann. Selbst der Start- und Landevorgang kann automatisiert werden. Die gesamte Struktur besteht aus Verbundwerkstoffen. An Aufklärungssystemen können eingebaut werden: Real-time Suchgerät TESAR, Laser-Zieldarstellungsgerät COMPASS oder stabilisierter Tag-/Nacht-Sensor DSP-1. Neu besteht auch die Option, unter den Flügeln Zusatztanks einzuhängen, um damit die Reichweite weiter zu erhöhen. Die Hermes 900 basiert auf der 450. Sie ist aber wesentlich leistungsfähiger und kann eine größere Nutzlast auf größere Distanzen mitführen.
Hersteller: Elbit Systems Ltd., Haifa, Israel.

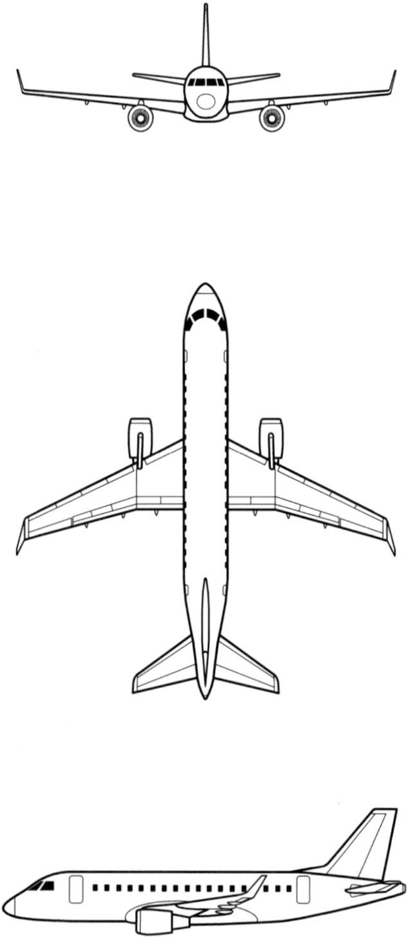

Abmessungen:
Spannweite einschließlich Winglets 26,00 m
Länge (170) 29,90 m, (175) 31,67 m
Höhe 9,67 m
Flügelfläche 72,72 m^2.

EMBRAER PHENOM 170/175

Ursprungsland: Brasilien.
Kategorie: Regionalverkehrsflugzeug.
Triebwerke: Zwei Mantelstromtriebwerke General Electric CF34-8E von 6250 kp (62,27 kN) Standschub.
Leistungen: Max. Reisegeschwindigkeit 870 km/h (Mach 0,82); Dienstgipfelhöhe 11890 m; Reichweite bei voller Passagierzahl (170STD) 3334 km, (170LR) 3797 km, (175STD) 2400 km, (175LR) 3519 km.
Gewichte: Leergewicht (170) 20940 kg, (175) 21810 kg; max. Startgewicht (170STD) 35990 kg, (170LR) 37200 kg, (175STD) 37500 kg, (175LR) 38790 kg.
Zuladung: Zwei Piloten und bis zu (170) 70 bzw. (175) normal 78, max. 86 Passagiere in Viererreihen mit Mittelgang. Max. Nutzlast (170) 9000 kg, (175) 9890 kg.
Entwicklungsstand: Der erste Prototyp 170 nahm die Flugerprobung am 19. Februar 2002 auf. Am 14. Juni 2003 folgte die erste 175. Angesichts aufgetauchter Probleme während der Entwicklung verzögerte sich die Erstauslieferung auf Anfang 2004. Der Auftragsbestand belief sich Ende 2010 auf 364 Maschinen + 316 Optionen (191 der Version 170 bzw. 173 der Version 175). Abgeliefert waren deren 314.
Bemerkungen: Die EMBRAER 170 (siehe Foto und Dreiseitenriss) und die etwas längere 175 decken das obere Ende des Regionalflugzeugmarktes ab. Typisch für alle 170 - 195-Modelle ist der »Double bubble«-Rumpfquerschnitt, der einer »Acht« gleicht. Dies bringt für den Passagier erhebliche Komfortverbesserungen. Bei vier Sitzen nebeneinander sind Kopf- und Ellenbogenfreiheit wesentlich größer. Im Übrigen entspricht die Konstruktion dem heute üblichen technischen Stand: Cockpit mit farbigen Flüssigkristall-Bildschirmen, digitale, elektronische Triebwerkkontrolle, Fly-By-Wire-Steuerung usw. Dank vier Türen sollen extrem kurze Bodenzeiten möglich sein. Auch bei der 170/175 werden zwei Ausführungen (STD und LR) angeboten, die sich durch verschiedene Reichweitenleistungen unterscheiden.
Hersteller: EMBRAER (Emprêsa Brasileira de Aeronautica SA), Sao José dos Campos, Brasilien.

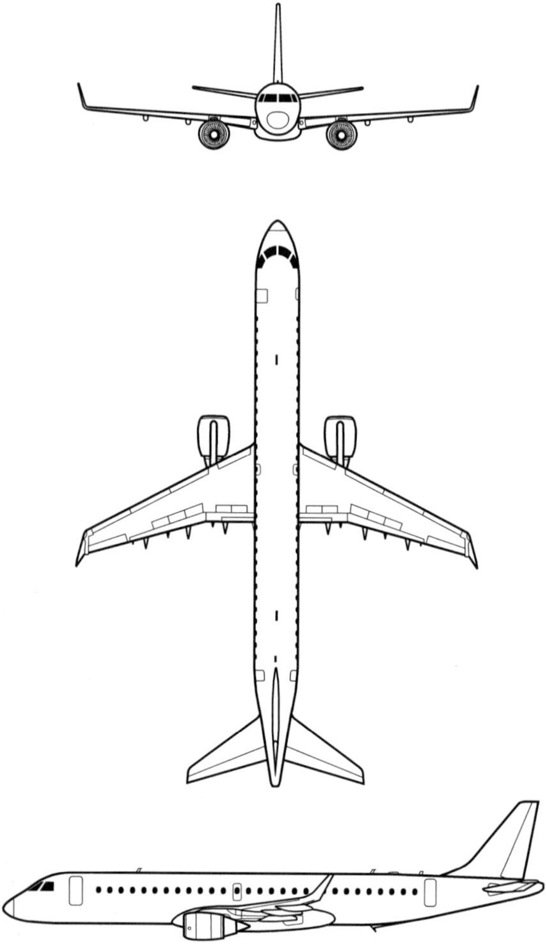

Abmessungen:
Spannweite einschließlich Winglets 28,72 m
Länge (190) 36,24 m, (195) 38,65 m
Höhe 10,55 m
Flügelfläche 92,50 m².

EMBRAER 190/195

Ursprungsland: Brasilien.
Kategorie: Regionalverkehrsflugzeug.
Triebwerke: Zwei Mantelstromtriebwerke General Electric CF34-10E von 8391 kp (82,3 kN) Standschub.
Leistungen: Max. Reisegeschwindigkeit 870 km/h (Mach 0,82); Dienstgipfelhöhe 11890 m; Reichweite bei voller Passagierzahl (190) 3119 km, (190LR) 4074 km, (195) 3334 km.
Gewichte: Rüstgewicht (190) 28080 kg, (195) 28970 kg; max. Startgewicht (190) 46990 kg, (190 LR) 50300 kg, (195) 47990 kg, (195LR) 50790 kg.
Zuladung: Zwei Piloten und bei Zweiklassenbestuhlung (190) 94, (195) 96 bzw. mit Einheitsklasse (190) 98 bis 106 bzw. (195) 108 bis 118 Passagiere in Viererreihen mit Mittelgang. Max. Nutzlast (190) 12720 kg, (195) 13530 kg.
Entwicklungsstand: Am 29. Februar 2004 erhob sich die 190 von EMBRAER erstmals in die Lüfte. Mit den Auslieferungen wurde im dritten Quartal 2005 begonnen. Der Auftragsbestand der Ausführung 190 belief sich Ende 2010 auf 478 Einheiten + 353 Optionen (321 abgeliefert). Von der 195 (Erstflug am 7. Dezember 2004) wurden bisher 105 Maschinen + 51 Optionen bestellt, 64 abgeliefert.
Bemerkungen: Die EMBRAER 190 und 195 (siehe Foto und Dreiseitenriss) reihen sich am obersten Ende der neuen Generation von EMBRAER-Mustern ein. Während Rumpf und Rumpfquerschnitt gleich aufgebaut sind, unterscheiden sich die 190/195 zur 170/175 (siehe Seiten 148/149) vorwiegend durch die Länge. Die Kabine misst bei der 190 25,76 m, bei der 195 28,17 m. Wegen der größeren Rumpflänge musste das Seitenleitwerk leicht vergrößert werden, das Fahrwerk ist höher. Trotzdem besteht zu 95 % Teilegleichheit. Wie bei den Verkehrsflugzeugen von EMBARER üblich, gibt es auch von der 190 und 195 schwere Ausführungen LR, welche sich durch höhere Reichweitenleistungen auszeichnen. Neu bietet der Hersteller unter dem Namen Lineage 1000 (Erstflug 26. Oktober 2007) eine von der 190 abgeleitete Geschäftsreiseversion an (bisher 17 bestellt). Erste Ablieferungen erfolgten bereits 2008. Der Basispreis beläuft sich auf US$ 42,95 Mio. EMBRAER prüft gegenwärtig die Entwicklung einer 130-plätzigen Ausführung E-195X.
Hersteller: EMBRAER (Emprêsa Brasileira de Aeronautica SA), Sao José dos Campos, Brasilien.

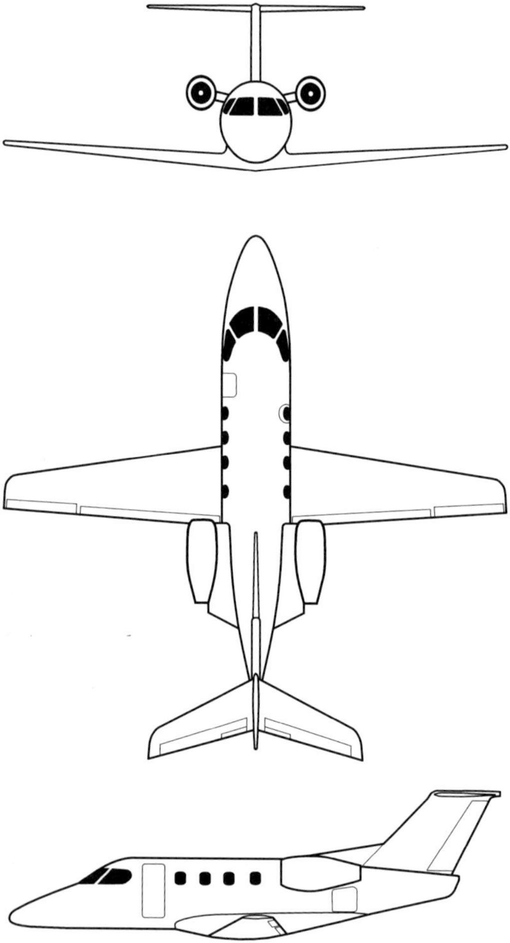

Abmessungen:
Spannweite 12,30 m
Länge 12,82 m
Höhe 4,35 m
Flügelfläche 18,80 m².

EMBRAER PHENOM 100

Ursprungsland: Brasilien.
Kategorie: Leichtes Firmenflugzeug.
Triebwerke: Zwei Mantelstromtriebwerke Pratt & Whitney Canada PW617F-E von je 768 kp (7,53 kN) Standschub.
Leistungen: Max. Reisegeschwindigkeit 722 km/h (Mach 0,70); Dienstgipfelhöhe 12497 m; Reichweite mit vier Passagieren unter IFR-Bedingungen 2182 km, unter VFR-Bedingungen 2450 km.
Gewichte: Rüstgewicht 3235 kg; max. Startgewicht 4750 kg.
Zuladung: Ein bis zwei Piloten im Cockpit und vier Passagiere in der Kabine; max. Nutzlast 595 kg.
Entwicklungsstand: Die Phenom 100 erhob sich erstmals am 26. Juli 2007 in die Lüfte. Bisher sind Aufträge für 400 Einheiten bekannt gegeben worden, darunter von verschiedenen neu gegründeten Flugtaxiunternehmen. Die Erstauslieferungen begannen nach Erhalt der Zulassung im November 2008. Bereits im Januar 2010 wurde die 100. Maschine fertig gestellt. In Melbourne, Florida, USA, wurde ein zweites Montagewerk eingerichtet.
Bemerkungen: Auch EMBRAER will sich am Markt der leichten und kostengünstigen Firmen- und Taxiflugzeuge beteiligen und lancierte dafür die beiden Modelle Phenom 100 und 300 (siehe Seiten 154/155). Die Konstruktion entspricht dem heute üblichen Standard, wobei man dem Komfortaspekt große Beachtung schenkt. So verfügt die Phenom 100 über die größte Kabine in ihrer Klasse. Der Querschnitt beläuft sich auf 1,55 m Breite und 1,50 m Höhe. Dank vergleichsweise großen Fenstern soll der Innenraum besonders hell sein. Im Cockpit gelangt die Avionik Garmin G1000 zum Einbau. Obwohl zwischen Phenom 100 und der wesentlich teureren Phenom 300 weitgehend Teilegleichheit besteht, unterscheiden sich die beiden Muster bezüglich Triebwerke, Gewichte und Flugleistungen erheblich. Der Verkaufspreis für die Basisausführung wurde von EMBRAER auf US$ 3,29 Mio. angesetzt.
Hersteller: EMBRAER (Emprêsa Brasileira de Aeronautica SA), Sao José dos Campos, Brasilien.

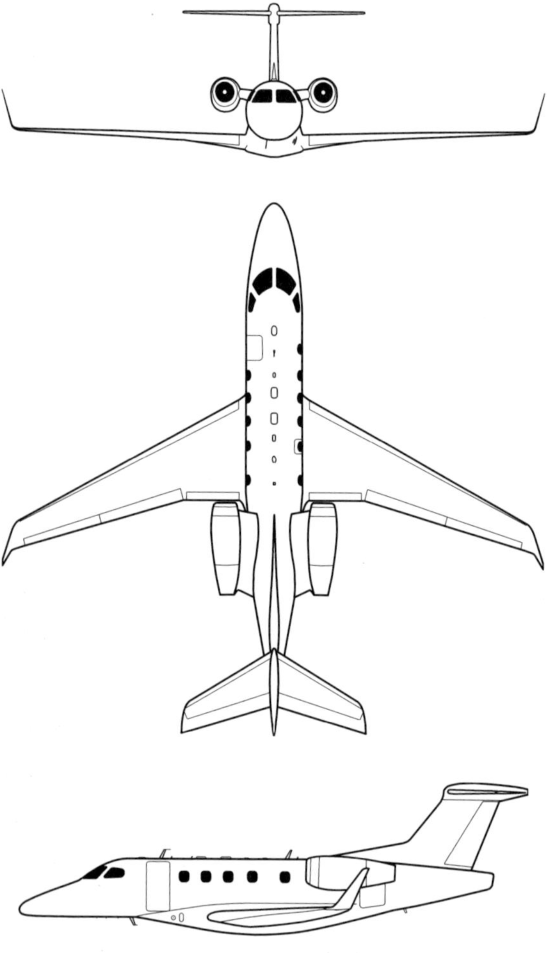

Abmessungen:
Spannweite 15,91 m
Länge 15,64 m
Höhe 5,10 m
Flügelfläche 28,50 m².

EMBRAER PHENOM 300

Ursprungsland: Brasilien.
Kategorie: Leichtes Firmenflugzeug.
Triebwerke: Zwei Mantelstromtriebwerke Pratt & Whitney Canada PW535-E von je 1525 kp (15,00 kN) Standschub.
Leistungen: Max. Reisegeschwindigkeit 838 km/h (Mach 0,78); Zeit um 10668 m zu erreichen 12 Min., Dienstgipfelhöhe 13716 m; Reichweite mit sechs Personen unter IFR-Bedingungen 3645 km.
Gewichte: Rüstgewicht 5265 kg, max. Startgewicht 8150 kg.
Zuladung: Ein bis zwei Piloten im Cockpit und sechs Passagiere in der Kabine, einschließlich einer Galley und einer Toilette. Maximal ist Platz für neun Personen vorhanden.
Entwicklungsstand: Die Phenom 300 nahm die Flugerprobung am 29. April 2008 auf. Mit der Erstauslieferung begann der Hersteller Anfang 2010. Der aktuelle Auftragsbestand beläuft sich auf über 200 Maschinen (Stand Sept. 2010). Gebaut wurden bis Ende 2010 etwa 30 Einheiten. Als derzeit größter Besteller hat die NetJets im Oktober 2010 50 Maschinen (+ 75 Optionen) in Auftrag gegeben.
Bemerkungen: Mit der Phenom 100, der hier beschriebenen Phenom 300 und später den Phenom 450, 500 bis hin zur Lineage 1000 entwickelte EMBRAER in kurzer Zeit eine ganze Familie von Businessjets. Sie alle versuchen sich im stark umkämpften Markt dadurch zu positionieren, als sie gegenüber Mitbewerbern preislich eher auf der günstigen Seite liegen. Die Konstruktion entspricht dem heute üblichen Standard, wobei man dem Komfortaspekt große Beachtung schenkt. So verfügt die Phenom 300 über die größte Kabine in ihrer Klasse. Der Querschnitt beläuft sich analog zur Phenom 100 auf 1,55 m Breite und 1,50 m Höhe. Dank vergleichsweise großen Fenstern soll der Innenraum besonders hell sein. Die Inneneinrichtung entstand in Zusammenarbeit mit BMW Group Design Work. Im Cockpit gelangt die Avionik Garmin G1000 zum Einbau. Obwohl zwischen Phenom 100 (siehe Seiten 152/153) und der wesentlich teureren Phenom 300 weitgehend Teilegleichheit besteht, unterscheiden sich die beiden Muster bezüglich Triebwerke, Flügel, Gewichte und Flugleistungen wesentlich. Der Verkaufspreis wurde von EMBRAER auf US$ 8,14 Mio. angesetzt.
Hersteller: EMBRAER (Emprêsa Brasileira de Aeronautica SA), Sao José dos Campos, Brasilien.

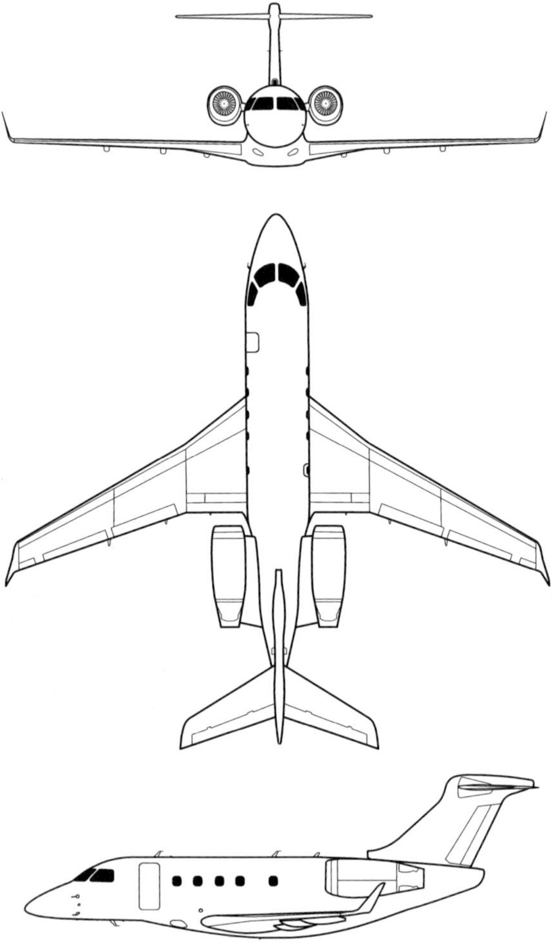

Abmessungen:
Spannweite 20,25 m
Länge (450) 19,15 m, (500) 20,52 m
Höhe 6,74 m.

EMBRAER LEGACY 450/500

Ursprungsland: Brasilien.
Kategorie: Mittelschwere Firmenflugzeuge.
Triebwerke: Zwei Mantelstromtriebwerke Honeywell HFT7500E von je (450) 2757 kp (27,03 kN), (500) 2966 kp (29,09 kN) Standschub.
Leistungen (nach Angaben des Herstellers): Höchstgeschwindigkeit Mach 0,83; Zeit um 13100 m zu erreichen 22 Min., Dienstgipfelhöhe 13716 m; Reichweite mit sechs Personen unter IFR-Bedingungen rund (450) 4260 km, (500) 5550 km.
Gewichte: Max. Startgewicht (450) 7950 kg; weitere Angaben noch nicht erhältlich.
Zuladung: Ein bis zwei Piloten im Cockpit und (450) sechs, (500) acht Passagiere in der Kabine, einschließlich einer Galley und einer Toilette. Maximal ist Platz für (450) neun bzw. (500) zwölf Personen vorhanden; max. Nutzlast (beide) 1270 kg, bei max. Treibstoffzuladung (beide) 725 kg.
Entwicklungsstand: Nach aktuellen Plänen wird zuerst die Legacy 500 im zweiten Semester 2011 fliegen, gefolgt von der Legacy 450 rund ein Jahr später. Die ersten 500 sollen Ende 2012 an Kunden ausgeliefert werden, die 450 Ende 2013. Wie viele der beiden Ausführungen bisher bestellt worden sind, ist noch nicht bekannt.
Bemerkungen: Die Legacy 450 und 500 schließen die Lücke im mittleren Segment des Angebots an Business Jets von EMBRAER, womit der Hersteller vom Viersitzer bis zur Lineage 1000 mit bis zu 20 Plätzen das ganze Spektrum von Geschäftsflugzeugen abdecken kann. Beide Versionen sind von neuester Konstruktion und mit modernster Avionik Pro Line Fusion von Collins, Fly-By-Wire-Steuerung, vier Flachbildschirmen im Cockpit mit besonders hoher Auflösung, Sidesticks zum Steuern usw. ausgerüstet. Die komfortable Kabine weist gegenüber Mitwerbern in der gleichen Klasse den größten Querschnitt mit einer Breite von 2,07 m und einer Höhe von 1,83 m auf. Mit der Entwicklung der Inneneinrichtung hat man die BMW Group Design Works in den USA beauftragt. Die 450 und 500 unterscheiden sich sonst nur durch die verschiedenen Rumpflängen und die Leistungswerte der Triebwerke. EMBRAER gibt als Verkaufspreise für die jeweilige Basisversion (450) US$ 15,3 Mio. (500) US$ 18,3 Mio. an.
Hersteller: EMBRAER (Emprêsa Brasileira de Aeronautica SA), Sao José dos Campos, Brasilien.

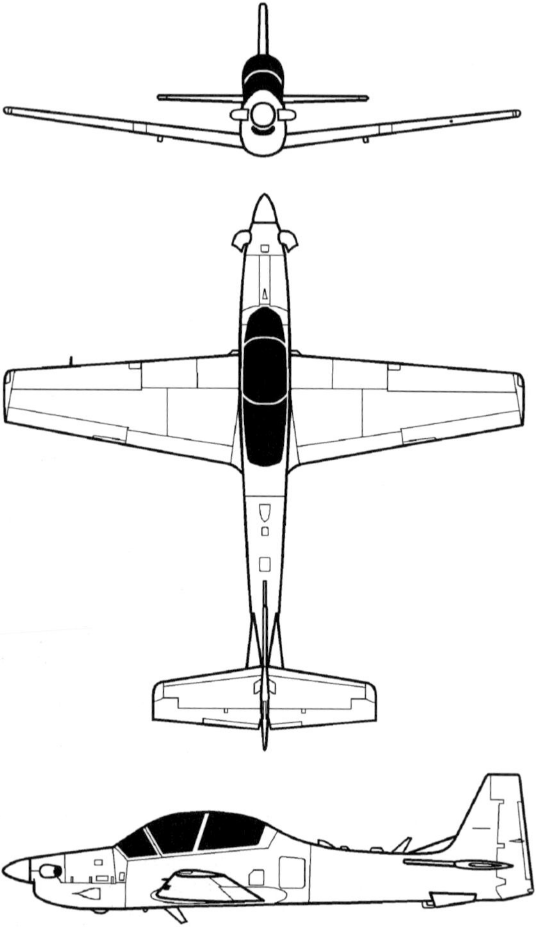

Abmessungen:
Spannweite 11,14 m
Länge 11,38 m
Höhe 3,97 m
Flügelfläche 19,40 m².

EMBRAER EMB-314/A-29 SUPER TUCANO

Ursprungsland: Brasilien.
Kategorie (EMB-314): Zweisitziger Basis- und Fortgeschrittenentrainer bzw. leichtes einsitziges (A-29) bzw. zweisitziges (AT-29) Erdkampf- und Überwachungsflugzeug.
Triebwerke: Eine Propellerturbine Pratt & Whitney Canada PT6A-68/3 von 1600 WPS (1190 kW) Leistung, reduziert auf 1250 WPS (932 kW).
Leistungen: Höchstgeschwindigkeit 590 km/h; max. Reisegeschwindigkeit 535 km/h; Anfangssteiggeschwindigkeit 24 m/Sek; Dienstgipfelhöhe 10600 m; Aktionsradius auf 3300 m ohne Bewaffnung 750 km, bei voller Bewaffnung 540 km.
Gewichte: Leergewicht 3150 kg; normales Startgewicht 3600 kg, mit Waffenlast 5250 kg.
Bewaffnung (AT-29): Zwei in den Flügeln fest eingebaute 12,7 mm-Maschinengewehre sowie an fünf Aufhängestationen unter dem Rumpf und unter den Flügeln eine Vielzahl von Waffenlasten bis zu 1500 kg.
Entwicklungsstand: Der erste, bereits dem Serienstandard entsprechende Prototyp YA-29 nahm die Flugerprobung am 2. Juni 1999 auf. Die brasilianische Luftwaffe erhält seit 2003 25 A-29 und 51 AT-29 (+ 23 Optionen). Weitere Besteller: Chile 12, Domenikanische Republik 8, Ecuador 24, Kolumbien 22; neuester Besteller: Eventuell Guatemala 6, Indonesien zwischen 8 und 16. Eine Super Tucano wird derzeit von der USAF als mögliches neues COIN-Kampfflugzeug erprobt.
Bemerkungen: Die A-29/AT-29 sind die Erdkampf- bzw. COIN-Ausführungen des Trainers EMB-314 Super Tucano. Sie unterscheiden sich von ihm hauptsächlich durch eine missionsbezogene Ausrüstung: Elbit-Angriffs- und Navigationselektronik, GPS, Head-Up-Display, Multifunktionsbildschirme, punktuell verstärkte Zellen- und Flügelstruktur. Das Cockpit ist gepanzert und druckbelüftet. Die Besatzung kann für Nachteinsätze mit Night-Vision-Goggles (NVG) ausgestattet werden. Der Zweisitzer AT-29 verfügt zusätzlich über ein nach vorne gerichtetes FLIR-Gerät. So ausgerüstet, soll die A-29 primär zur Bekämpfung von Drogenschmugglern und Guerillas in der Amazonasregion eingesetzt werden. Dabei arbeitet sie mit der AEW-Version der EMB-145SA (siehe Ausgabe 2009) zusammen.
Hersteller: EMBRAER (Emprêsa Brasileira de Aeronautica SA), Sao José dos Campos, Brasilien.

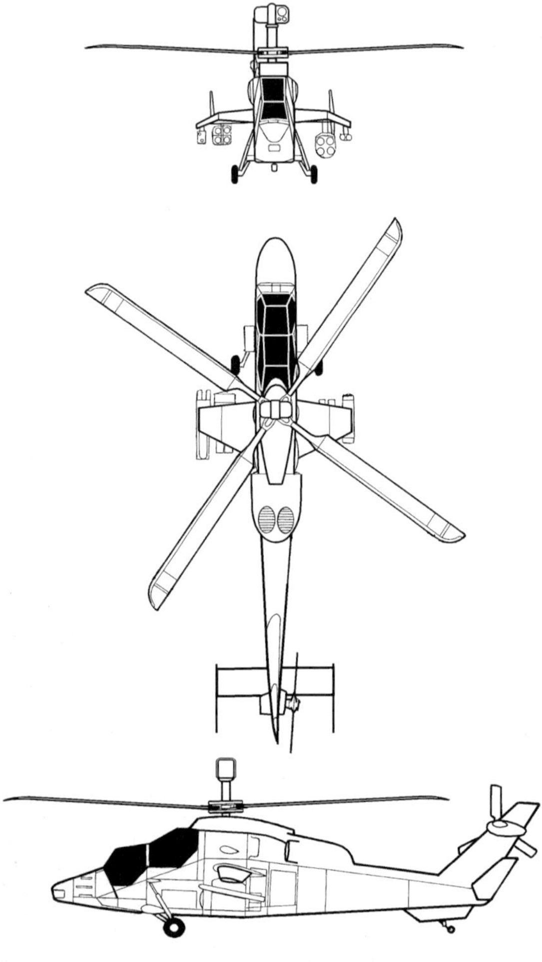

Abmessungen:
Rotordurchmesser 13,00 m
Rumpflänge (HAP mit Kanone) 14,77 m, (UHT) 14,08 m
Höhe inkl. Rotorkopf 3,83 m, inkl. Mastvisier 5,20 m.

EUROCOPTER TIGER/UHU

Ursprungsland: Frankreich und Deutschland.
Kategorie: Zweisitziger Panzerabwehr- und Erdkampfunterstützungs-Hubschrauber.
Triebwerke: Zwei Gasturbinen MTU/Rolls-Royce/Turboméca MTR 390-E von je 1467 WPS (1094 kW) Leistung.
Leistungen (HAP): Höchstgeschwindigkeit 322 km/h; max. Reisegeschwindigkeit 287 km/h; normale Reisegeschwindigkeit 250 km/h; max. Schrägsteiggeschwindigkeit 11,5 m/Sek; Dienstgipfelhöhe 3960 m; Schwebehöhe ohne Bodeneffekt 3500 m; Flugdauer 2,85 Std; Reichweite 800 km.
Gewichte: Leer (UHT) 4350 kg; normales Startgewicht 5400 kg; max. Überlast (HAD) 6600 kg.
Bewaffnung (HAP): 30-mm-Kanone, bis zu 68 ungelenkte Raketen und vier Mistral-Luft-Luft-Lenkwaffen; (HAD): u.a. acht Panzerabwehrlenkwaffen HOT/Trigat und zwei Luft-Luft-Lenkwaffen Mistral; (UHT): Zwei Behälter für je 22 ungelenkte 67-mm-Raketen, zwei starre 12,7-mm-Kanonen unter den Flügeln und Stinger-Luft-Luft-Lenkwaffen.
Entwicklungsstand: Fünf Prototypen wurden gebaut, wovon der erste am 27. April 1991 erstmals flog. Die ursprünglich vorgesehenen Beschaffungszahlen wurden zwischenzeitlich massiv gekürzt. Die französische Luftwaffe erhält nur noch 80 Maschinen (je 40 HAP und HAD), die deutsche Armee 80 UHT's. Weitere Besteller: Australische Armee 22, Spanien 24 Einheiten einer verbesserten Ausführung HAD (Lizenzbau, Erstflug 14. Dezember 2007). Bis Ende 2010 waren rund 60 Maschinen abgeliefert.
Bemerkungen: Drei Versionen werden gebaut: HAP (**H**élicoptère d'**A**ppui **P**rotection = Feuerunterstützung, mit Schützenoptik mittels TV-/Infrarotkamera, Laser-Entfernungsmesser) und HAD (**H**élicoptère **A**ppui **D**estruction = Unterstützungs- und Kampfhubschrauber) für die französische Armee und UHT (Unterstützungshubschrauber Tiger, Ausrüstung weitgehend baugleich mit der HAD-Version) für die deutsche Armee. Die Zelle besteht zu über 75 % aus Verbundwerkstoffen. Die Panzerabwehrversion erhält ein auf dem Rotormast montiertes Visier mit Kamera. Laufend werden Zusatzsysteme, vorwiegend für den Eigenschutz des Hubschraubers neu installiert.
Hersteller: Eurocopter Hubschrauber GmbH, München, Deutschland.

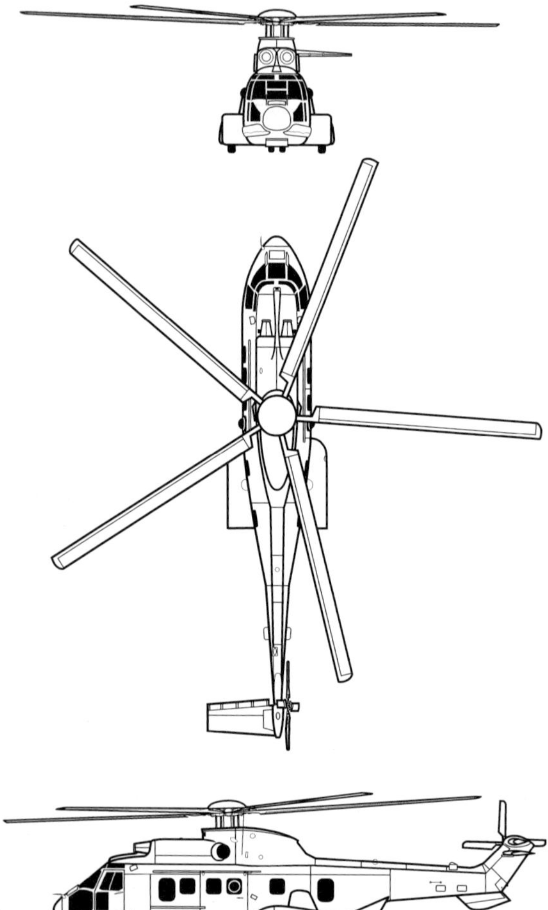

Abmessungen:
Rotordurchmesser 16,20 m
Rumpflänge inkl. Heckrotor 16,79 m
Höhe inkl. Rotorkopf 4,60 m, über Heckrotor 4,97 m.

EUROCOPTER EC 225 SUPER PUMA / EC 725 COUGAR

Ursprungsland: Frankreich.
Kategorie: Mittelschwerer ziviler (EC 225) und militärischer (EC 725) Mehrzweckhubschrauber.
Triebwerke: Zwei Gasturbinen Turboméca Makila 2A von je 2100 WPS (1566 kW) Leistung.
Leistungen (EC 225): Höchstgeschwindigkeit 324 km/h; Reisegeschwindigkeit 275 km/h auf Meereshöhe; max. Schrägsteiggeschwindigkeit 8,7 m/Sek; Schwebehöhe mit Bodeneffekt 3670 m, ohne Bodeneffekt 2481 m; Dienstgipfelhöhe 5900 m; Reichweite mit Standardtreibstoffzuladung 871 km.
Gewichte (EC 225): Leer 5256 kg; max. Startgewicht 10400 kg, mit Außenlast 11000 kg.
Zuladung: Zwei Piloten und 24 Passagiere oder 29 Soldaten; max. Nutzlast 5000 kg.
Entwicklungsstand: Erstflug des Prototyps der Ursprungsausführung AS 332 am 13. September 1978. Von allen Super Puma-Varianten sind bis heute rund 770 Maschinen in Auftrag gegeben worden, davon rund zwei Drittel durch 39 militärische bzw. paramilitärische Organisationen. Die aktuell angebotenen Versionen sind die zivile EC 225 (Erstflug 27. November 2000) und die Militärausführung EC 725. Der Auftragsbestand der EC 225 beläuft sich auf rund 130, jener der EC 725 auf etwa 100 Maschinen. Neueste Bestellungen der EC 725: Malaysia 12, Mexico zusätzliche 6, Taiwan 3; 51 EC 725UL/AL Super Cougar baut Brasilien in Lizenz. Indonesian Aerospace wird ab 2011 die EC 225/725 ebenfalls in Lizenz herstellen.
Bemerkungen: Die jüngste Variante ist die EC 725 Cougar Mk.II+ Combat SAR. Nebst Rettungsgeräten ist sie mit Suchscheinwerfer, FLIR und Wetterradar ausgerüstet. Eurocopter entwickelte als Konkurrenz zur S-92 (siehe Seiten 294/295) eine Weiterentwicklung EC 225 Super Puma Mk.III, die seit Ende 2001 verfügbar ist. Sie weist dank leistungsfähigeren Makila 2A-Triebwerken ein höheres max. Startgewicht auf. Das Kabinenvolumen nahm durch Vergrößerung des Rumpfes (Länge + 70 cm, Breite + 25 cm, Innenhöhe + 35 cm) um rund einen Viertel zu. Neu sind auch der fünfblättrige Rotor sowie das verstärkte Getriebe. Diese Ausführung wird für zivile wie auch für militärische Zwecke angeboten.
Hersteller: Eurocopter, Werk Marignane, La Courneuve, Frankreich.

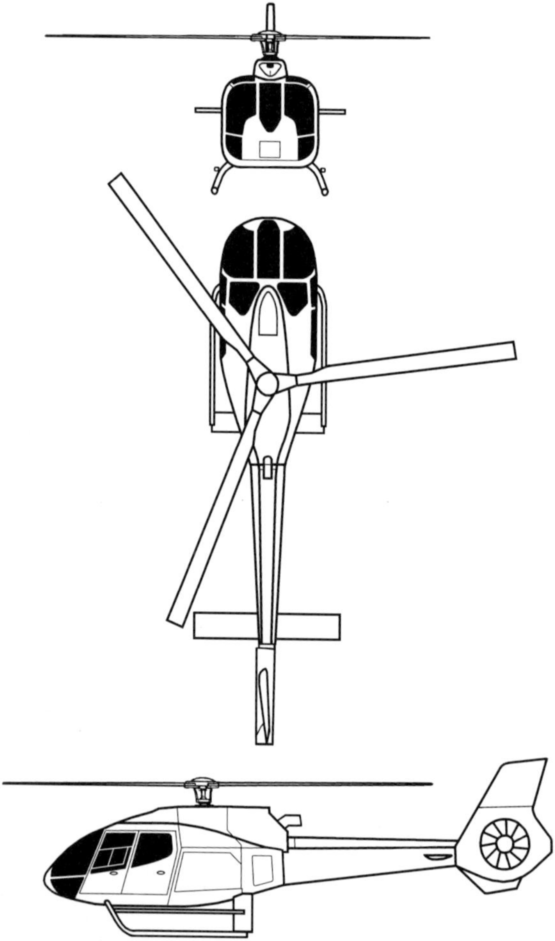

Abmessungen:
Rotordurchmesser 10,69 m
Rumpflänge 10,68 m
Höhe inkl. Rotorkopf 3,34 m
Höhe über Heckleitwerk 3,61 m.

EUROCOPTER EC 130B4

Ursprungsland: Frankreich.
Kategorie: Leichter ziviler Mehrzweckhubschrauber.
Triebwerke: Eine Gasturbine Turboméca Arriel 2B1 von 847 WPS (632 kW) Leistung.
Leistungen: Höchstgeschwindigkeit 287 km/h; Reisegeschwindigkeit 259 km/h auf Meereshöhe; max. Schrägsteiggeschwindigkeit 11,6 m/Sek; Dienstgipfelhöhe 5029 m; Schwebehöhe bei max. Nutzlast mit Bodeneffekt 3267 m, ohne Bodeneffekt 2663 m; Reichweite etwa 600 km.
Gewichte: Leer 1370 kg; max. Startgewicht 2400 kg, mit externer Last 2800 kg.
Zuladung: Normal Pilot und sechs, maximal sieben Passagiere. Als EMS-Hubschrauber bis zu zwei liegende Patienten und zwei Sanitäter. Max. Nutzlast extern 1160 kg.
Entwicklungsstand: Völlig überraschend wurde im Februar 2001 die EC 130 der Öffentlichkeit vorgestellt. Dabei hatte die Flugerprobung bereits im Juni 1999 begonnen. Die ersten Ablieferungen erfolgten Ende 2001. Bisher sind rund 200 EC 130/130B4 gebaut worden, größter Betreiber ist die amerikanische Maverik mit 35 Einheiten.
Bemerkungen: Obwohl von der AS 350 B3 (siehe Ausgabe 2007) abgeleitet, erscheint die EC 130 B4 als neue Konstruktion. Am augenfälligsten ist der um 25 cm verbreiterte und etwas flachere Rumpf, welcher 23 % mehr Innenraum für Passagiere und Gepäck zulässt und höheren Komfort bietet. Neu ist auch der Fenestron-Heckrotor. Dank diesem und anderen Maßnahmen soll die EC 130B4 im Betrieb besonders lärmarm sein. Die Triebwerksfunktionen werden durch ein digitales Zweikanal-Kontrollsystem überwacht, was die Arbeit des Piloten erleichtert. Zudem wurden verschiedene Maßnahmen zur Erhöhung der Sicherheit getroffen. Eurocopter gibt als Grundpreis US$ 1,6 Mio. an.
Hersteller: Eurocopter, Werk Marignane, La Courneuve, Frankreich.

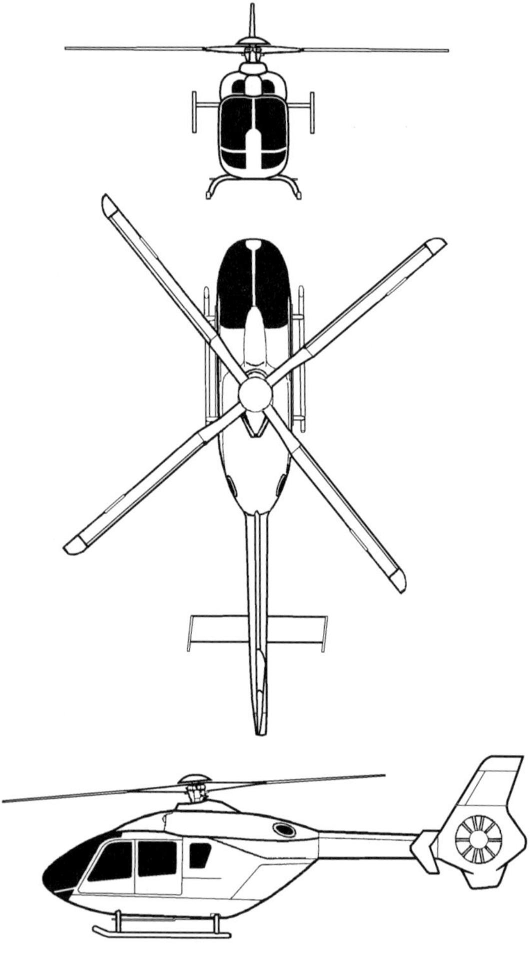

Abmessungen:
Rotordurchmesser 10,20 m
Rumpflänge 10,21 m
Höhe inkl. Rotorkopf 3,35 m
Höhe über alles 3,62 m.

EUROCOPTER EC 135 T2

Ursprungsland: Deutschland.
Kategorie: Leichter Mehrzweckhubschrauber.
Triebwerke: Zwei Gasturbinen (EC 135 T2) Turboméca Arrius 2B2 von je 633 WPS (472 kW) oder (EC 135 P2) Pratt & Whitney Canada PW206B2 von je 621 WPS (463 kW) Leistung.
Leistungen (Arrius 2B2): Höchstgeschwindigkeit 287 km/h; max. Reisegeschwindigkeit 262 km/h auf Meereshöhe; ökonom. Reisegeschwindigkeit 239 km/h; max. Schrägsteiggeschwindigkeit 11,7 m/Sek; Dienstgipfelhöhe 6095 m; Schwebehöhe mit Bodeneffekt 4570, ohne 3880 m; max. Reichweite 640 km; max. Flugdauer mit Zusatztank 4,48 Std.
Gewichte: Leer 1460 kg; max. Startgewicht mit Außenlast 2900 kg.
Zuladung: Sechs bis acht Personen; bei Rettungseinsätzen zwei Tragen und zwei Sanitäter; max. Nutzlast 1296 kg.
Entwicklungsstand: Der erste Prototyp EC 135 fliegt seit 15. Februar 1994; Beginn der Ablieferungen am 31. Juli 1996. Bisher sind mehr als 800 Hubschrauber für rund 160 Operators gebaut worden, darunter viele für Polizeicorps und Rettungsorganisationen aus der ganzen Welt: Spanische Guardia Civil und Polizei zusammen 51, französische Polizei 12 (+ 25 Optionen), polnisches Gesundheitsministerium 23. Fast die Hälfte der EC 135 werden für EMS-Einsätze verwendet. Die japanische Marine wird 15 EC 135 T2i beschaffen, fünf davon sind bereits bestellt. Auftraggeber der EC635: Irland 2, Irak 24, Jordanien 13, Schweiz 18.
Bemerkungen: Die EC 135 folgt neuesten Technologieprinzipien: Haupt- und Heckrotor aus Faserverbundwerkstoffen ohne jegliche Gelenke; Übertragungswelle mit speziellen Vibrationsdämpfern, Zellenstruktur aus Kunststoff, Fenestron-Heckrotor usw. Der Rotorkopf besitzt keine Blattlager mehr. Die Verstellung der einzelnen Rotorblätter geschieht durch elastische Verformung der Kunststoff-Blattwurzel. Rotornabe und Rotormast sind aus einem einzigen Stück geschmiedet. EC 135 für Polizeiaufgaben sind meistens wie folgt ausgerüstet: Suchscheinwerfer, Nachtsichtausrüstung, TV-Kamera und spezielle Navigationsmittel. Die militärische Ausführung heißt EC 635, ist – abgesehen von Zusatzausrüstungen – mit der zivilen jedoch weitgehend identisch. Neu ist die EC 135 P2i/T2i, welche generell bessere Leistungswerte aufweist.
Hersteller: Eurocopter Hubschrauber, München, Deutschland.

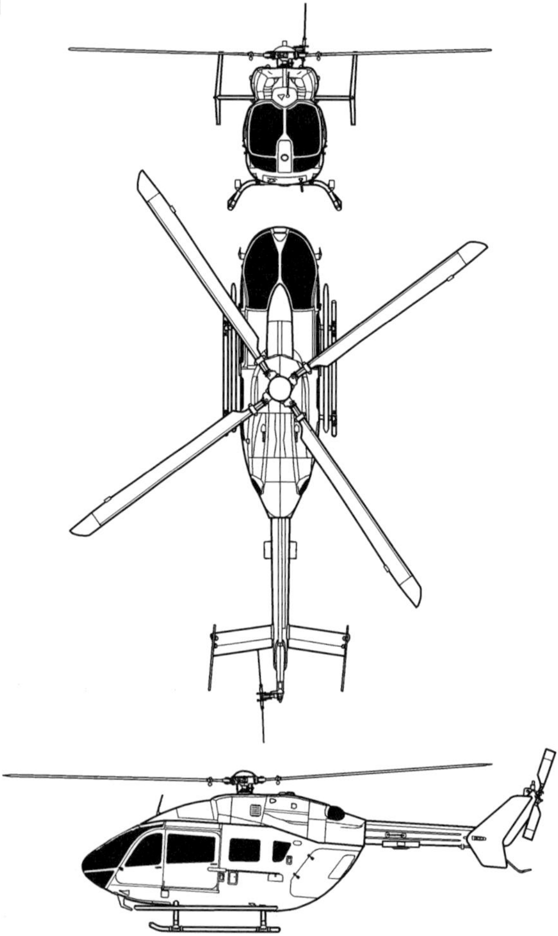

Abmessungen:
Rotordurchmesser 11,00 m
Rumpflänge 10,19 m
Höhe inkl. Rotorkopf 3,95 m.

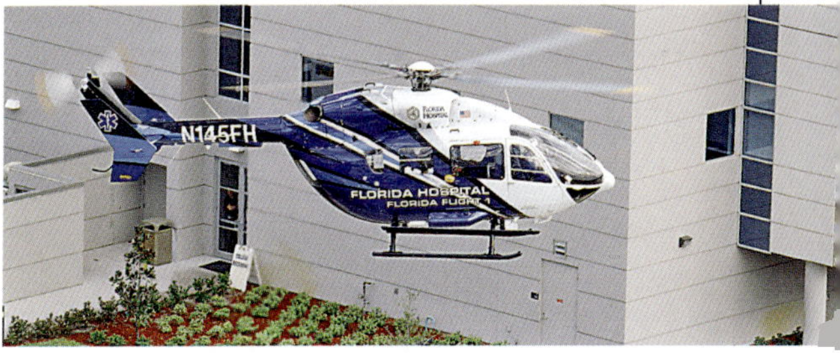

EUROCOPTER EC 145/UH-72A LAKOTA

Ursprungsland: Deutschland und Japan.
Kategorie: Mehrzweckhubschrauber.
Triebwerke: Zwei Gasturbinen Turboméca Arriel 1E2 von je 750 WPS (550 kW) Leistung.
Leistungen: Höchstgeschwindigkeit 270 km/h auf Meereshöhe; max. Reisegeschwindigkeit 245 km/h; max. Schrägsteiggeschwindigkeit 8,4 m/Sek; Dienstgipfelhöhe 5300 m, Schwebehöhe mit und ohne Bodeneffekt 2130 m; Reichweite mit normaler Treibstoffzuladung 670 km; Einsatzdauer 3,30 Std.
Gewichte: Leergewicht 1742 kg; norm. Startgewicht 3350 kg; max. Startgewicht 3550 kg.
Zuladung: Acht bis zwölf Personen inkl. Piloten; bei EMS-Einsätzen zwei liegende Verletzte und zwei Sanitäter; max. Nutzlast 1500 kg.
Entwicklungsstand: Erstflug der EC 145 am 12. Juni 1999. Die Ablieferungen begannen Mitte 2001. Aktuell sind insgesamt über 200 Einheiten in Auftrag gegeben worden, darunter französische Sécurité Civile 32, Gendarmerie 15, London Polizei 3, ADAC 2, REGA 6, Ukraine 2. 345 als UH-72A Lakota bezeichnete EC 145 werden durch die US Army beschafft (Lizenzbau). 178 davon waren Ende 2010 bereits bestellt (über 140 davon ausgeliefert). 5 gehen an die US Navy für die Test Pilot School. Weiterhin wird die EC 145 auch bei Kawasaki produziert.
Bemerkungen: Die von der BK117 abgeleitete EC 145 Ausführung weist wesentliche Verbesserungen auf. Völlig neu sind die Avionik und das Cockpit mit NVG-Ausrüstung. Die Innengröße der Kabine nahm durch Verlängerung des Rumpfes um 40 cm und Verbreiterung um 10 cm deutlich zu. Damit und wegen der einfachen Lademöglichkeit via Hecktüren eignet sich diese Version besonders für Rettungseinsätze. Dank höherem Abfluggewicht sind bessere Reichweitenleistungen erzielbar. Das Cockpit übernimmt wesentliche Elemente der EC 135 (siehe Seiten 166/167). Der Anschaffungspreis beläuft sich auf rund 5,9 Mio Euro. Der Co-Produzent Kawasaki vertreibt dieses Muster unter dem Namen BK117C2. Eurocopter hat unter der Bezeichnung AS 645 eine Ausführung als bewaffneten Aufklärer als Ersatz der OH-58D-Hubschrauber der US Army in Planung. Sie kann eine Bewaffnung bis zum Gewicht von rund 1000 kg mitführen.
Hersteller: Eurocopter Hubschrauber, MBB Division, München, Deutschland, sowie Kawasaki Heavy Industries Ltd., Gifu, Japan.

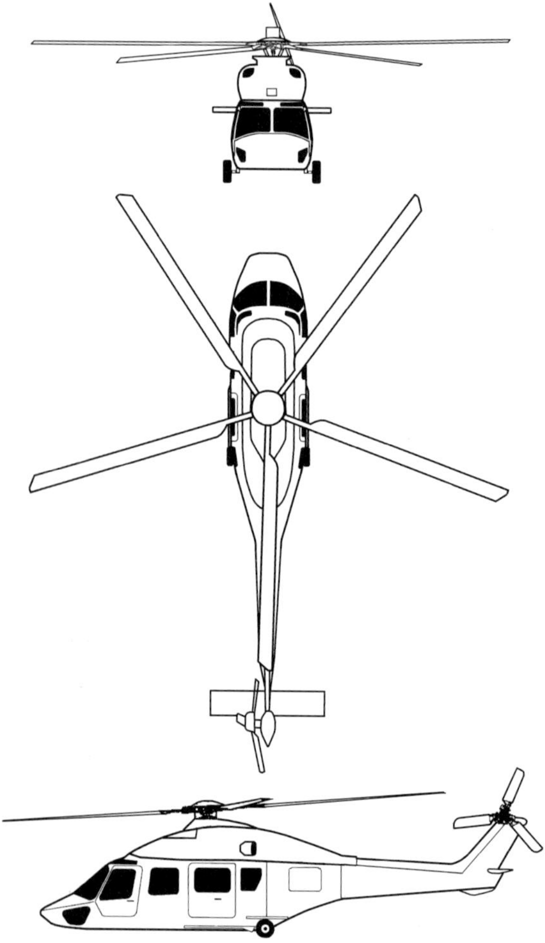

Abmessungen:
Rotordurchmesser noch nicht bekannt.
Rumpflänge 13,68 m
Höhe über Rotor 3,47 m

EUROCOPTER EC 175/ Z-15

Ursprungsland: Frankreich und VR China.
Kategorie: Ziviler Mehrzweckhubschrauber.
Triebwerke: Zwei Gasturbinen Pratt & Whitney Canada PT6C-67E von je 2000 WPS (1325 kW) Leistung.
Leistungen (nach Angaben des Herstellers): Höchstgeschwindigkeit 315 km/h; Dienstgipfelhöhe 6000 m; weitere Leistungsangaben noch nicht erhältlich.
Gewichte: Max. Startgewicht voraussichtlich rund 7000 kg.
Zuladung: Zwei Piloten und 16 Passagiere.
Entwicklungsstand: Die Flugerprobung des ersten Prototyps begann am 17. Dezember 2009, der zweite startete genau ein Jahr später. Mit den Ablieferungen will man 2012 beginnen. Bisher sind rund 114 Bestellungen von 14 Betreibern bekannt gegeben worden, darunter von Bristow (12) und VIH Aviation Group (6). Die EC 175 wird parallel in Frankreich wie auch in China endmontiert, die Teileherstellung erfolgt jeweils nur an einem Ort.
Bemerkungen: Die EC 175 ist ein 50 : 50-Joint-Venture zwischen Frankreich und der VR China und damit der vorläufige Höhepunkt der Zusammenarbeit der Firmen Eurocopter und Harbin in diesem Bereich. Schon mehrere frühere Muster des französischen Herstellers wurden in China entweder in Lizenz gebaut oder dort weiter entwickelt. Ein Hauptaugenmerk der EC 175 soll die breite Einsatzmöglichkeit sein. Dafür weist sie eine vergleichsweise sehr große Kabine auf. Weitere Schwergewichte sind hohe Sicherheit und dank reduzierten Wartungskosten auch eine gute Wirtschaftlichkeit. Konstruktion wie auch eingebaute Systeme entsprechen der heutigen State-of-the-art. Weite Teile des Rumpfes sind aus Verbundwerkstoffen. Was Platzverhältnisse, Reisekomfort, Vibrations- und Lärmwerte wie auch Emissionslasten angeht, sollen Bestwerte erreicht werden. Generell wollen die Entwickler mit der EC 175 den Benchmark setzen. In der Volksrepublik China wird dieser Typ unter der Bezeichnung Z-15 gebaut.
Hersteller: Eurocopter, Werk Marignane, La Courneuve, Frankreich und Harbin Aviation Industry Group (AVIC II), VR China.

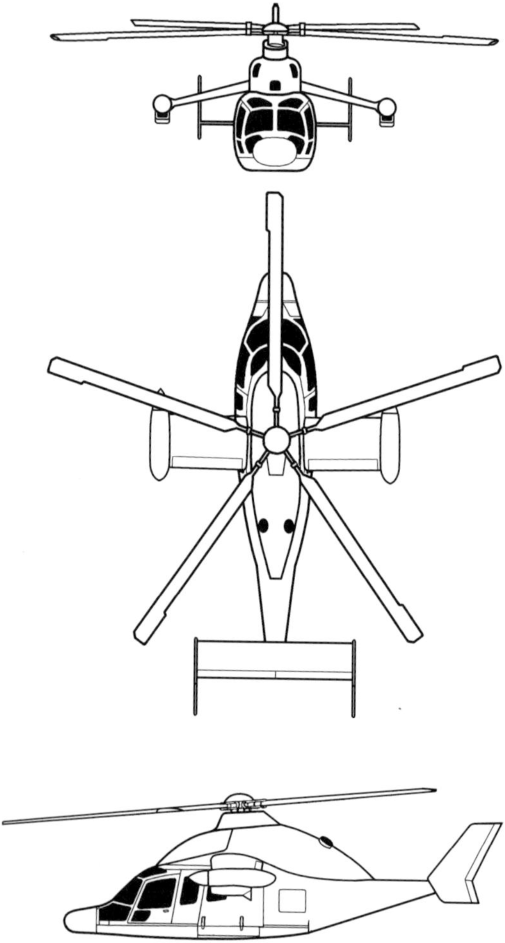

Abmessungen:
Rotordurchmesser 12,60 m
Rumpflänge 11,63 m.

EUROCOPTER H3

Ursprungsland: Frankreich.
Kategorie: Hybrid-Forschungshubschrauber zur Hochgeschwindigkeitserprobung.
Triebwerke: Zwei Gasturbinen Turboméca Arriel 2C von je 850 WPS (636 kW) Leistung.
Leistungen: Eine Höchstgeschwindigkeit von über 400 km/h wird angestrebt.
Gewichte: Keine Angaben bekannt.
Zuladung: Zwei Piloten.
Entwicklungsstand: Zur allgemeinen Überraschung präsentierte Eurocopter im Oktober 2010 den bereits fertig erstellten Erprobungsträger. Er hatte seinen Erstflug am 6. September 2010 absolviert. Offenbar sollen sich die Tests bis Ende 2011 hinziehen. Die H3 ist nicht für den Serienbau vorgesehen. Es ist aber durchaus denkbar, dass der Hersteller daraus eine Weiterentwicklung ableitet, welche die gleiche Antriebskonfiguration aufweisen wird.
Bemerkungen: Um Entwicklungszeit und Kosten zu sparen, hat man soweit möglich Komponenten von bestehenden Modellen verwendet. Der Rumpf stammt von einer SA 365N (siehe Ausgabe 2010), der gesamte Antrieb von der EC 155 (siehe ebenfalls Ausgabe 2010) sowie das Getriebe von der EC 175 (siehe Seiten 170/171). Völlig neu dagegen ist der Antrieb. Die Triebwerke treiben dabei nicht nur den Hauptrotor, sondern via Gelenkwellen auch die beiden Schubpropeller an den Flügelenden an. Dadurch kann die H3 wesentlich höhere Reisegeschwindigkeiten als ein konventioneller Hubschrauber erreichen. Im Reiseflug tragen die kleinen Flügel 30 bis 40% des Auftriebs mit, so dass die Umdrehzahl des Hauptrotors reduziert und somit Luftwiderstand und Treibstoffverbrauch gesenkt werden können. Diese Kombination von Tragflügel und Schubpropeller dürfte sich deutlich auf eine bessere Wirtschaftlichkeit niederschlagen. Ein anderes Konzept aber mit gleicher Zielsetzung verfolgt auch die Sikorsky X2 (siehe Seiten 296/297).
Hersteller: Eurocopter, Werk Marignane, La Courneuve, Frankreich.

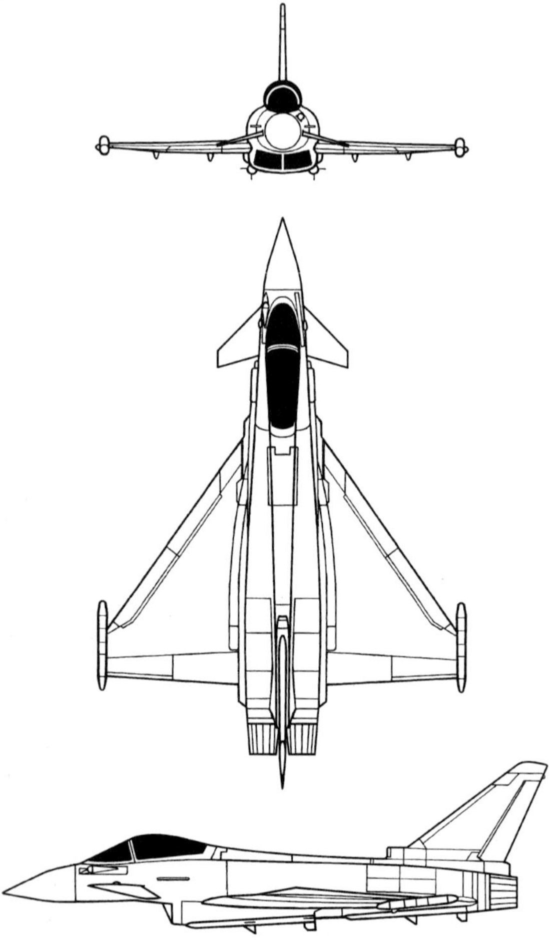

Abmessungen:
Spannweite 10,95 m
Länge 15,96 m
Höhe 5,28 m
Flügelfläche 50,00 m^2.

EUROFIGHTER EF2000 TYPHOON

Ursprungsland: Großbritannien, Deutschland, Italien und Spanien.
Kategorie: Luftüberlegenheitsjäger und Mehrzweckkampfflugzeug.
Triebwerke: Zwei Mantelstromtriebwerke Eurojet EJ200 von je rund 6100 kp (60 kN) Standschub ohne und 9185 kp (90 kN) mit Nachbrenner.
Leistungen: Höchstgeschwindigkeit in großer Höhe Mach 2,0+, in Bodennähe 1390 km/h; Anfangssteiggeschwindigkeit 315 m/Sek; Dienstgipfelhöhe 16765 m; Aktionsradius mit je zwei Luft-Luft-Lenkwaffen AIM-120 und AIM-132 inkl. Außentanks 1390+ km; Überführungsreichweite mit zwei Außentanks 3700 km.
Gewichte: Leer 11150 kg; max. Startgewicht 23500 kg.
Bewaffnung: Eine 27 mm-Mauser-Kanone im Rumpf und beispielsweise eine Zusammensetzung von sechs Kurzstrecken-Luft-Luft-Lenkwaffen AIM-132 und vier Mittelstrecken-Luft-Luft-Lenkwaffen AIM-120. Max. Waffenlast 6500 - 8000 kg an 13 Waffenstationen.
Entwicklungsstand: Der erste von sieben Prototypen nahm am 27. März 1994 die Flugerprobung auf, gefolgt vom ersten Serienmuster im Laufe von 2002. 2003 sind die ersten Serienmaschinen abgeliefert und 2004 die ersten Einheiten aufgestellt worden. Aktuell sind folgende Beschaffungszahlen geplant: Großbritannien 232, Deutschland 180, Italien nur noch 96 statt 121, Spanien 87. Österreich erwarb 15 Einheiten, Saudi Arabien 72. Die 148 Maschinen des ersten Loses sind mittlerweile alle abgeliefert. Ein zweites als Tranche 2 bezeichnetes Los von 236 EF2000 wird derzeit gebaut.
Bemerkungen: Die EF2000 Typhoon wird als Ein- wie als Doppelsitzer angeboten. Die ersten der Tranche 1 zugehörigen Einheiten sind vorerst für Abfangaufgaben konfiguriert. Hierbei kann ohne Nachbrenner die sog. Supercruise-Geschwindigkeit von Mach 1,2 bis 1,3 erreicht werden. Derzeit werden die Maschinen der Tranche 2 gebaut, welche vorwiegend durch Upgrades der Avionik zusätzlich Waffensysteme für den Erdkampf mitführen können. Die restlichen zu beschaffenden Eurofighters sollen der Tranche 3A bzw. 3B angehören. Sie werden voraussichtlich um 15 % leistungsstärkere Triebwerke mit schwenkbaren Austrittsdüsen, ein neues ASEA-Radar und ein überarbeitetes Cockpit mit Voice-Control (= sprachgesteuerte Flugzeugführung) erhalten.
Hersteller: Eurofighter, München, Deutschland.

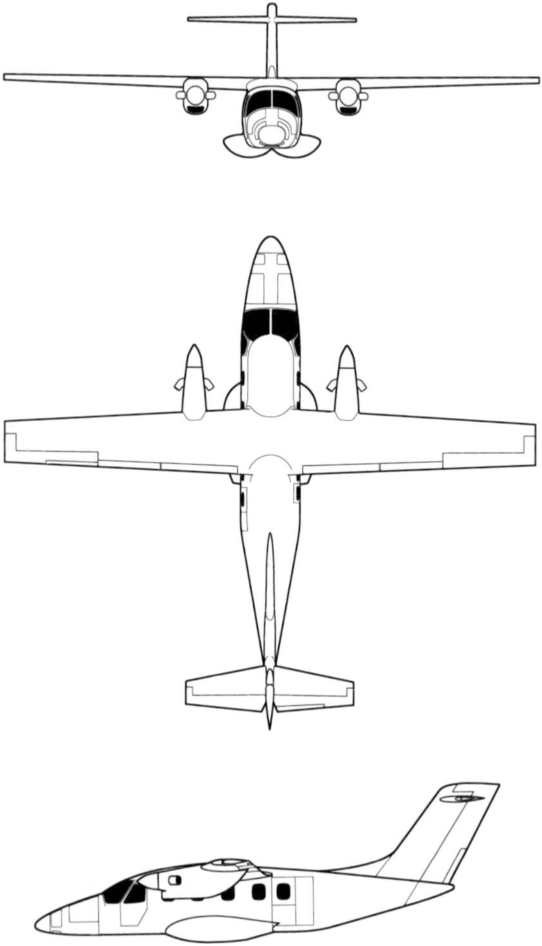

Abmessungen:
Spannweite 16,10 m
Länge 14,35 m
Höhe 4,66 m.

EVEKTOR EV-55

Ursprungsland: Tschechien.
Kategorie: Kurzstrecken-Verkehrsflugzeug und leichter Frachter.
Triebwerke: Zwei Propellerturbinen Pratt & Whitney Canada PT6A-21 von je 536 WPS (400 kW) Leistung.
Leistungen (nach Angaben des Herstellers): Max. Reisegeschwindigkeit 407 km/h; max. Reichweite 2000 km.
Gewichte: Leergewicht 2626 kg; max. Startgewicht 4600 kg.
Zuladung: Zwei Mann Cockpitbesatzung und üblicherweise neun, max. 14 Passagiere. Max. Nutzlast als Frachter 1825 kg.
Entwicklungsstand: Ein erster Prototyp soll Anfang 2011 die Flugerprobung aufnehmen, gefolgt vom zweiten voraussichtlich im gleichen Jahr. Die Indienststellung ist für 2012/2013 geplant. Bisher ist die Auftragslage nicht bekannt.
Bemerkungen: Mit der EV-55 will der Hersteller einen Nachfolger für die immer noch in großer Zahl fliegenden Taxi-Flugzeuge der Klasse Antonow An-2, Cessna 402, Piper PA-31 Navajo usw. anbieten. Auf Einfachheit und Wirtschaftlichkeit wurde besonders Wert gelegt. So belaufe sich der Preis für eine Basisausführung auf nur US$ 1,9 Mio. Ausgelegt als Hochdecker kann die EV-55 auch von Graspisten aus starten und landen. Die Kabine ist für diese Klasse von Flugzeugen recht groß und weist folgende Innenmaße auf: Länge 4,48 m, Breite 1,61 m, Höhe 1,37 m. Um hohe Durchlaufzeiten zu erreichen, kann sie sehr schnell und einfach für die verschiedenen Einsatzzwecke umgerüstet werden. Eine zweiflüglige Doppeltür erleichtert dabei den Ein- und Auslad. Was die Avionik angeht, gelangen die heute üblichen Systeme zum Einbau. Die EV-55 ist sowohl für zivile wie auch militärische Aufgaben vorgesehen.
Hersteller: Evektor Aerotechnik, Kunovice, Tschechien; Werk voraussichtlich in Ulyanosk, Russland.

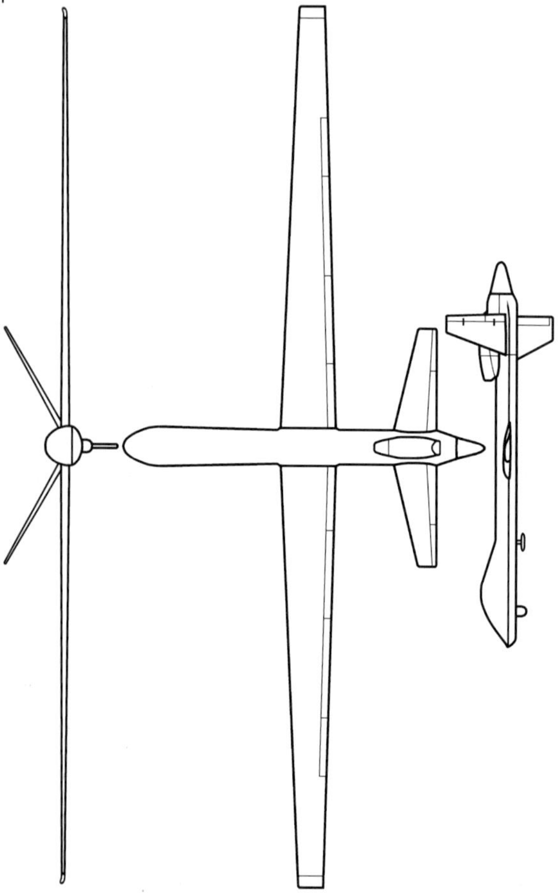

Abmessungen:
Spannweite 20,12 m
Länge 10,97 m
Höhe 3,56 m.

GENERAL ATOMICS MQ-9A REAPER

Ursprungsland: USA.
Kategorie: Unbemannte Drone für Erdkampf, Aufklärungs- und ELINT-Aufgaben in großen Höhen.
Triebwerke: Eine Propellerturbine Honeywell TPE331-10T von 900 WPS (670 kW) Leistung.
Leistungen: Höchstgeschwindigkeit ca. 410 km/h; Dauergeschwindigkeit 370 km/h; Dienstgipfelhöhe über 15400 m; Reichweite 4000 km; max. Flugdauer mehr als 30 Std.
Gewichte: Leergewicht 2223 kg; max. Startgewicht 4763 kg.
Zuladung/Bewaffnung: Aufklärungssysteme im Gesamtgewicht von intern 363 kg, extern 1361 kg. Es können beispielsweise bis zu zehn Hellfire-Panzerabwehrlenkwaffen oder sechs 225-kg-GPS-Bomben mitgeführt werden.
Entwicklungsstand: Im Februar 2001 startete ein Erprobungsträger zum Erstflug. 2002 bestellte die USAF zwei operationelle Prototypen (2005 abgeliefert). Vorläufigen Plänen zufolge werden mindestens 66 beschafft. Zehn Maschinen erhält die RAF, Italien erwirbt sechs und die Türkei vier Reapers. Etwa 40 davon sind bereits abgeliefert. Unter der Bezeichnung Mariner plant die USN den Erwerb einer MQ-9-Ausführung für Seeüberwachung. Zwei Predator B erhielt die US Customs and Border Protection (CBP).
Bemerkungen: Das neue Triebwerk bietet gegenüber dem Ausgangsmuster RQ-1A Predator A (siehe Ausgabe 2006) in allen Bereichen wesentlich bessere Flugleistungen an. Zudem ist die Nutzlast deutlich höher, es können u.a. auch mehr Waffen mitgeführt werden. Der Flügel ist gegenüber dem Ausgangsmuster deutlich größer, der Rumpf dicker. Er kann dadurch mehr Treibstoff aufnehmen. Während die RQ-1 vorwiegend für Aufklärungsaufgaben vorgesehen ist, wird die MQ-9 vorab als Erdkämpfer/Aufklärer in besonderen Situationen eingesetzt. Dazu verfügt sie u.a. über ein synthetisches Breitband-Radar APY-8 Lynx mit hoher Auflösung. Unter der Bezeichnung Altair gibt es auch eine Ausführung für zivile Überwachungs- und Forschungsaufgaben. Die NASA setzt diese Weiterentwicklung der Reaper für Forschungsaufgaben in großen Höhen ein. Sie verfügt über einen verlängerten Flügel mit rund 26 m Spannweite und erreicht rund 15800 m Höhe. Das maximale Startgewicht beläuft sich auf 3266 kg.
Hersteller: General Atomics Aeronautical Systems Inc., San Diego, USA.

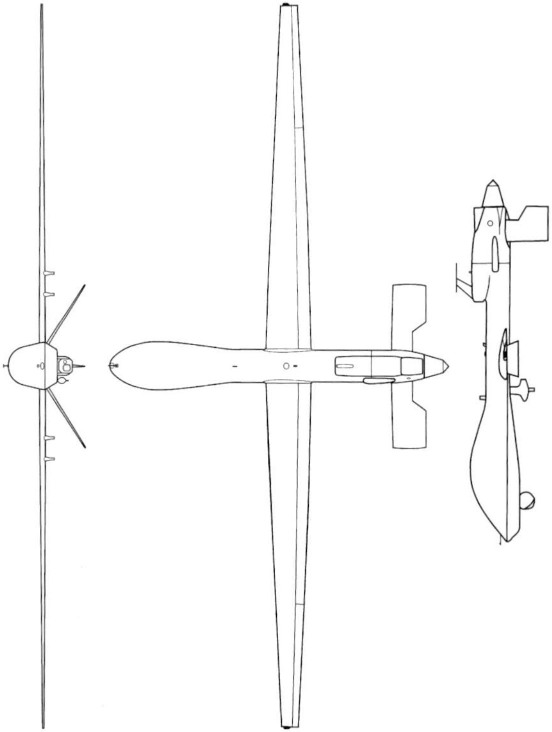

Abmessungen:
Spannweite 17,00 m
Länge 8,53 m
Höhe 2,10 m.

GENERAL ATOMICS MQ-1C GREY EAGLE

Ursprungsland: USA.
Kategorie: Unbemannter Langstrecken-Aufklärer für mittlere Höhen.
Triebwerke: Ein Dieseltriebwerk Thielert Centurion mit Schubpropeller von 135 PS (100 kW) Leistung.
Leistungen: Patrouilliergeschwindigkeit 250 km/h; Dienstgipfelhöhe 8840 m; Aktionsradius 400 km; max. Flugdauer 36 Std.
Gewichte: Max. Startgewicht 1451 kg.
Zuladung: Aufklärungs- und Elektronikausrüstung bis zu einem Gewicht von 488 kg, davon 261 kg intern und 227 kg extern. Typischerweise umfasst die Ausrüstung ein Kamerasystem MTS-A EO/IR, ein SIGINT-Aufklärungsmodul sowie eine Kommunikationseinrichtung mit der Bodenstation.
Bewaffnung: Lenkwaffen AGM-114 Hellfire oder Viper Strike an vier Aufhängepunkten unter den Flügeln.
Entwicklungsstand: Der Prototyp nahm die Flugerprobung am 6. Juni 2007 auf. Hauptbestellerin ist die US Army, welche insgesamt elf Systeme mit je zwölf Grey Eagles und fünf Bodenstationen beschaffen will. 34 Einheiten wurden Mitte 2010 bestellt, die ab Ende 2011 zu liefern sind. Das Ausgangsmuster RQ-1A Predator wird weiterhin gebaut.
Bemerkungen: Die neue Grey Eagle (bisher Warrior genannt) ist ein typischer Vertreter der sog. MALE-UAV's (**M**edium **A**ltitude **L**ong **E**ndurance). Sie basiert auf der MQ-1 Predator (siehe Ausgabe 2006), weist jedoch einen Flügel mit größerer Spannweite und einen verlängerten Vorderrumpf auf. Damit kann sie größere Nutzlasten mitführen. An der Rumpfspitze ist ein synthetisches Breitbandradar von Northrop Grumman eingebaut. Unter den Flügeln besteht die Möglichkeit, Waffen mitzuführen. Erstmals kommt ein Dieselmotor in einer größeren Drone zur Anwendung. Dieser lässt zu, sowohl Jet Fuel (Kerosen) wie auch Autodiesel zu verwenden. Das ganze System kann durch eine C-130 Hercules transportiert werden und ist zwei Stunden nach dem Ausladen einsatzbereit. Die Bodenstation hat in einem auf einem Normlastwagen beladbaren MTV S-280-Container Platz.
Hersteller: General Atomics Aeronautical Systems Inc., San Diego, USA.

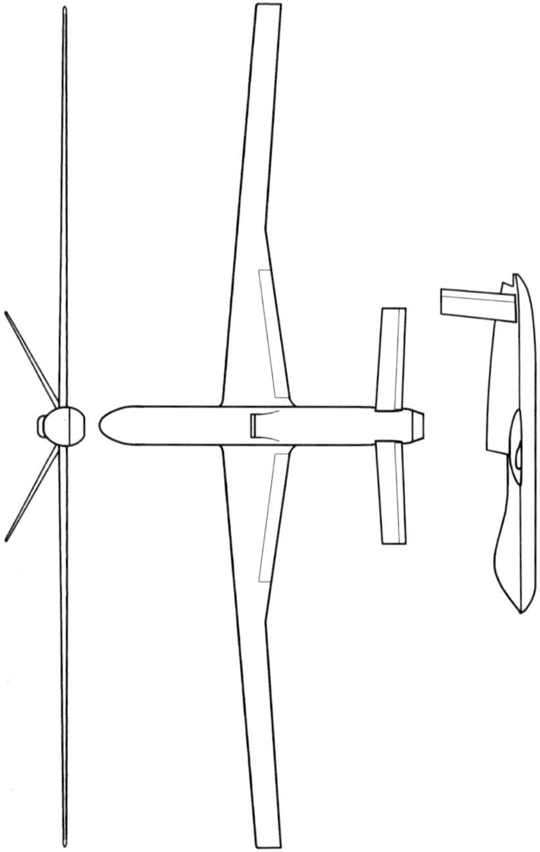

Abmessungen:
Spannweite 20,10 m
Länge (1. Prototyp) 12,50 m, (2. Prototyp) 13,10 m.

GENERAL ATOMICS PREDATOR C AVENGER

Ursprungsland: USA.
Kategorie: Unbemannte Drone für Erdkampf-, Aufklärungs- und Überwachungsaufgaben.
Triebwerke: Ein Mantelstromtriebwerk Pratt & Whitney Canada PW545B von 1805 kp (17,70 kN) Standschub.
Leistungen (vorläufige Angaben): Patrouilliergeschwindigkeit 740 km/h; Dienstgipfelhöhe 18300 m.
Gewichte (vorläufige Angaben): Max. Startgewicht (1. Prototyp) 5220 kg, (2. Prototyp) 6000 kg.
Zuladung/Bewaffnung: Aufklärungs-, Elekronikausrüstung sowie Waffen in einem zentralen Schacht unten am Rumpf. Hier könnte auch ein Seitensichtradar eingebaut werden.
Entwicklungsstand: Der erste Prototyp flog erstmals am 4. April 2009, ein zweiter ist im Bau. Ob dieses Muster in Serienfertigung gehen wird, ist noch nicht bekannt.
Bemerkungen: Unter großer Geheimhaltung entwickelte General Atomics ihr neuestes Muster, die Predator C. Dabei handelte der Hersteller nicht im Auftrag einer Luftwaffe, sondern aus eigenem Antrieb. Die als Avenger bezeichnete Drone soll sich dank ihrer höheren Geschwindigkeit für Überwachungs-, Aufklärungs- und Kampfeinsätze in Gebieten mit stärkerer Luftverteidigung besonders eignen, dort wo propellerbetriebene langsame Dronen zu stark gefährdet wären. Technologisch ist sie von der Predator B abgeleitet, Zelle aus Verbundwerkstoff und Avionik sind sehr ähnlich. Der Flügel ist mit 17° leicht gepfeilt. In der Auslegung wurde sehr auf eine kleine Radarabstrahlung geachtet. Nebst den bei UAV's üblichen Aufklärungssystemen und Sensoren soll die Avenger zusätzlich ein FLIR-System erhalten. Die Außenflügel können bei Bedarf beigefaltet werden, um die Drone beispielsweise auf Flugzeugträgern besser unterzubringen. General Atomics plant, eine trägergestützte Variante Sea Avenger zu entwickeln. Der zweite Prototyp soll etwas größer und schwerer sein.
Hersteller: General Atomics Aeronautical Systems Inc., San Diego, USA.

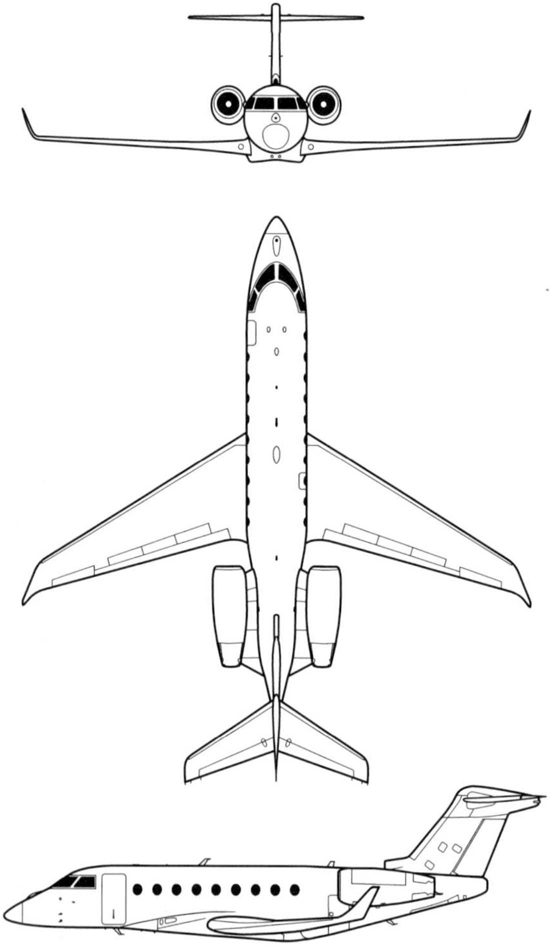

Abmessungen:
Spannweite (G200) 17,71 m, (G250) 19,20 m
Länge (G200) 18,97 m, (G250) 19,20 m
Höhe 6,53 m
Flügelfläche (G200) 34,28 m^2.

GULFSTREAM G200/250

Ursprungsland: Israel/USA.
Kategorie: Firmenflugzeug.
Triebwerke: Zwei Mantelstromtriebwerke (G200) Pratt & Whitney Canada PW306A von je 2740 kp (26,98 kN) bzw. (G250) Honeywell HTF7250G von je 3376 kp (33,00 kN) Standschub.
Leistungen (G200): Höchstgeschwindigkeit 870 km/h oder Mach 0,85; Langstrecken-Reisegeschwindigkeit 796 km/h (Mach 0,75); Dienstgipfelhöhe 13716 m; Reichweite mit vier Passagieren und IFR-Reserven 6080 km.
Gewichte (G200): Leergewicht 8981 kg, (G250) 10954 kg; max. Startgewicht (G200) 16150 kg, (G250) 17960 kg.
Zuladung (G200): Zwei Piloten und normalerweise acht Passagiere in Komfortausführung oder bis zu 18 Personen in enger Dreierbestuhlung mit Mittelgang; max. Nutzlast 1905 kg.
Entwicklungsstand: Die erste G200 fliegt seit 25. Dezember 1997. Mit den Ablieferungen an Kunden begann der Hersteller Anfang 1999. Derzeit fliegen rund 260 Einheiten. Jährlich stellt IAI in Israel etwa 24 Maschinen her, welche die Innenausstattung in den USA erhalten. Die G250 nahm die Flugerprobung am 11. Dezember 2009 auf. Zurzeit fliegen drei Prototypen. Mit der Zulassung wird 2011 gerechnet. Der aktuelle Bestellungsstand ist nicht bekannt.
Bemerkungen: Die Gulfstream G200 wurde aus der Astra SPX/G 100 (siehe Ausgabe 2003) weiterentwickelt. Während der Flügel weitgehend von ihr übernommen wurde, verfügt die G200 über einen völlig neu konstruierten, wesentlich größeren Rumpf. Mit einer Länge von 7,44 m, einer Breite von 2,18 m und einer Höhe von 1,91 m (Innenmaße) wird sie wesentlich höheren Ansprüchen gerecht. Im Cockpit ist eine Avionik von Rockwell Collins mit Multifunktionsdisplays eingebaut. Im Herbst 2008 präsentierte Gulfstream die Weiterentwicklung G250. Der Rumpf bleibt gleich, jedoch erhöht sich das Innenvolumen durch Weglassen des Treibstofftanks im Heck. Die G250 erhält jedoch einen vollständig neuen Flügel größerer Spannweite mit Winglets, ein neues Cockpit PlaneView 250, überarbeitete Avionik von Rockwell Collins und stärkere Triebwerke. Bei größerer Wirtschaftlichkeit weist die G 250 deutlich bessere Flugleistungen auf. Der Hersteller nennt derzeit einen Basispreis von US$ 24 Mio.
Hersteller: Gulfstream Aerospace Corp., Savannah, Georgia, USA, Werk Israel Aircraft Industries Ltd., Ben-Gurion International Airport, Israel.

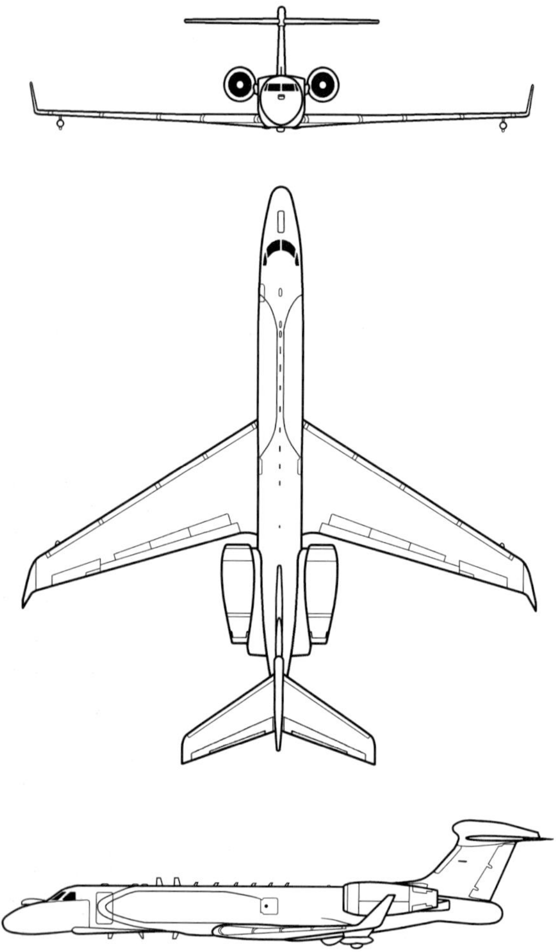

Abmessungen:
Spannweite 28,50 m
Länge 29,40 m
Höhe 7,90 m
Flügelfläche 105,63 m².

GULFSTREAM AEROSPACE GULFSTREAM G550 Special Mission

Ursprungsland: USA.
Kategorie: Elektronischer Aufklärer für ELINT- bzw. SIGINT-Aufgaben, Radarfrühwarnflugzeug sowie Forschungsflugzeug (G550 HALO).
Triebwerke: Zwei Mantelstromtriebwerke BMW/Rolls-Royce BR 710-48 von je 6980 kp (68,40 kN) Standschub.
Leistungen (G550): Max. Reisegeschwindigkeit 940 km/h (Mach 0,885); Langstrecken-Reisegeschwindigkeit 851 km/h; Anfangssteiggeschwindigkeit 21,3 m/Sek; Dienstgipfelhöhe (G550 CAEW) 12500 m; Einsatzdauer (G550 CAEW) rund 10 Stunden.
Gewichte (G550): Rüstgewicht 21919 kg; max. Startgewicht (G550) 41277 kg.
Zuladung: Zwei Piloten im Cockpit und (G550 SEMA) zwei bis drei Systemoperateure, (G550 CAEW) sechs Missionsspezialisten.
Entwicklungsstand: Das erste Exemplar begann die Flugerprobung am 26. März 2005. Israel hat drei G550 SEMA und eine G550 CAEW beschafft. Die Auslieferung der fertig ausgerüsteten Maschinen begann im September 2006. Singapur erhält vier G550 CAEW. Von der zivilen Ausführung G550 sind mittlerweile über 300 Exemplare ausgeliefert worden.
Bemerkungen: Zwei Versionen sind erhältlich, welche auf der G550-Plattform (siehe Ausgabe 2010) basieren. Der Elektronik- und Funkaufklärer G550 SEMA verfügt für sog. ELINT- und SIGINT-Aufgaben über ein System IAI Elta EL/I-3001, dessen sichtbarer Teil aus einem großen Behälter vorne unter dem Rumpf besteht. Zudem sind an Rumpf und Flügeln Sensoren installiert. Die Übertragung der aufgefangenen Daten erfolgt über ein SATCOM-System (**Sat**ellite **Com**munications). Der Radarfrühwarner G550 CAEW (**C**ompact **A**irborne **E**arly **W**arning, siehe Dreiseitenriss) erhält ein Radar Elta EL/W-2085 Phalcon im Rumpf. Zudem sind vier fest montierte Antennen vorne, hinten und je seitlich am Rumpf angebracht, um eine 3600-Abdeckung zu ermöglichen. Das DLR (Deutsches Forschungszentrum für Luft- und Raumfahrt) setzt seit Anfang 2009 eine G550 HALO (siehe Foto) zur Atmosphären- und Erdbeobachtung ein. Dazu wurden zahlreiche entsprechende Systeme und Instrumente sowie eine spezielle Stromversorgung eingebaut. Von außen sichtbar sind u.a. zusätzliche optische Fenster, Öffnungen für Luftein- und -auslässe und Aufhängepunkte für Unterflügelpods.
Hersteller: Gulfstream Aerospace Corp., Savannah, Georgia, USA.

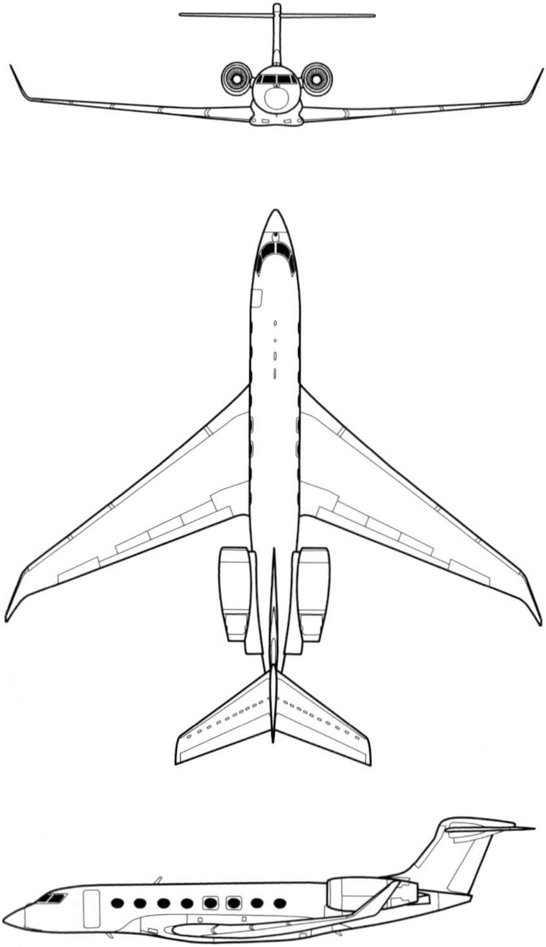

Abmessungen:
Spannweite 30,35 m
Länge 30,40 m
Höhe 7,82 m
Flügelfläche 119,20 m^2.

GULFSTREAM AEROSPACE GULFSTREAM G650

Ursprungsland: USA.
Kategorie: Langstrecken-Firmenflugzeug.
Triebwerke: Zwei Mantelstromtriebwerke BMW/Rolls Royce BR725 A1-12 von je 7300 kp (71,60 kN) Standschub.
Leistungen (nach Angaben des Herstellers): Max. Reisegeschwindigkeit Mach 0,925; normale Reisegeschwindigkeit Mach 0,90, Langstrecken-Reisegeschwindigkeit (Mach 0,85); Dienstgipfelhöhe 15550 m; maximale Reichweite mit vier Besatzungsmitgliedern und acht Passagieren 12964 km.
Gewichte: Rüstgewicht 24500 kg; max. Startgewicht 45180 kg.
Zuladung: Zwei Piloten im Cockpit und normalerweise acht Passagiere. Maximal können 18 Personen mitfliegen. Nutzlast bei vollen Tanks 816 kg, max. Nutzlast 2948 kg.
Entwicklungsstand: Im Frühjahr 2008 stellte Gulfstream das neueste Spitzenmodell G650 vor. Der Erstflug des Prototyps erfolgte am 25. November 2009, jener der ersten Serienmaschine am 6. Juni 2010. Heutigen Plänen zufolge soll mit den Auslieferungen Ende 2011 begonnen werden. Rund 200 G650 sind bereits bestellt.
Bemerkungen: Obwohl den anderen Mustern der Gulfstream-Familie ähnlich, handelt es sich bei der G650 um eine vollständig neue Konstruktion. Am obersten Ende der Skala von Geschäftsflugzeugen angesiedelt, zeichnet sich dieses Modell vor allem durch eine sehr großzügige, 16,33 m lange Kabine mit einer Innenhöhe von 1,91 m und einer Breite von 2,41 m aus. Mit der Reisegeschwindigkeit von Mach 0,925 ist sie das aktuell schnellste Firmenflugzeug der Welt und hat in dieser Disziplin die Cessna X (siehe Seiten 124/125) überholt. Bei einem Testflug erreichte ein Prototyp sogar die Höchstgeschwindigkeit von Mach 0,995. Die neueste BR725-Turbofan-Ausführung mit digitaler Steuerung (FADEC) und 24 Schaufeln in Sichelform verspricht einen geringen Verbrauch bei tiefen Emissionswerten. Erstmals bei einem Businessflugzeug erfolgt die Flugsteuerung durch ein Fly-By-Wire-System. Das Cockpit Planeview II umfasst u.a. Synthetic Vision-Displays, Head-Up-Display, 3-D-Wetterradar und das neueste Flight Control-System. Der Kaufpreis für die Basisausführung liegt bei US$ 64,5 Mio.
Hersteller: Gulfstream Aerospace Corp., Savannah, Georgia, USA.

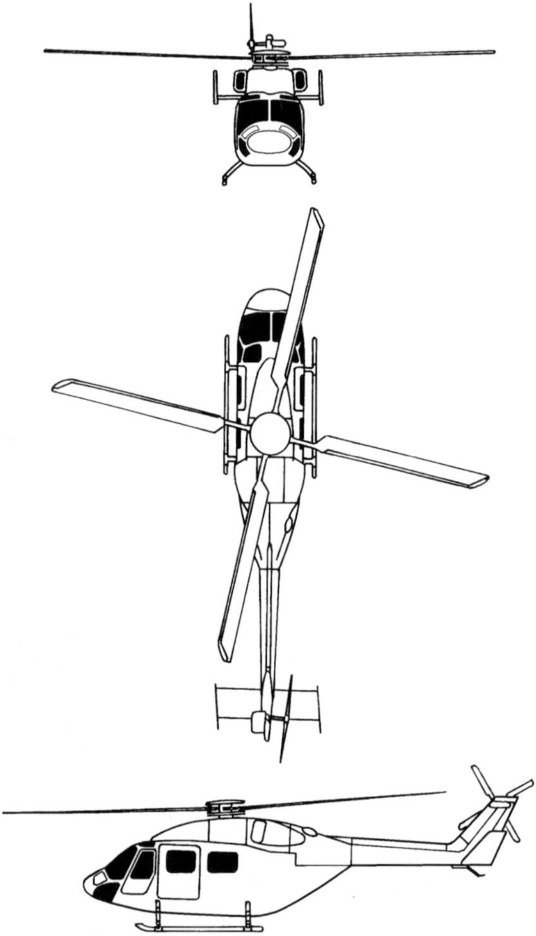

Abmessungen:
Rotordurchmesser 13,20 m
Rumpflänge 13,43 m
Höhe inkl. drehendem Heckrotor 4,98 m.

HAL DHRUV

Ursprungsland: Indien.
Kategorie: Militärischer und ziviler Mehrzweckhubschrauber.
Triebwerke: Zwei Gasturbinen Turboméca TM 333-2B von je 1000 WPS (746 kW) Leistung.
Leistungen (Basisausführung mit Kufenfahrwerk): Max. Reisegeschwindigkeit 255 km/h; max. Schrägsteiggeschwindigkeit 10,3 m/Sek; Dienstgipfelhöhe 4500 m; Schwebehöhe ohne Bodeneffekt 2600 m; max. Reichweite 640 km; max. Flugdauer 3,7 Std.
Gewichte (Luftwaffen-/Marineversion): Leer 2216/2352 kg; max. Startgewicht 4000/5000 kg.
Zuladung: Zwei Piloten und bis zu 14 Passagiere. Max. Nutzlast als Außenlast 1500 kg.
Entwicklungsstand: Der erste von vier Prototypen nahm die Flugerprobung im August 1992 auf. Die indischen Streitkräfte haben einen Bedarf von 300 ALH's (Armee 120, Luftwaffe 60, Marine 120). Folgende Länder beschafften die Dhruv ebenfalls: Malediven 1, Mauretanien 1, Nepal 2, Peru 2. Bis Ende 2010 waren rund 100 Dhruvs abgeliefert. Weitere gehen an zivile Betreiber. Die INDMA (= indischer Zivilschutz) erhält zwölf SAR-Hubschrauber für den Katastrophenfall. Der Prototyp ALH-WSI einer leicht bewaffneten Ausführung fliegt seit August 2007.
Bemerkungen: Die Dhruv gibt es in verschiedenen Varianten: (Armee) Truppentransporter/Nachschubhubschrauber sowie Modelle für Antitank- und Minenlegemissionen, alle ausgerüstet mit einem Kufenfahrwerk; (Marine) Verbindungs- und Evakuationsaufgaben sowie SAR- und ASW-Aufträge, ausgerüstet mit einem einziehbaren Dreipunkt-Radfahrwerk, faltbarem Haupt- und Heckrotor und Sonar; (Luftwaffe) Rettungshubschrauber, Mehrzwecktransporter. Auch eine Zivilversion für normalerweise bis zu 12 Passagiere wird angeboten. Haupt- wie Heckrotor sind gelenklos aus Faserverbundwerkstoffen, der Rumpf besteht nebst Aluminium aus Karbon und Kevlar. Seit Mitte 2007 fliegt eine neue Version mit stärkeren Shakti-Triebwerken mit einer Startleistung von 1200 WPS (895 kW). Die neue Wellenturbine wurde zusammen mit Turboméca entwickelt. Diese Version weist insbesondere bessere Flugleistungen in großen Höhen auf.
Hersteller: HAL Hindustan Aeronautics Ltd., Helicopter Division, Bangalore, Indien.

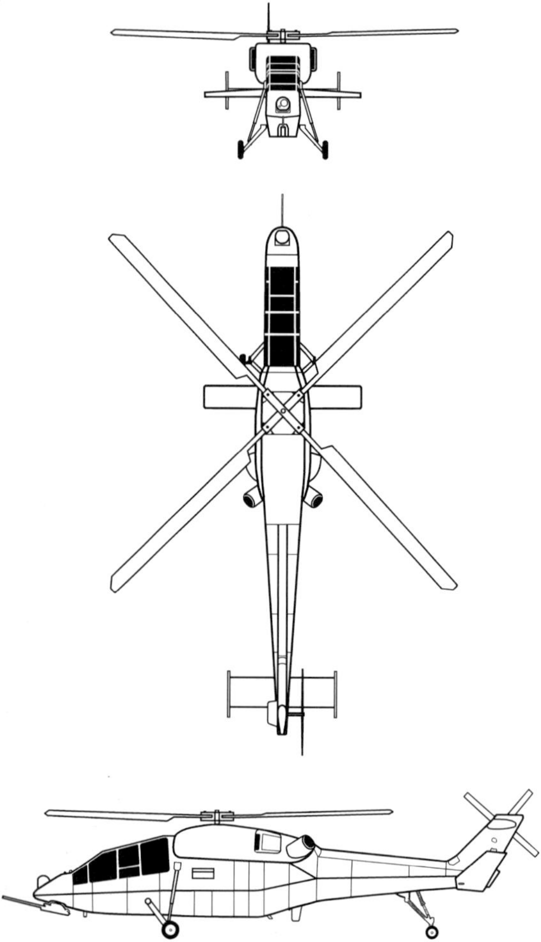

Abmessungen:
Rotordurchmesser 13,20 m
Rumpflänge 15,80 m
Höhe inkl. drehendem Heckrotor 4,70 m.

HAL LCH

Ursprungsland: Indien.
Kategorie: Zweisitziger Kampf- und Beobachtungshubschrauber.
Triebwerke: Zwei Gasturbinen Turboméca/Shatki Ardiden 1H von je 1200 WPS (900 kW) Leistung.
Leistungen (noch sehr provisorische Angaben): Max. Reisegeschwindigkeit 275 km/h; max. Schrägsteiggeschwindigkeit 12,0 m/Sek; Dienstgipfelhöhe 6500 m; max. Reichweite 700 km.
Gewichte (Serienausführung): Leer 2550 kg; max. Startgewicht 5700 kg.
Bewaffnung: Eine 20-mm-Kanone GIAT M 621 vorne unter dem Rumpf. An Auslegern seitlich am Rumpf können verschiedene Waffen mitgeführt werden, so z.B. Panzerabwehrlenkwaffen, Luft-Luft-Lenkwaffen usw. Max. Nutzlast 1500 kg?
Entwicklungsstand: Ein Erprobungsträger nahm am 29. März 2010 die Flugerprobung auf. 2011 soll der erste eigentliche Prototyp zum Erstflug starten. Nach unbestätigten Angaben wollen die indischen Streitkräfte insgesamt 179 Einheiten beschaffen (Armee 114, Luftwaffe 65). Die Indienststellung ist für 2014 geplant.
Bemerkungen: Abgeleitet von der Dhruv (siehe Seiten 190/191) entwickelte HAL einen Kampfhubschrauber LCH (**L**ight **C**ombat **H**elicopter). Während die dynamischen Komponenten weitgehend dem Ausgangsmuster entsprechen, ist der Rumpf völlig neu und verfügt über die für dieses Einsatzmuster typische Form mit Tandemcockpit. Der Rumpf soll eine geringe Radarabstrahlung aufweisen und gegen biologische sowie nukleare Gefahren besonders geschützt sein. Rumpf und Fahrwerk seien weitgehend crash-resistent, die Treibstofftanks selbst dichtend. Vorgesehen ist, die neueste Generation an Avionik einzubauen, u.a. ein Allwetter-Zielsuchsystem, welches via Helmvisier gesteuert werden kann. Weiter ist u.a. ein FLIR-/Laserzielsuch-System vorgesehen. Ein Satcom Data-Link-System zur Bodenstation dient zum verzugslosen Informationsaustausch. Größen- und leistungsmäßig ist die LCH mit der AgustaWestland AW129 vergleichbar (siehe Seiten 20/21).
Hersteller: HAL Hindustan Aeronautics Ltd., Helicopter Division, Bangalore, Indien.

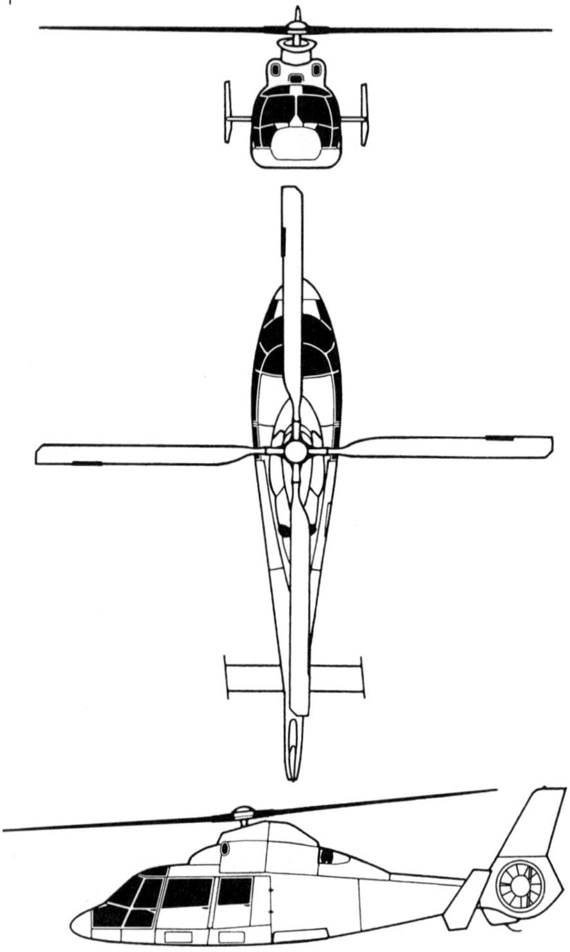

Abmessungen:
Rotordurchmesser 11,94 m
Rumpflänge 11,63 m
Höhe inkl. Rotorkopf 3,52 m, inkl. Seitenleitwerk 3,98 m.

HARBIN Z-9 HAITUN

Ursprungsland: Volksrepublik China/Frankreich.
Kategorie: Militärischer und ziviler Mehrzweckhubschrauber.
Triebwerke: Zwei Gasturbinen Turboméca Arriel 1C bzw. 1C1 (Lizenzbau SAEC WZ8 bzw. WZ8A) von je 733 WPS (547 kW) Leistung.
Leistungen: Höchstgeschwindigkeit auf Meereshöhe 285 km/h; max. Schrägsteiggeschwindigkeit 4,10 m/Sek; Dienstgipfelhöhe 6000 m; Schwebehöhe mit Bodeneffekt 2600 m, ohne Bodeneffekt 1600 m; Reichweite normal 860 km, mit Zusatztanks 1000 km.
Gewichte: Leergewicht 2050 kg; max. Startgewicht 4100 kg.
Zuladung: Ein bis zwei Piloten und bis zu 13 Passagiere; max. Nutzlast rund 2000 kg.
Bewaffnung (Z-9G): Bis zu acht Panzerabwehrlenkwaffen Norinco HJ-8 und eine doppelläufige 23-mm-Kanone.
Entwicklungsstand: Das erste in der VR China gebaute Exemplar begann die Flugerprobung am 6. Februar 1982. Die Luftwaffe, Marine und Armee der chinesischen Volksrepublik verfügen zusammen vermutlich über rund 100 Einheiten. Eine weitere unbekannte Zahl ist durch zivile Unternehmen beschafft worden. Die Produktion läuft weiter. Zehn Hubschrauber der Marineversion Z-9EC setzt die pakistanische Marine ein, acht Z-9WE erhielt die Luftwaffe Kenias.
Bemerkungen: Die Z-9 entspricht weitgehend der französischen Eurocopter AS 365N (siehe Ausgabe 2010). Als erste Variante wurde die Z-9A gebaut, welche der AS 365N1 entspricht. Nach Beginn der Lizenzfabrikation hat der chinesische Hersteller mehrere Versionen in Eigenregie weiterentwickelt. Einige Beispiele: Z-9B mit überarbeitetem Fenestron-Heckrotor mit 13 Rotorblättern, entsprechend der AS 365N2, die bewaffnete Z-9G und die Marineausführung Z-9EC. Letztere ist mit einem kugelförmigen Suchkopf vorne am Rumpf und mit einem Scheinwerfer ausgerüstet. 2009 wurde erstmals die Z-9D gesichtet, welche Seezielkörper TL-10 mitführen kann.
Hersteller: Harbin Aircraft Manufacturing Corp., Harbin, Volksrepublik China.

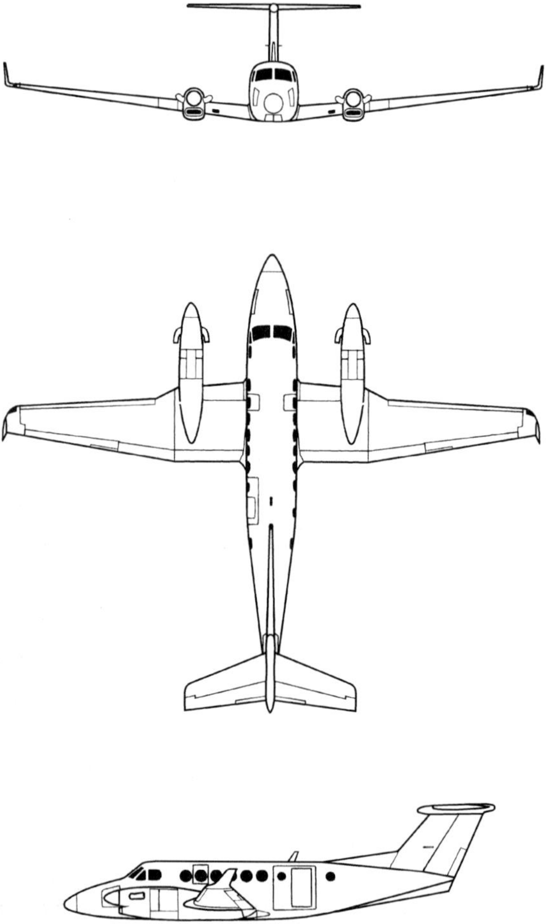

Abmessungen (C90GTx/250+350i):
Spannweite 16,36/17,65 m
Länge (C90GTx/250/350i) 10,82/13,36/14,22 m
Höhe (C90GTx/250/350i) 4,34/4,52/4,37 m
Flügelfläche (C90GTx/350i) 27,30/28,80 m^2.

HAWKER BEECHCRAFT KING AIR C90GTX/250/350I

Ursprungsland: USA.
Kategorie: Arbeits-, Firmen- und Mehrzweckflugzeug.
Triebwerke (C90GTx/250/350i): Zwei Propellerturbinen Pratt & Whitney Canada PT6A-135A von je 550 WPS (410 kW), PT6A-52 von je 850 WPS (634 kW) bzw. PT6A-60A von je 1050 WPS (783 kW) Leistung.
Leistungen (C90GTx/350i): Höchstgeschwindigkeit 500/583 km/h; Reisegeschwindigkeit 385/570 km/h; Anfangssteiggeschwindigkeit 9,0/13,8 m/Sek; Dienstgipfelhöhe 9144/10700 m; Reichweite mit vier Passagieren und mit 45 Min Reserven 2213/3268 km; (350ER) 4770 km.
Gewichte (C90GTx/250/350i): Leergewicht 3282 kg/3982 kg/4320 kg; max. Startgewicht 4581 kg/5670 kg/6804 kg, (350ER) 7490 kg.
Zuladung (C90GTx/250/350i): Ein bis zwei Mann Cockpitbesatzung und in der Kabine normalerweise sieben/neun Einzelsitze in vis-à-vis-Anordnung, max. jedoch bis zu 9/15 Passagiere; max. Nutzlast 1501 kg/1728 kg/2528 kg, bei vollen Treibstofftanks (C90GTx) 335kg.
Entwicklungsstand: Seit 1964 befindet sich dieses Muster ununterbrochen in Produktion. Über 7000 King Airs (davon mehr als 2000 King Air C90) in mehr als 20 Varianten wurden bisher gebaut. Sie ist damit das am meisten verkaufte zweimotorige Propellerturbinenflugzeug seiner Klasse. Derzeit werden die Versionen C90GT, B200, 250 und 350 angeboten. Die C90GTx ist seit 2010 erhältlich, die 350i (siehe Dreiseitenriss) seit 2009. Die neueste Ausführung King Air 250 (siehe Foto) wird ab Mitte 2011 ausgeliefert.
Bemerkungen: Die C90GTx King Air wurde 2009 vorgestellt. Gegenüber der Vorversion C90GTi verfügt sie über Winglets aus Verbundwerkstoff. Damit konnten einige Leistungsdaten verbessert werden wie Nutzlast, Reichweite und spezifischer Kraftstoffverbrauch. Die 350i schließt die lange Reihe von Versionen nach oben ab. Sie stellt derzeit die größte und am besten ausgerüstete Ausführung dar. Neu ist vor allem die Inneneinrichtung. Für längere Strecken ausgelegt ist die King Air 350ER, welche seit 2008 angeboten wird. 2010 lancierte der Hersteller die King Air 250. Dank Winglets, leichteren Propellern aus Verbundwerkstoff und überarbeiteten Triebwerken bietet sie bessere Start- und Landeeigenschaften.
Hersteller: Hawker Beechcraft Corp., Beechcraft Division, Werk Wichita, Kansas, USA.

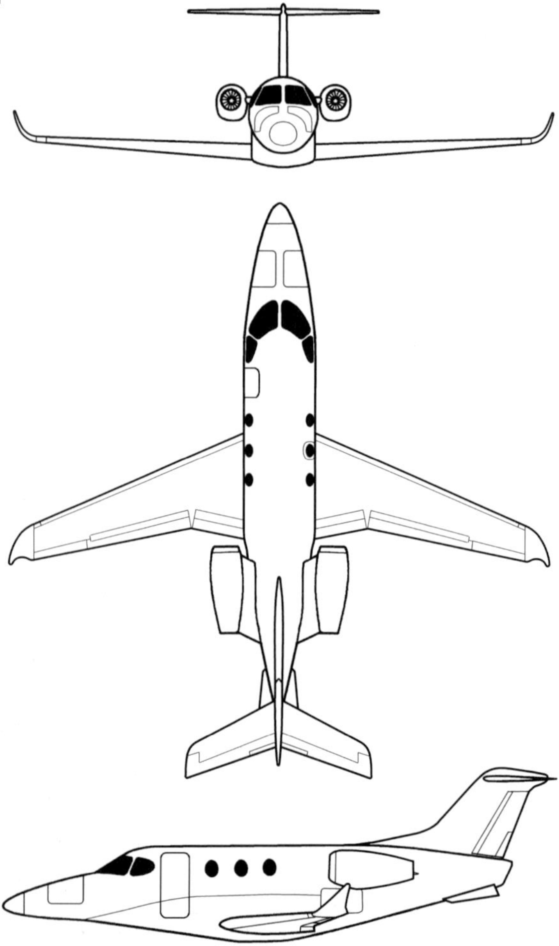

Abmessungen:
Spannweite 13,56 m
Länge 14,02 m
Höhe 4,67 m
Flügelfläche 20,90 m².

HAWKER BEECHCRAFT HAWKER 200

Ursprungsland: USA.
Kategorie: Firmenflugzeug.
Triebwerke: Zwei Mantelstromtriebwerke Williams/Rolls-Royce FJ44-3AP von je 1360 kp (13,34 kN) Standschub.
Leistungen (nach Angaben des Herstellers): Max. Reisegeschwindigkeit 868 km/h; Zeit um 11250 m zu erreichen 14 Min; Dienstgipfelhöhe 13716 m; Reichweite mit vier Passagieren und IFR-Reserven 2778 km.
Gewichte: Rüstgewicht 4227 kg; max. Startgewicht 6260 kg.
Zuladung: Ein bis zwei Piloten und bis zu sechs Passagiere in der Standard-Clubausführung; Nutzlast bei max. Treibstoffzuladung 450 kg, max. 762 kg.
Entwicklungsstand: Das erste Erprobungsmuster startete am 10. März 2010 zum Erstflug. Nach Zulassung im dritten Quartal 2012 sollen die Kundenauslieferungen beginnen. Der aktuelle Bestellungsstand dieser Ausführung ist noch nicht bekannt. Von den Ausgangsmustern Premier I/IA/II wurden bisher über 300 Einheiten gebaut.
Bemerkungen: Die Anfang 2010 lancierte Hawker 200 ist eine Weiterentwicklung der Reihe Premier I/IA/II (siehe Ausgabe 2008 und Foto oben). Neu sind stärkere Triebwerke Williams/Rolls-Royce FJ44-3AP, Winglets, höheres Abfluggewicht und Steigerung der Dienstgipfelhöhe. Diese Maßnahmen führen zu generell besseren Leistungsdaten. Neu ist auch ein MultiScan-Wetterradar. Die übrigen Merkmale bleiben gleich, so der Rumpf aus Verbundwerkstoffen (Kombination von Nomex-Wabenstruktur und Karbonfiber) und der Flügel mit Pfeilung aus Aluminium. Die Konstruktion des ganzen Flugzeugs ist bewusst sehr einfach gehalten, so dass eine weitgehende Automatisierung in der Herstellung erreicht wird. Im Verhältnis zu den Konkurrenzmustern ist das Innenvolumen der Kabine deutlich größer (Länge 4,10 m, Breite 1,70 m, Höhe 1,65 m). Das Cockpit, ausgerüstet mit ProLine 21-Avionik, ist für Ein-Piloten-Betrieb ausgelegt. Der Kaufpreis für die Basisausführung der Hawker 200 wird US$ 7,5 Mio. betragen.
Hersteller: Hawker Beechcraft Corp., Beechcraft Division, Werk Wichita, Kansas, USA.

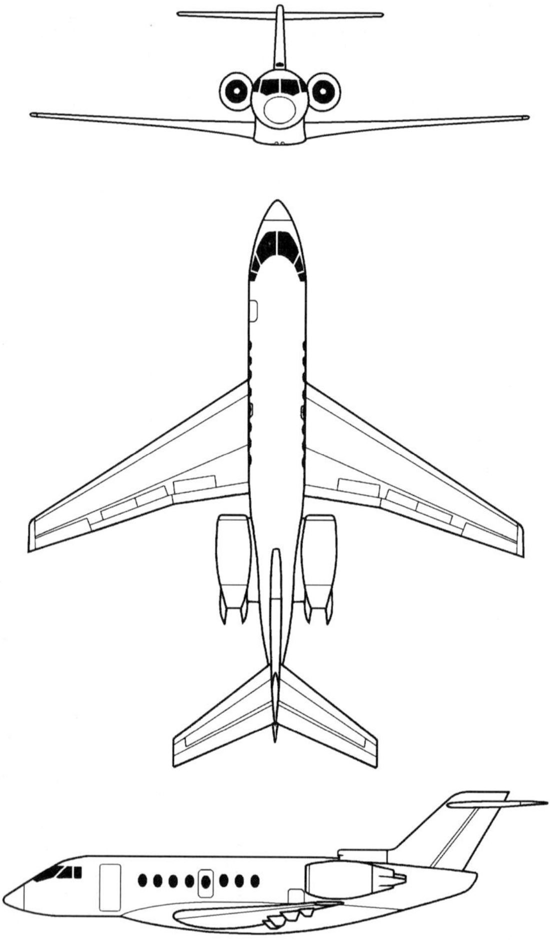

Abmessungen:
Spannweite 18,82 m
Länge 21,18 m
Höhe 6,02 m
Flügelfläche 49,33 m^2.

HAWKER BEECHCRAFT HAWKER 4000

Ursprungsland: USA.
Kategorie: Firmenflugzeug.
Triebwerke: Zwei Mantelstromtriebwerke Pratt & Whitney PW308A von je 3129 kp (30,7 kN) Standschub.
Leistungen: Max. Reisegeschwindigkeit 896 km/h (Mach 0,84); Langstreckenreisegeschwindigkeit 796 km/h; Dienstgipfelhöhe 13716 m; Reichweite mit max. Nutzlast unter IFR-Bedingungen 5287 km, maximal 6038 km.
Gewichte: Rüstgewicht 10750 kg; max. Startgewicht 17917 kg.
Zuladung: Zwei Piloten und normalerweise acht Passagiere in Klubbestuhlung, max. jedoch 12 Personen; Nutzlast mit max. Treibstoffzuladung 726 kg, max. 1134 kg.
Entwicklungsstand: Mit der Erprobung konnte am 11. August 2001 begonnen werden. Derzeit sind rund 130 Einheiten bestellt, darunter 70 von NetJets. Annullierungen sind aber aufgrund der Wirtschaftskrise zu erwarten. Die Zulassung dieses Musters erfolgte nach langen Verzögerungen im Juni 2008, worauf die Ablieferung der ersten Exemplare stattfand. Bis Ende 2010 waren etwa 40 Einheiten abgeliefert.
Bemerkungen: Obwohl gewisse Ähnlichkeiten zur Hawker 750/850XP/900XP-Reihe bestehen (siehe Ausgabe 2010), handelt es sich bei der 4000 um eine völlige Neukonstruktion. Mit diesem Muster wollte Raytheon (neu Hawker Beechcraft) einen neuen Komfortstandard im Mittelsegment der Firmenflugzeuge setzen. So ist die Kabine für diese Klasse ausgesprochen großräumig (Länge 7,62 m, Breite 1,92 m, Höhe 1,83 m). Das Flügelmittelstück verläuft vollständig unter dem Rumpf, so dass der Passagierraum in keinem Bereich dadurch eingeschränkt ist. Wie bei der Premier I/Hawker 200 (siehe Ausgabe 2008 bzw. Seiten 198/199) ist auch bei der 4000 der Rumpf völlig aus Verbundwerkstoffen hergestellt, während der Flügel aus Aluminium besteht und zum größten Teil aus einem Werkstück herausgefräst wird. Im Cockpit sind fünf große LCD-Flachbildschirme vorhanden, das Flugmanagementsystem Honeywell Primus Epic wird erstmals in einem Flugzeug eingebaut. Die gesamte Avionik ist hinter dem Cockpit platziert und entsprechend gut zugänglich. Der Basispreis beträgt US$ 19,5 Mio.
Hersteller: Hawker Beechcraft Corp., Beechcraft Division, Werk Wichita, Kansas, USA.

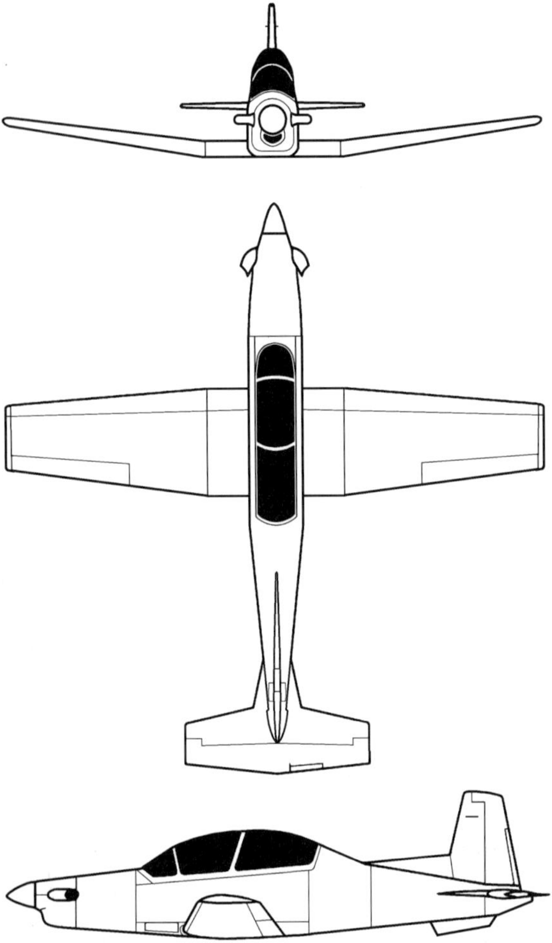

Abmessungen:
Spannweite 10,15 m
Länge 10,14 m
Höhe 3,26 m
Flügelfläche 16,29 m².

HAWKER BEECHCRAFT T-6A/B/C TEXAN II

Ursprungsland: USA/Schweiz.
Kategorie: Zweisitziger Basis- und Fortgeschrittenentrainer.
Triebwerke: Eine Propellerturbine Pratt & Whitney Canada PT6A-68 von 1708 WPS (1275 kW) Leistung, reduziert auf 1100 WPS (820 kW).
Leistungen: Höchstgeschwindigkeit in großen Höhen 575 km/h, auf Meereshöhe 500 km/h, Reisegeschwindigkeit auf 2285 m 426 km/h; Anfangssteiggeschwindigkeit 20,3 m/Sek; Dienstgipfelhöhe 10670 m; Reichweite 1574 km; max. Flugdauer 3 Std.
Gewichte: Leergewicht 2087 kg; max. Startgewicht 2955 kg.
Entwicklungsstand: Der erste Erprobungsträger (eine umgebaute Pilatus PC-9) flog erstmals im September 1992. Darauf stellte Beech zwei weitere Produktionsprototypen her (Erstflug 23. Dezember 1993), gefolgt vom ersten Serienflugzeug am 15. Juli 1998. Vorgesehen ist, für die amerikanischen Streitkräfte insgesamt 769 Maschinen zu beschaffen: USAF 454 (alle mittlerweile abgeliefert), USN 315. Bisher sind über 600 T-6 gebaut worden. Weitere T-6A/B erhielten oder erhalten Griechenland 45, NATO Flying Training (NFTC) 26 T-6A, Irak 15 T-6A, Israel 25 T-6A, Marokko 24 T-6C.
Bemerkungen: Obwohl der PC-9 (siehe Ausgabe 2008) sehr ähnlich, wurde rund 70 % der Konstruktion neu definiert. Die wesentlichen Unterschiede sind: Verstärkte Rumpfstruktur und Cockpithaube, Druckkabine, Null-Null-Schleudersitze, neue digitale Elektronik (GPS, MLS, Antikollisionsanzeige, HUD) und Einpunktbetankung. Die T-6A ist Bestandteil eines integrierten Trainingssystems, welches auch Simulatoren und übrige Logistik umfasst. 272 der von der USN geplanten Texan II sind T-6B mit einem integralen Glas-Cockpit, HUD und weiterentwickelter Avionik. Von ihr abgeleitet ist neu die T-6C für den Export im Angebot.
Hersteller: Hawker Beechcraft Corp.,/Pilatus, Werk Wichita, Kansas, USA.

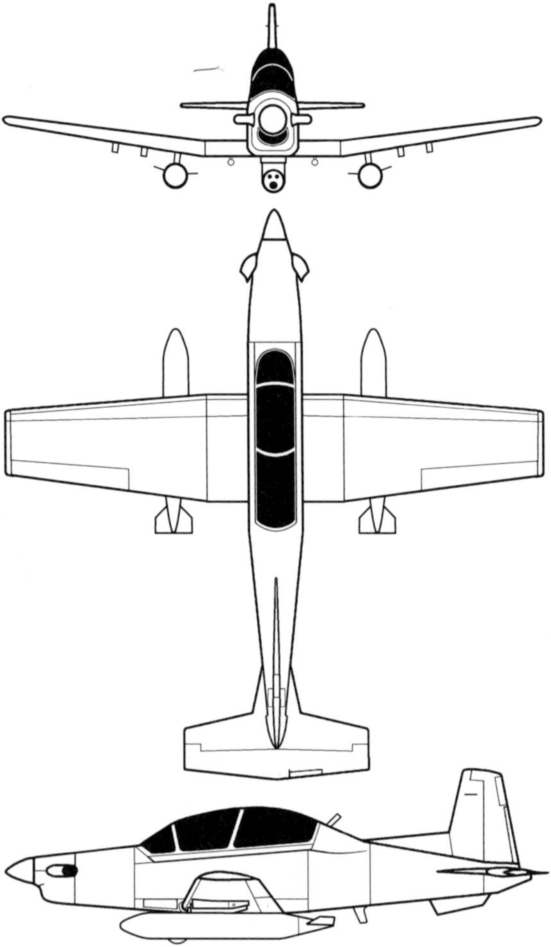

Abmessungen:
Spannweite 10,15 m
Länge 10,14 m
Höhe 3,26 m
Flügelfläche 16,29 m^2.

HAWKER BEECHCRAFT AT-6B/C TEXAN II

Ursprungsland: USA.
Kategorie: Zweisitziger leichter Erdkämpfer und bewaffneter Aufklärer.
Triebwerke (2. Prototyp und Serienmaschinen): Eine Propellerturbine Pratt & Whitney Canada PT6A-68D von 1708 WPS (1275 kW) Leistung, reduziert auf 1600 WPS (1193 kW).
Leistungen (T-6A): Höchstgeschwindigkeit in großen Höhen 575 km/h, auf Meereshöhe 500 km/h, Reisegeschwindigkeit auf 2285 m 426 km/h; Anfangssteiggeschwindigkeit 20,3 m/Sek; Dienstgipfelhöhe 10670 m; Reichweite 1574 km; max. Flugdauer 3 Std.
Gewichte: Rüstgewicht 2818 kg; max. Startgewicht 4770 kg.
Bewaffnung: Sieben Stationen unter den Flügeln für eine Vielzahl von Waffen, wie Kanonen, gelenkte und ungelenkte Bomben.
Entwicklungsstand: Ein erster Prototyp nahm die Flugerprobung am 11. September 2009 auf, gefolgt von einem der Serienversion entsprechenden zweiten Prototypen am 5. April 2010. Der bisher einzige Besteller Irak erhält insgesamt 35 AT-6B. Die USAF erprobt derzeit diesen Typ zur Erfüllung eines Pflichtenheftes für einen leichten Erdkämpfer. Im positiven Falle könnten zwischen 15 und 100 Maschinen beschafft werden.
Bemerkungen: Die Erdkampfversion AT-6 basiert zwar auf der T-6 Texan (siehe Seiten 202/203), wurde aber für den vorgesehenen Einsatzzweck in einzelnen Teilen verändert. So hat man die Struktur in verschiedenen Bereichen verstärkt. Die AT-6 besitzt zudem ein leistungsfähigeres Triebwerk. Eingebaut ist im Cockpit die Avionik von CMC-Electronics FV-4000 sowie ein HUD. Wegen der Waffenelektronik musste die elektrische Stromversorgung verstärkt werden. Den Cockpitbereich hat man mit Kevlar gepanzert, so dass er gegen 7,62 mm-Munition resistent ist. Die an Irak gelieferten leichteren AT-6B entsprechen noch nicht in allen Teilen der hier beschriebenen AT-6C, welche für die USAF vorgesehen ist.
Hersteller: Hawker Beechcraft Corp.,/Pilatus, Werk Wichita, Kansas, USA.

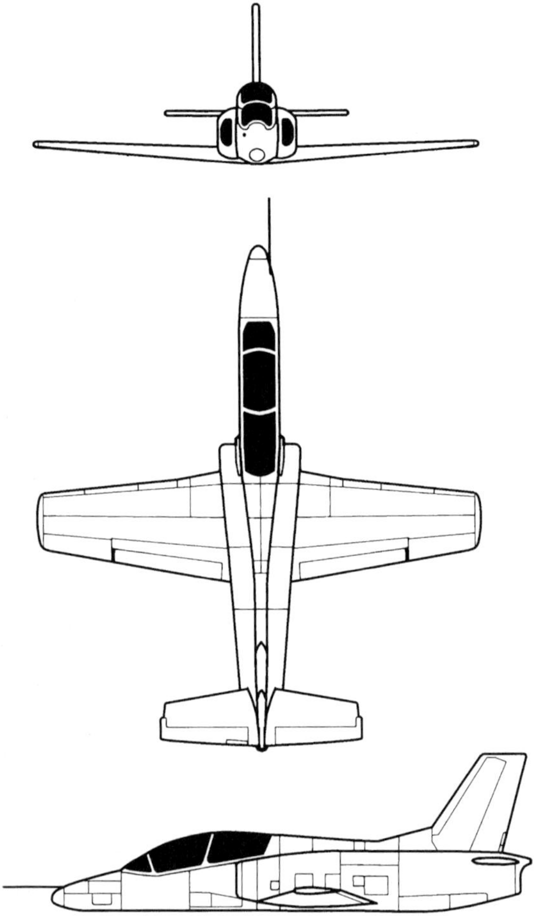

Abmessungen:
Spannweite 9,63 m
Länge inkl. Sonde 11,60 m
Höhe 4,21 m
Flügelfläche 17,02 m^2.

HONGDU (NANCHANG) JL-8/K-8 JET TRAINER

Ursprungsland: Volksrepublik China und Pakistan.
Kategorie: Zweisitziger Basistrainer und leichter Erdkämpfer.
Triebwerke: Ein Mantelstromtriebwerk AlliedSignal TFE731-2A-2A von 1632 kp (16,0 kN) bzw. (K-8J) Progress AI-25TLK von rund 1725 kp (16,90 kN) Standschub.
Leistungen: Höchstgeschwindigkeit 800 km/h auf Meereshöhe; Anfangssteiggeschwindigkeit 27 m/Sek; Dienstgipfelhöhe 13000 m; max. Flugdauer 3,0 Std; Reichweite mit zwei abwerfbaren 250-l-Zusatztanks 2250 km, mit internem Treibstoff 1487 km.
Gewichte: Rüstgewicht 2687 kg; normal beladen ohne Außenlasten 3630 kg; max. Startgewicht 4330 kg.
Bewaffnung (als Erdkämpfer): Ein 23-mm-Kanonenbehälter unter dem Rumpf und vier Flügelstationen für Bomben, Raketenbehälter oder Lenkwaffen. Max. Waffenladung 943 kg.
Entwicklungsstand: Der erste von sechs Prototypen (davon zwei nur für statische Tests) begann die Flugerprobung am 21. November 1990. Bisher haben Pakistan 40, die VR China 170 Maschinen erhalten. Weitere Besteller: Ägypten 120 (Lizenzbau), Ghana 4, Myanmar 12, Namibia 4, Sri Lanka 6, Sudan 12, Tansania 6, Venezuela neu bis zu 40, Zambia 8, Zimbabwe 12 und neu Boliven 6. Über 300 Maschinen befanden sich Ende 2010 im Einsatz.
Bemerkungen: Der in China als Jl-8 bzw. im Export als K-8 bezeichnete Jet Trainer ist eine chinesisch-pakistanische Gemeinschaftsentwicklung. Dieses Muster ist besonders auf hohe Zuverlässigkeit und einfache Wartung ausgelegt. Ursprünglich hätten alle für Pakistan bestimmten K-8 im Werk Kamra endmontiert werden sollen. Aus finanziellen Gründen bleibt die Produktion vollständig in China. Die pakistanischen K-8 weisen gegenüber der chinesischen Variante einige Modifikationen auf: EFIS-Cockpit, andere Elektronikkomponenten und neue Antischleuderbremsen. Die Avionik stammt von Collins, die Schleudersitze sind vom Typ Martin Baker Mk.10L. Die Jet Trainer für die VR China sind mit dem ukrainischen Triebwerk Ivchenko Progress ZMKB AI-25TL/DV-2 ausgerüstet, welches unter der Bezeichnung WS-11 in Lizenz gebaut wird.
Hersteller: Hongdu Aviation Industry Corp., bzw. NAMC (**N**achang **A**ircraft **M**anufactoring **C**ompany), Nachang, VR China und Pakistan Aeronautical Complex.

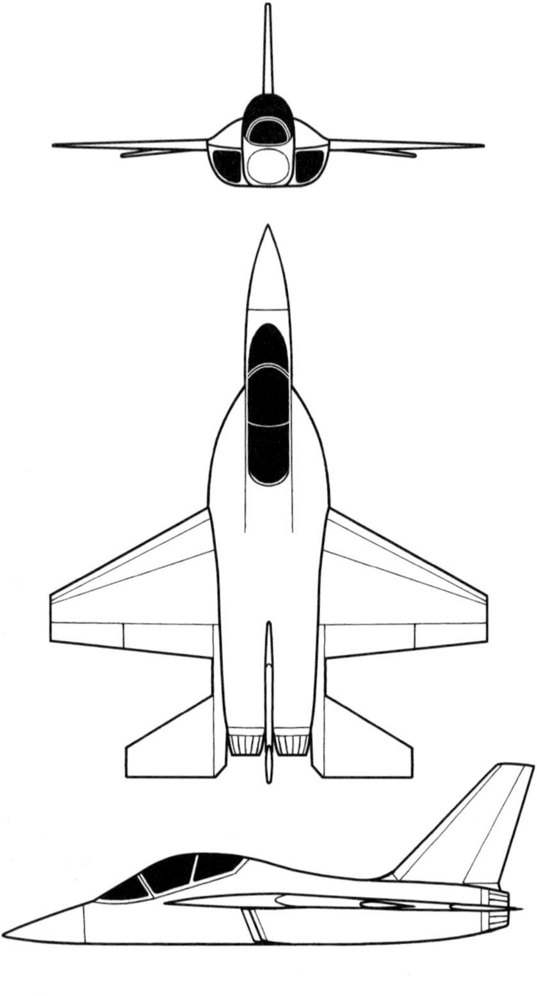

Abmessungen:
Spannweite 9,77 m
Länge 12,27 m
Höhe 4,80 m.

HONGDU L-15/JL-15 LIE YING

Ursprungsland: Volksrepublik China.
Kategorie: Zweisitziger Fortgeschrittenentrainer und leichter Erdkämpfer.
Triebwerke: Zwei Mantelstromtriebwerke (1. Prototyp) ZMKB Progress AI-222-25 von je 2500 kp (24,5 kN) Standschub bzw. (L-15 LIFT) Mantelstromtriebwerke MotorSich AI-222K-25F von je 4210 kp (41,28 kN) Standschub mit Nachbrenner.
Leistungen (noch sehr vorläufige Angaben): Höchstgeschwindigkeit Mach 1,4; Anfangssteiggeschwindigkeit 150 m/Sek; Dienstgipfelhöhe 16000 m; Reichweite 3100 km.
Gewichte (vorläufige Angaben): Leergewicht 4500 kg; normales Startgewicht 6800 kg; maximales Startgewicht 9500 kg.
Bewaffnung: Eine Waffenlast von rund 3000 kg kann an Stationen unter den Flügeln mitgeführt werden.
Entwicklungsstand: Der erste von fünf Prototypen nahm die Flugerprobung am 13. März 2006 auf. Ein zweites dem Serienstandard entsprechendes Muster folgte am 10. Mai 2008. Inzwischen wurden alle Prototypen gebaut. Eine überarbeitete Version L-15 LIFT flog erstmals am 20. Oktober 2010. Der Entscheid, ob die chinesische Luftwaffe die L-15 beschafft ist noch ausstehend.
Bemerkungen: Die L-15 wird in Zusammenarbeit mit Yakowlew entwickelt. Daher ist die Ähnlichkeit mit der Yak-130 (siehe Seiten 314/315) nachvollziehbar. Große Teile der Struktur bestehen aus Verbundwerkstoffen. Das Cockpit verfügt über die heute übliche Ausrüstung mit Multifunktionsbildschirmen, HUD und HOTAS. Die Steuerung erfolgt mit einem vierfach redundanten Fly-By-Wire-System. In der chinesischen Luftwaffe ist die L-15 vorgesehen, als Fortgeschrittenentrainer den Übergang zu den neuen Kampfflugzeugen Su-27/30 bzw. F-10 zu erleichtern, da sie von den Flugeigenschaften und von der Steuerung her ein sehr ähnliches Verhalten aufweist. Mit der L-15 LIFT stellte der Hersteller eine Variante mit Überschallfähigkeiten vor. Vom Ursprungsmuster unterscheidet sie sich u.a. durch Triebwerk AI-222K-25F mit Nachbrenner, aufdatiertes Cockpit sowie verbreiterte Rumpfnase für ein AESA-Radar. Später könnte noch eine einsitzige Erdkampfversion abgeleitet werden.
Hersteller: Hongdu Aviation Industry Group (HAIG), Nanchang, VR China.

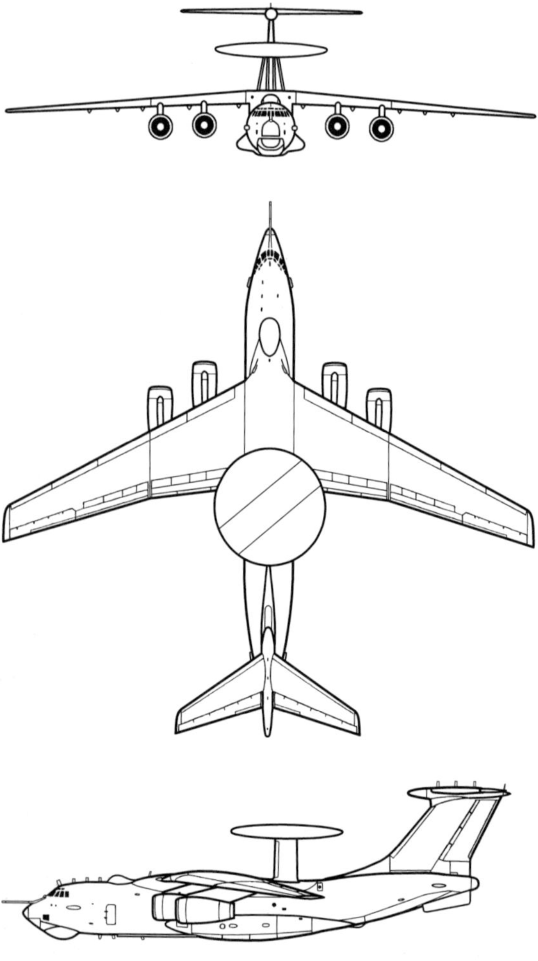

Abmessungen:
Spannweite 50,50 m
Länge 46,59 m
Höhe 14,76 m
Flügelfläche 300 m².

ILJUSCHIN IL-76/A-50 Phalcon AEW/Il-78M MIDAS

Ursprungsland: Russland.
Kategorie: Frühwarn- und Radarüberwachungsflugzeug (Il-76/A-50) bzw. Tanker (Il-78M).
Triebwerke: Vier Mantelstromtriebwerke Aviadvigatel D-30KP Serie 2 von je 12400 kp (122,46 kN) Standschub.
Leistungen (Il-76/A-50 geschätzt): Max. Dauergeschwindigkeit 764 km/h auf 9000 bis 13000 m, typische Patrouillengeschwindigkeit 636 km/h auf 9000 m. Aufenthaltsdauer ohne Flugbetankung 1500 km von der Basis entfernt 8 bis 9 Std.
Gewichte (Il-78M): Rüstgewicht 118000 kg; max. Startgewicht vermutlich 210000 kg.
Zuladung: Vier Mann Cockpitbesatzung und (Il-76/A-50) je nach Aufgaben und Ausführung zwischen neun und 12 Systemoperateure. Die Il-78 kann insgesamt 138000 kg Kraftstoff mitführen.
Entwicklungsstand: Ein Erprobungsträger der Il-76/A-50 flog erstmals am 19. Dezember 1978. Die sowjetische Luftwaffe erhielt ab 1986 rund 25 Einheiten. Derzeit werden für die VR China bis zu zwölf als KJ-2000 bezeichnete Maschinen und für Indien vorläufig drei, später ev. neun aus bestehenden Il-76 umgebaute A-50 Phalcon produziert (Erstflug 29. November 2007). Die Tankerausführung Il-78M fliegt seit 26. Juni 1983. 19 beschaffte die sowjetische Luftwaffe, je vier erhielten die VR China und Pakistan, Indien sechs der Version Il-78MKI. Venezuela prüft die Beschaffung der Il-78M.
Bemerkungen: Die für Indien bestimmten Il-76/A-50Ehi wurden von der israelischen IAI Elta zusammen mit der russischen Beriew mit dem AEW-Radar Phalcon und den dazugehörigen Systemen ausgerüstet. Jene der VR China besitzen ein AEW-Radar aus chinesischer Quelle. Russland wird ihre als Beriew A-50M bezeichneten Modelle umfassend modernisieren. Bei den 16 noch in Dienst stehenden Maschinen ersetzt man u.a. alle analogen Systeme durch digitale Modelle. Insbesondere wird die Datenübertragung wesentlich verbessert. Ein erstes Muster fliegt seit 2010. Die Tankerausführung I-78 besitzt drei Schlauchbehälter und zusätzliche Kraftstoffbehälter im Laderaum. Der Bediener ist im Heckstand des Flugzeugs.
Hersteller: Iljuschin Design Bureau, Moskau, Werk Aviastar, Ulyanovsk, Russland.

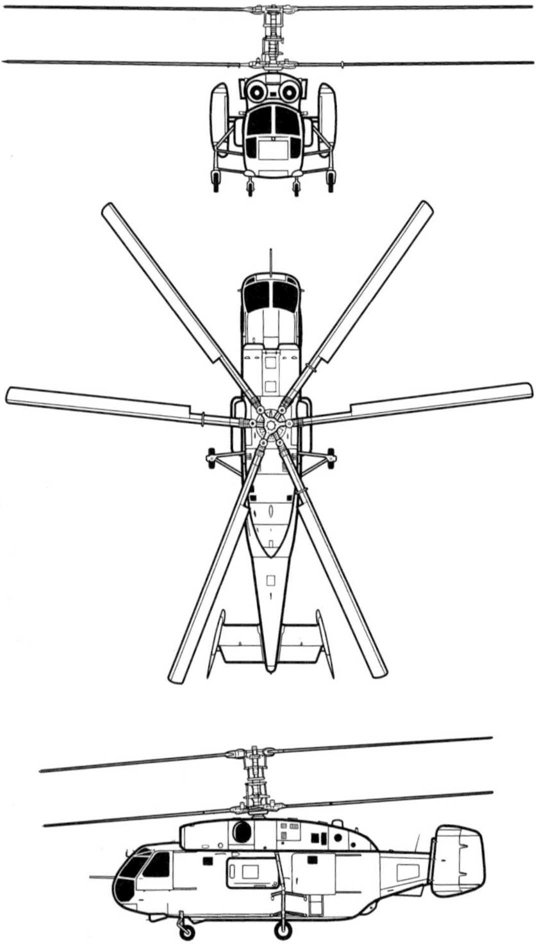

Abmessungen:
Rotordurchmesser (jeder einzelne) 15,90 m
Rumpflänge 11,30 m,
Höhe über Rotor 5,40 m.

KAMOW KA-31/-32

Ursprungsland: Russland.
Kategorie: (Ka-31) Bordgestützter AEW-Hubschrauber, (Ka-32) mittelschwerer ziviler Mehrzweckhubschrauber.
Triebwerke (Ka-32A-11BC): Zwei Gasturbinen Klimow TV3-117VMA von je 2225 WPS (1658 kW) Leistung.
Leistungen (Ka-32 bei 11000 kg): Höchstgeschwindigkeit 250 km/h auf Meereshöhe; max. Reisegeschwindigkeit 230 km/h; Dienstgipfelhöhe 6000 m; Schwebehöhe mit Bodeneffekt 3500 m, ohne Bodeneffekt 1705 m; Reichweite max. 800 km; max. Flugdauer 4,5 Std.
Gewichte (Ka-32): Leergewicht 6250 kg; normal beladen 11000 kg; max. Startgewicht 12600 kg.
Zuladung (Ka-31): Zwei Piloten und zwei Systemoperateure; (Ka-32): Zwei Piloten und 16 Passagiere oder eine max. Nutzlast von 5000 kg.
Entwicklungsstand: Die Ursprungsausführung der Ka-32 flog erstmals 1973, die derzeit angebotene Weiterentwicklung Ka-32A-11BC erhielt die Zulassung 2002. Über 160 Hubschrauber befinden sich weltweit vorab für den Transport von Schwerlasten, zunehmend aber auch als Löschhubschrauber im zivilen Einsatz, darunter in Kanada, Russland, Schweiz, Spanien, USA usw. Südkorea hat rund 50 Einheiten bestellt. Die Ka-31 fliegt seit 1988, aber erst 2007 begann die Produktion. Die indische Marine beschaffte neun Einheiten. Die verschiedenen Ausführungen werden in kleinen Stückzahlen weiterhin gebaut.
Bemerkungen: Beide Muster Ka-31 und Ka-32, sowie deren Vorgängerinnen Ka-27, -28, -29 fallen durch einen gedrungenen Rumpf und den Kamow-typischen koaxialen, gegenläufigen Doppelrotor auf. Die Ka-32 wird in mehreren Subvarianten primär zur Versorgung von Ölplattformen, abgelegenen Außenstationen, zum Transport von schweren externen Lasten sowie als Such- und Rettungshubschrauber eingesetzt. Sie ist besonders robust ausgelegt und kann unter sehr schwierigen Wetterbedingungen operieren. Derzeit läuft ein Programm der russischen Marine, frühere Ka-27PL zu modernisieren. Nebst neuer ASW-Elektronik soll auch das leistungsfähigere Klimow VK-2500-Triebwerk eingebaut werden. Die AEW-Ausführung Ka-31 verfügt an der Rumpfunterseite über ein zweidimensionales 360°-Überwachungsradar E-801 Oko, welches in der Luft ausgeklappt werden kann.
Hersteller: Kamow Kompaniya, Werk Lyubertsy, Moskau, Russland.

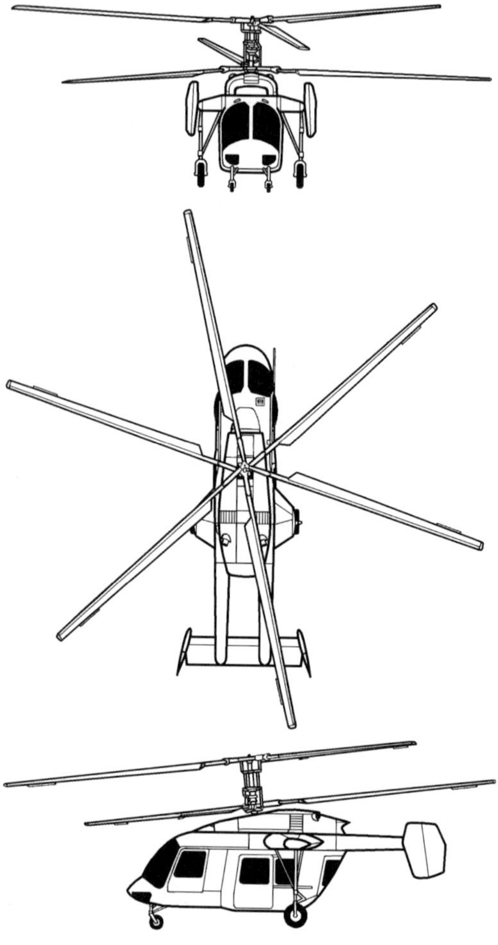

Abmessungen:
Rotordurchmesser (jeder einzelne) 13,00 m
Rumpflänge 8,10 m
Höhe inkl. Rotorkopf 4,25 m.

KAMOW KA-226

Ursprungsland: Russland.
Kategorie: Leichter Mehrzweckhubschrauber.
Triebwerke: Zwei Gasturbinen (Ka-226) Allison 250-C20B von je 420 WPS (313 kW) oder (Ka-226T) Turboméca Arrius 2G von je 670 WPS (500 kW) Leistung.
Leistungen (Ka-226): Höchstgeschwindigkeit 210 km/h (Ka-226T 250 km/h); ökonom. Reisegeschwindigkeit 185 km/h; max. Schrägsteiggeschwindigkeit 10,1 m/Sek; Dienstgipfelhöhe 3500 m (Ka-226T 5000 m); Reichweite mit max. Nutzlast 40 km, mit max. Treibstoffzuladung 600 km.
Gewichte (Ka-226/Ka-226T): Leergewicht 1952 kg; max. Startgewicht 3400/3600 kg.
Zuladung (Ka-226): Ein bis zwei Piloten und bis zu acht Passagiere; max. Nutzlast intern 1046 kg, extern 1300 kg.
Entwicklungsstand: Erstflug dieser Variante am 4. September 1997. Zwei weitere Prototypen folgten. Der russische Gasprodzent Gazprom bestellte 22 Exemplare, die ab 2004 zur Ablieferung gelangten. Sie werden hauptsächlich für Patrouillieneinsätze entlang der Gaspipelines eingesetzt. Das russische Ministerium für Zivilschutz hat vorerst 5 Einheiten bestellt (+ 20 Optionen). Derzeit fliegt ein Prototyp mit der leistungsstärkeren Gasturbine Turboméca Arrius 2G2 von 670 WPS (500 kW) Leistung. Jährlich werden einige wenige Hubschrauber gebaut.
Bemerkungen: Die Ka-226 ist eine zweimotorige stark verbesserte Ausführung der früheren Ka-26/126-Modelle. Wie bei den meisten russischen Weiterentwicklungen, wurde in wichtigen Komponenten auf westliche Produkte zurückgegriffen. In diesem Fall sind es die Triebwerke von Allison bzw. von Turboméca sowie die gesamte Avionik. Das Besondere an der Ka-226 ist, dass die gesamte Passagierkabine als separater »Behälter« an den Hubschrauber befestigt und bei anderer Verwendung des Hubschraubers durch mehrere andere angebotene Module ausgewechselt werden kann. Dadurch ist die Ka-226 ausgesprochen flexibel einsetzbar, wie als Passagiertransporter, Frachter, für Ambulanz- und Sprüheinsätze mit Behältern mit bis zu 1000 l Inhalt usw. Wie die Vorgänger ist auch die Ka-226 sehr einfach und robust ausgelegt und verfügt über den für Kamow typischen Koaxial-Rotor.
Hersteller: OKB Nikolai I. Kamow, Werk Orenburg, Russland.

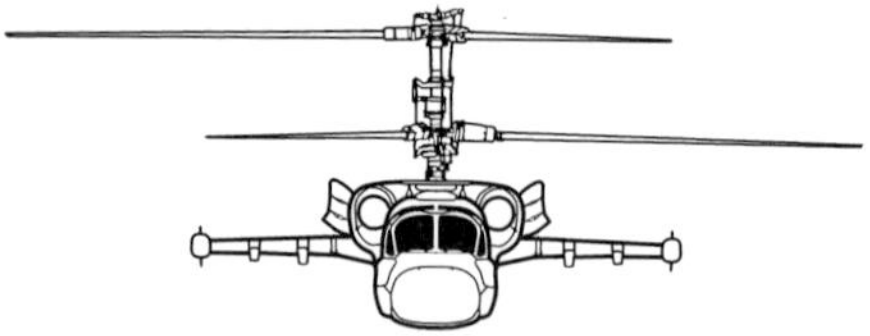

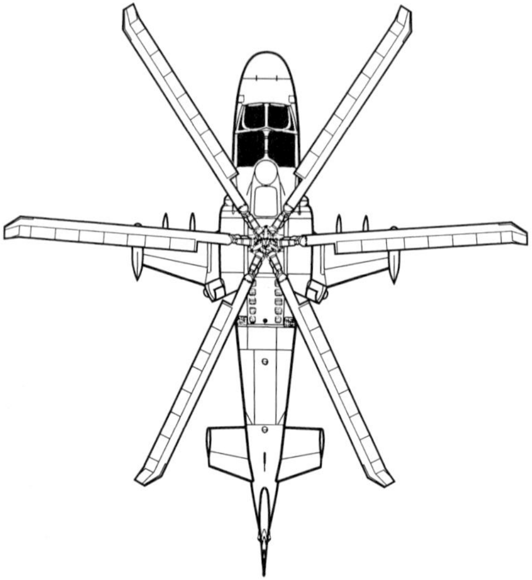

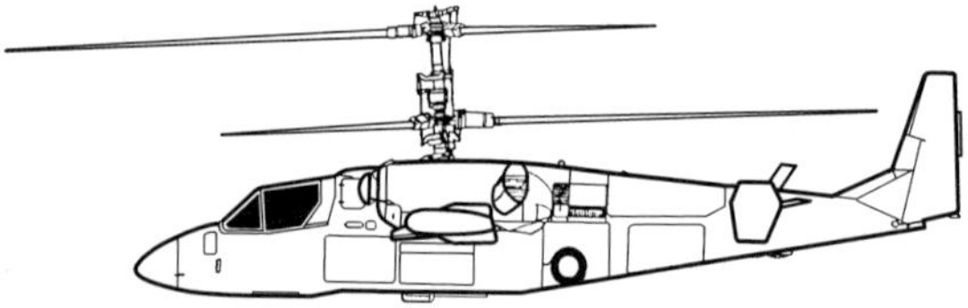

Abmessungen:
Rotordurchmesser 14,50 m
Rumpflänge bei drehenden Rotoren 15,96 m
Höhe über Rotorkopf 4,93 m.

KAMOW KA-52 ALLIGATOR

Ursprungsland: Russland.
Kategorie: Zweisitziger Kampfhubschrauber.
Triebwerke: Zwei Gasturbinen TV3-117VMA-SB3 von je 2500 WPS (1864 kW) Leistung.
Leistungen: Höchstgeschwindigkeit in einem Bahnneigungsflug 350 km/h; max. Dauergeschwindigkeit 310 km/h; max. Schrägsteiggeschwindigkeit 8 m/Sek; Dienstgipfelhöhe 5500 m; Schwebehöhe ohne Bodeneffekt 3600 m; Einsatzradius 250 km; Reichweite 460 km; Überführungsreichweite 1160 km.
Gewichte: Leergewicht 7800 kg; max. Startgewicht 10400 kg.
Bewaffnung: Eine einläufige 30-mm-Kanone Shipunow 2A42 an der rechten Rumpfseite und beispielsweise bis zu 16 Panzerabwehrlenkwaffen AT-9 Whirlwinds oder ungelenkte 80 x 80-mm- bzw. 20 x 130-mm-Raketen an vier Pylonen unter den beiden Stummelflügeln; max. Nutzlast 2300 kg.
Entwicklungsstand: Das Ausgangsmuster Ka-50 Hokum (siehe Ausgabe 1997) nahm die Flugerprobung am 27. Juli 1982 auf. Vermutlich sind an Prototypen und Serienhubschraubern gegen 20 Einheiten gebaut worden. Die Ka-52 fliegt seit 25. Juli 1997. Die russischen Streitkräfte beschaffen für Sonderaufgaben eine unbekannte Zahl, zehn davon sind bereits geliefert worden. Derzeit prüft die russische Marine die Ka-52 für Einsätze auf den neuen Hubschrauberträgern.
Bemerkungen: Die Ka-52 dient primär für Luftnahunterstützungs-Aufgaben, in zweiter Linie auch für Luftkampfeinsätze. Die Grundkonzeption aller Kamow-Hubschrauber und der koaxiale, gegenläufige Doppelrotor wurde auch vom Alligator übernommen. Cockpit, Triebwerke, Rotoren und Getriebe sind so gepanzert, dass sie einer Beschießung mit 20-mm-Geschossen standhalten können. Vermutlich als erste Helikopter der Welt, sind die einsitzige Ka-50 und die zweisitzige Ka-52 mit Schleudersitzen ausgerüstet. Vor dem Ausstieg werden die Koaxialrotoren abgesprengt. Die Ka-50N sowie die Ka-52 sind für Nacht- und Allwettereinsätze konzipiert und sind zu 80 % baugleich.
Hersteller: OKB Nikolai I. Kamow, Werk Arsenyew, Moskau, Russland.

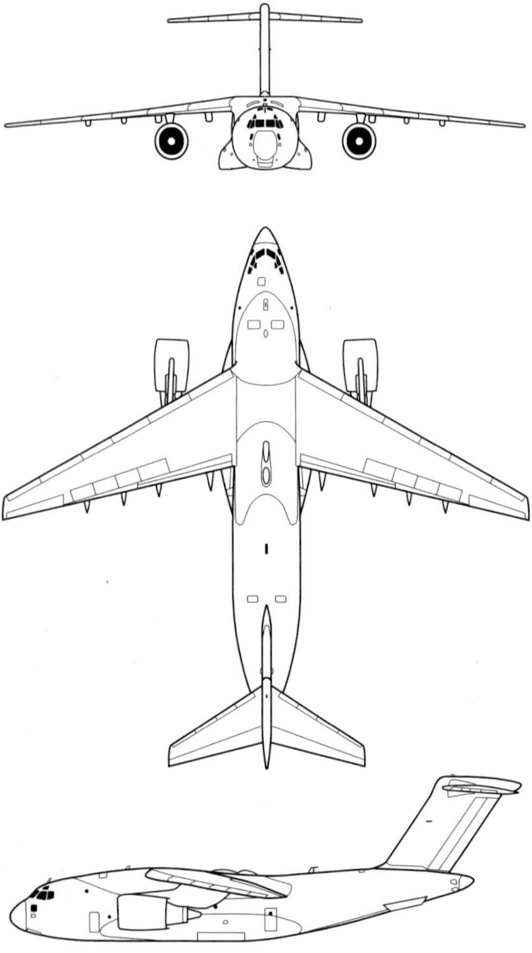

Abmessungen:
Spannweite 44,40 m
Länge 43,90 m
Höhe 14,20 m.

KAWASAKI C-X

Ursprungsland: Japan.
Kategorie: Mittelschwerer militärischer Transporter.
Triebwerke: Zwei Mantelstromtriebwerke General Electric CF6-80C2K1F von je 27150 kp (266,20 kN) Standschub.
Leistungen (nach Angaben des Herstellers): Max. Reisegeschwindigkeit 980 km/h, normale Reisegeschwindigkeit 890 km/h; Dienstgipfelhöhe 12200 m; Reichweite bei einer Nutzlast von 12000 kg 8900 km, mit max. Nutzlast 5600 km, max. Reichweite 10000 km.
Gewichte: Leergewicht 60800 kg; max. Startgewicht 141400 kg.
Zuladung: Zwei Mann Cockpitbesatzung und normal 30000 kg Fracht, max. bis zu 37000 kg.
Entwicklungsstand: Technische Probleme waren verantwortlich, dass der Prototyp die Flugerprobung erst mit zweijährige Verspätung am 26. Januar 2010 aufnahm. Zwei Prototypen werden gebaut. Bei den japanischen Streitkräften soll die C-X die Kawasaki C-1 ersetzen. 60 voraussichtlich als C-2 bezeichnete Einheiten sind geplant, welche gemäß heutiger Planung ab 2013 abgeliefert werden.
Bemerkungen: Um Synergieeffekte zu erzielen und Kosten zu sparen, wurde die C-X parallel mit der XP-1 (siehe Seiten 220/221) entwickelt. Wenn auch äußerlich wenige Gemeinsamkeiten zu erkennen sind, weisen beide Muster doch viele gleiche Komponenten auf. Dazu gehören die Grundkonstruktion des Flügels, viele Systeme und die Cockpits. Mit diesem Typ bekommen die japanischen Selbstverteidigungsstreitkräfte einen Transporter, welcher ausreichende Nutzlasten auch über strategische Distanzen verlegen kann. Dabei kann er auch auf unvorbereiteten und relativ kurzen Pisten starten und landen. Bei maximaler Nutzlast benötigt die C-X jedoch eine Startbahn von mindestens 2300 m Länge. Wie heute üblich, ist das Cockpit mit Multifunktionsbildschirmen ausgerüstet. Die Besatzung wird durch ein taktisches Flight Management System unterstützt. Die C-X kann im Fluge betankt werden. Von der C-X soll ein ziviles Frachtflugzeug YCX abgeleitet werden.
Hersteller: Kawasaki Heavy Industries, Werk Gifu, Japan.

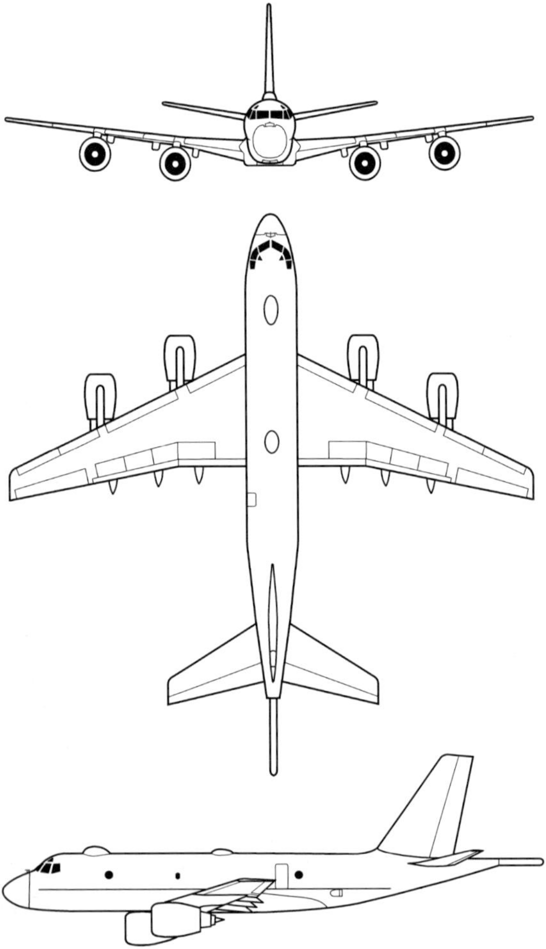

Abmessungen:
Spannweite 35,00 m
Länge 38,00 m
Höhe 12,00 m.

KAWASAKI XP-1

Ursprungsland: Japan.
Kategorie: Seeaufklärungs- und Mehrzweckkampfflugzeug.
Triebwerke: Vier Mantelstromtriebwerke Ishikawajima-Harima XF7-10 von je rund 5900 kp (58,0 kN) Standschub.
Leistungen (nach Angaben des Herstellers): Höchstgeschwindigkeit 830 km/h; Dienstgipfelhöhe 13250 m; max. Reichweite 8000 km.
Gewichte: Max. Startgewicht 80000 kg.
Zuladung: Drei Mann Cockpitbesatzung und eine noch unbekannte Zahl von Systemoperateuren.
Bewaffnung: Antischiffslenkwaffen, Tiefwasserbomben, Torpedos, Minen, Sonarbojen usw. in einem Gesamtgewicht von 9000 kg.
Entwicklungsstand: Zwei Prototypen absolvieren die Erprobung, der erste fliegt seit 28. September 2007, der zweite seit 19. Juni 2008. Die japanische Marine will etwa 90 Einheiten beschaffen, welche ab 2012 die Lockheed P-3 Orion ersetzen sollen. Vier davon sind bereits bestellt.
Bemerkungen: Obwohl äußerlich sehr unterschiedlich, ist die XP-1 der C-X (siehe Seiten 218/219) konstruktiv sehr ähnlich. Als große Innovation ist die XP-1 mit einem Flight-by-Light-System ausgerüstet. Dieses soll wesentlich schnellere Befehle ausführen und gegen elektromagnetische Felder weniger störanfällig sein. Zur Ortung von Unterseebooten wird die XP-1 mit diversen Sensoren, einem Phased Array Radar von Toshiba, magnetischen Detektoren, Infrarot-Scheinwerfersystem usw. ausgerüstet sein. Weiter sind verschiedene Systeme zum Ergreifen von elektronischen Gegenmaßnahmen vorgesehen.
Hersteller: Kawasaki Heavy Industries, Werk Gifu, Japan.

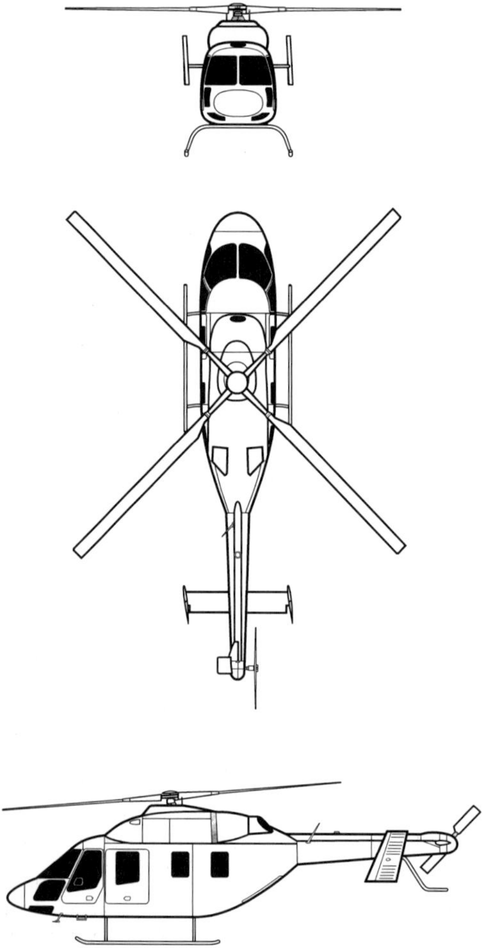

Abmessungen:
Rotordurchmesser 11,50 m
Rumpflänge einschließlich drehendem Heckrotor 11,54 m
Höhe inkl. Rotor 3,56 m.

KAZAN ANSAT

Ursprungsland: Russland.
Kategorie: Leichter ziviler und militärischer Mehrzweckhubschrauber.
Triebwerke: Zwei Gasturbinen Pratt & Whitney Canada (Serie) PW207K (Lizenzbau Klimow) von je 630 WPS (561 kW) Leistung.
Leistungen: Max. Reisegeschwindigkeit 250 km/h, normal 238 km/h; Schwebehöhe ohne Bodeneffekt 2700 m; Dienstgipfelhöhe 5700 m; Reichweite mit einer Nutzlast von 1300 kg 520 km, max. ohne Zusatztanks 635 km; max. Flugdauer 3 Std.
Gewichte: Leergewicht unter 2000 kg; max. Startgewicht 3300 kg.
Zuladung: Pilot und neun Personen; als Ambulanzhubschrauber bis zu zwei liegende Patienten und zwei Sanitäter; als Frachter normale Zuladung 1300 kg, maximal aber 1650 kg.
Entwicklungsstand: Der erste von drei Prototypen flog erstmals am 17. August 1999. Die Zulassung erfolgte Anfang 2005. Südkorea hat sechs Einheiten beschafft, die Regierung von Tatarstan eine. Die russische Grenzwacht will offenbar bis zu 100 Ansat bestellen, während die russische Luftwaffe diesen Typ als zukünftigen Trainingshubschrauber ausgewählt hat. Die ersten wurden im Oktober 2010 ausgeliefert. Bisher sind rund 30 Maschinen gebaut worden.
Bemerkungen: Mit der Ansat will die aus der ehemaligen Mil entstandene Kazan Helicopter einen Hubschrauber anbieten, welcher sämtliche internationalen Vorschriften erfüllt und sich somit in alle Länder verkaufen lässt. Er ist für die verschiedensten Einsatzzwecke geeignet und kann dafür eine Vielfalt von Zusatzgeräten mitführen. Dabei wurde auf kostengünstige Konstruktion und wirtschaftlichen Betrieb besonders geachtet. Je nach Kundenwunsch kann westliche oder russische Avionik bestellt werden. Neu will man auch eine Version mit dem russischen Triebwerk VK-800 anbieten. Der Hubschrauber ist mit einem Fly-By-Wire-System ausgerüstet, weite Teile der Struktur bestehen aus Verbundwerkstoffen. Die Ansat ist sowohl mit Kufen wie auch mit einem Radfahrwerk erhältlich. Eine Weiterentwicklung als leichter Kampf- und Aufklärungshubschrauber Ansat-2RC (siehe Ausgabe 2006) startete am 29. Juli 2005 zum Erstflug. Offenbar wird dieses Projekt aber nicht weiter verfolgt.
Hersteller: Kazan Helicopter Plant, Kazan, Russland.

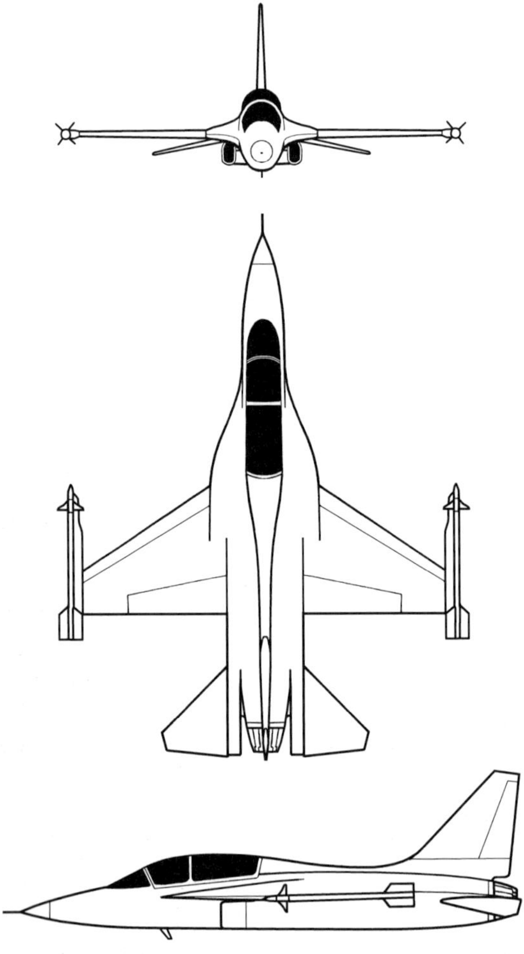

Abmessungen:
Spannweite 9,50 m
Länge 13,13 m
Höhe 4,94 m
Flügelfläche 26,60 m².

KOREAN AEROSPACE INDUSTRIES T-50/FA-50 GOLDEN EAGLE

Ursprungsland: Südkorea.
Kategorie: Zweisitziger Trainer T-50 und leichtes Mehrzweckkampfflugzeug FA-50.
Triebwerke: Ein Mantelstromtriebwerk General Electric F404-GE-402 von 5400 kp (53,9 kN) Standschub ohne und 8000 kp (78,7 kN) mit Nachverbrennung.
Leistungen: Höchstgeschwindigkeit Mach 1,4; Anfangssteiggeschwindigkeit 137 m/Sek; Dienstgipfelhöhe 14630 m; Reichweite 1850 km.
Gewichte: Leergewicht 6355 kg; max. Startgewicht ohne Außenlasten 8890 kg, mit Außenlasten 13485 kg.
Bewaffnung: Eine dreiläufige 20-mm-Kanone M61A2 im Vorderrumpf mit Austrittsöffnung unter der linken Flügelvorderkante. An sieben Aufhängepunkten, einem unter dem Rumpf, vier unter den Flügeln und zwei an den Flügelenden Luft-Luft- bzw. Luft-Boden-Lenkwaffen sowie Bomben aller Art.
Entwicklungsstand: Der erste von vier Prototypen hatte am 20. August 2002 seinen Erstflug. Bisher bestellte die koreanische Luftwaffe 50 T-50A als Fortgeschrittenentrainer und 10 T-50B für ihre Kunstflugstaffel. Weitere 22 Jagdflugzeugtrainer TA-50A (Erstflug 29. August 2003) sind bestellt. Später plant man bis zu 150 leichte Kampfflugzeuge FA-50 zu beschaffen; Ablieferung ab 2013 vorgesehen. Vier davon sind 2009 in Auftrag gegeben worden. Mitte 2010 waren alle 50 T-50A gebaut.
Bemerkungen: Korean Aerospace wurde bei der Entwicklung dieses Musters von Lockheed Martin unterstützt. Das amerikanische Werk zeichnete sich für die Entwicklung des Flügels, der Flugkontrollsysteme sowie für die Avionik verantwortlich. Neuesten unbestätigten Informationen zufolge sind derzeit vier Ausführungen vorgesehen: Der Fortgeschrittenentrainer T-50A, die für Kunstflugeinsätze optimierte T-50B, einen Waffentrainer TA-50A mit einem Bordradar APG-67. Freigegeben wurde 2009 die Entwicklung des leichten Mehrzweckjägers FA-50, versehen mit einem leistungsfähigeren Bordradar APG-67, Kampfelektronik und größerer Treibstoffkapazität. Der Erstflug dieser Variante soll 2011 stattfinden. Konstruktiv unterscheiden sich die verschiedenen Ausführungen kaum voneinander, sondern nur durch ihre Ausrüstung. Alle verfügen über ein Fly-By-Wire-Steuerungssystem und Cockpitausrüstung mit HUD.
Hersteller: Korean Aerospace Industries (KAI), Inchon, Werk Sachon, Republik Südkorea.

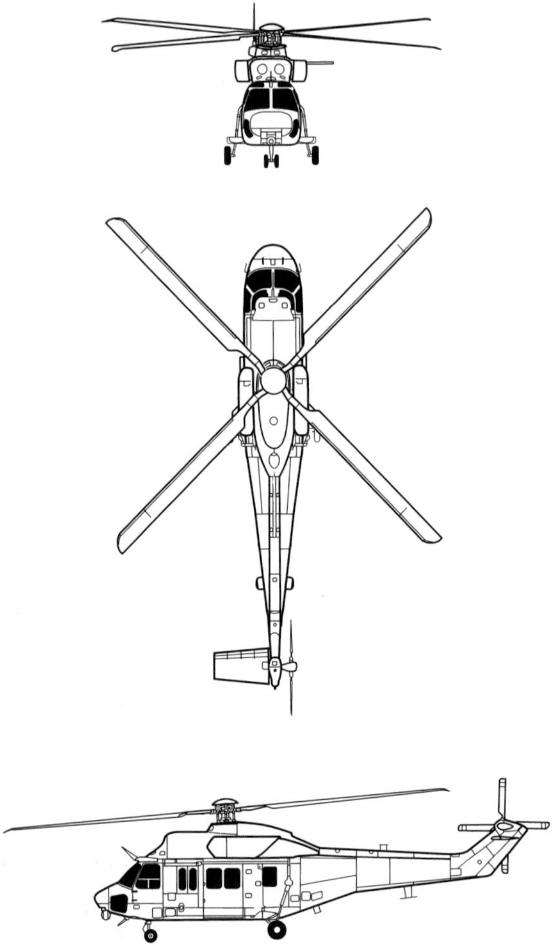

Abmessungen:
Rotordurchmesser 15,80 m
Rumpflänge inkl. Rotor 19,02 m
Höhe über Heckrotor 5,01 m.

KOREAN AEROSPACE KUH (SURION)

Ursprungsland: Südkorea.
Kategorie: Mittelschwerer Mehrzweckhubschrauber für militärische Aufgaben.
Triebwerke: Zwei Gasturbinen General Electric TE700-GE-701 von je 2413 WPS (1800 kW) Leistung.
Leistungen (vorläufige Angaben): Höchstgeschwindigkeit 298 km/h; max. Reisegeschwindigkeit 266 km/h; Dienstgipfelhöhe 2800 m+; Reichweite mit max. interner Treibstoffzuladung rund 525 km; Flugdauer 2,77 Std.
Gewichte: Leergewicht 4973 kg; Startgewicht 8709 kg, max. 8936 kg.
Zuladung: Zwei Piloten und 16 Passagiere bzw. 10 vollausgerüstete Soldaten oder sechs Verletzte auf Tragen; Nutzlast intern 3700 kg, extern 2722 kg.
Bewaffnung: Zwei 7,62 mm-Maschinengewehre an den Seitentüren sowie an Stummelflügeln 20 mm-Kanonenbehälter oder Werfer für ungelenkte Raketen.
Entwicklungsstand: Der erste von drei Prototypen wurde am 31. Juli 2009 vorgestellt und absolvierte seinen Erstflug am 10. März 2010. Die südkoreanischen Streitkräfte wollen rund 245 KUH's als neuen Standardhubschrauber beschaffen. Ein Export ist ebenfalls vorgesehen. Mit den Auslieferungen soll 2012 begonnen werden.
Bemerkungen: Mit der KUH lanciert der koreanische Hersteller seinen ersten, weitgehend in Eigenregie entwickelten Hubschrauber. Technisch arbeitet man mit Eurocopter zusammen. Von diesem Hersteller stammt das Getriebe, der Rotormast und der Autopilot. Angesiedelt in der Klasse von EC 175 bzw. S-70 (siehe Seiten 170/171 bzw. 288/289) oder AW 139 (siehe Seiten 22/23) weist sie alle konstruktiven Merkmale von modernen Hubschraubern auf. Die Surion ist mit einem Festfahrwerk ausgerüstet. Details der Ausrüstungselektronik sind noch nicht bekannt. Später sollen von diesem Muster weitere Versionen abgeleitet werden, allenfalls sogar eine Kampfhubschrauber-Version mit Tandem-Sitzen.
Hersteller: Korea Aerospace Industries Ltd. (KAI), Inchon, Werk Sachon, Republik Südkorea.

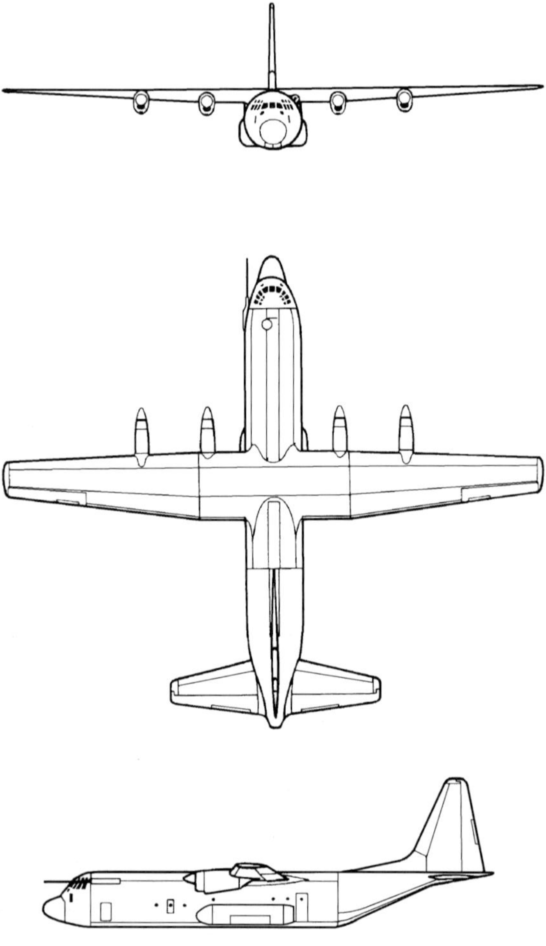

Abmessungen:
Spannweite 40,41 m
Länge (C-130J) 29,79 m, (C-130J-30) 34,36 m
Höhe 11,71 m
Flügelfläche 162,12 m^2.

LOCKHEED MARTIN C-130J HERCULES II

Ursprungsland: USA.
Kategorie: Mittelschwerer militärischer und ziviler Transporter.
Triebwerke: Vier Propellerturbinen Allison AE2100 von je 6000 WPS (4500 kW) reduziert auf 4640 WPS (3460 kW) Leistung.
Leistungen: Max. Reisegeschwindigkeit 645 km/h, norm. Reisegeschwindigkeit 556 km/h; Anfangssteiggeschwindigkeit 10,7 m/Sek; Dienstgipfelhöhe 9315 m; Reichweite mit einer Nutzlast von 21625 kg über 2600 km, mit 18144 kg 5250 km.
Gewichte: Rüstgewicht (J) 34274 kg, (J-30) 35965 kg; max. Abfluggewicht 79380 kg.
Zuladung: Zwei Piloten und eine Nutzlast von 22000 kg.
Entwicklungsstand: Die erste C-130J fliegt seit 5. April 1996. Bisher haben 16 verschiedene Luftwaffen insgesamt 273 Maschinen dieser Version erworben. Am 23. September 2010 wurde die 200. C-130J abgeliefert. Hauptbesteller sind: RAF 25, RAAF 12 C-130J-30, Italien 22 C-130J/-30, Kanada 17. Die USA haben für USAF, USMC und USCG bisher 189 Maschinen der unterschiedlichen Versionen erworben. Rund 110 davon sind bereits abgeliefert. Neueste Auftraggeber für die C-130J: Israel 1, Oman 2 Nachbestellungen, Tunesien 2. Kuwait erhält 3 Tanker KC-130J. Seit 2010 werden jährlich 24 Maschinen gebaut.
Bemerkungen: Die Version C-130J ist gegenüber der bisherigen C-130H in wesentlichen Teilen überarbeitet und verbessert worden. Eine Vielzahl von Varianten ist gebaut oder geplant: Transportversionen C-130J bzw. C-130J-30, die sich hauptsächlich durch die unterschiedliche Rumpflänge unterscheiden, Such- und Rettungsversion HC-130J für die USCG, WC-130J-Wetterflugzeuge der USAF, KC-130J für das USMC und eine umgebaute C-130J der italienischen Luftwaffe. Das USMC will einige KC-130J, neu ergänzt mit einer 30-mm-Kanone zu Mini-Gunships umbauen. Neu bestellte die USAF eine Version HC/MC-130J für Spezialeinsätze. Bei einem Bedarf von bis zu 115 Maschinen sind bisher 22 bestellt worden (Erstflug am 29. Juli 2010).
Hersteller: Lockheed Martin Marietta Corp., Marietta, Georgia, USA.

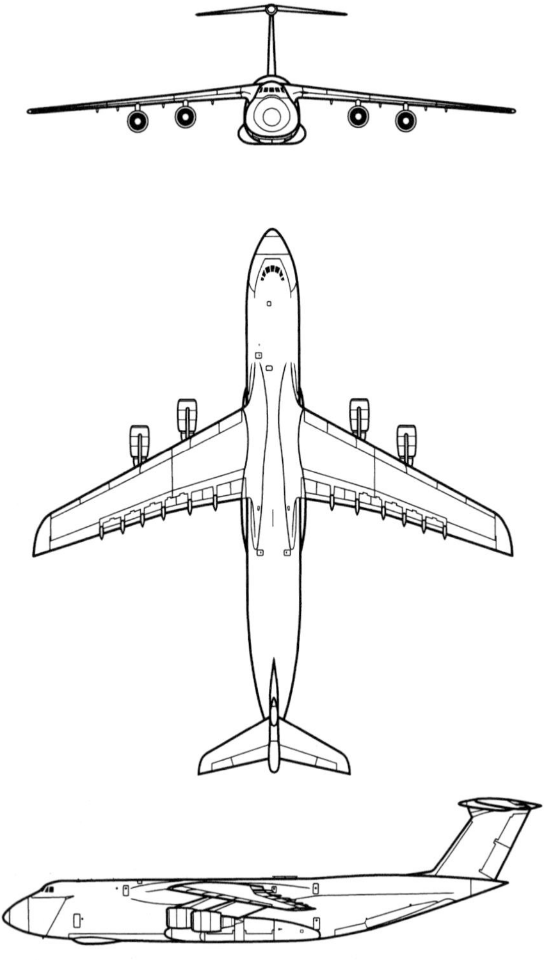

Abmessungen:
Spannweite 67,88 m
Länge 75,53 m
Höhe 19,34 m
Flügelfläche 575,98 m².

LOCKHEED C-5M GALAXY

Ursprungsland: USA.
Kategorie: Schwerer strategischer Transporter.
Triebwerke: Vier Mantelstromtriebwerke General Electric CF6-80C2 von je rund 22680 kp (222,41 kN) Standschub.
Leistungen: Höchstgeschwindigkeit 919 km/h auf 7620 m, Reisegeschwindigkeit 880 km/h auf 7620 m; Anfangssteiggeschwindigkeit 13,80 m/Sek; Dienstgipfelhöhe 10900 m; Reichweite mit einer Nutzlast von 55000 kg 9700 km.
Gewichte: Rüstgewicht rund 170000 kg; max. Startgewicht 381018 kg.
Zuladung: Zwei Mann Cockpitbesatzung plus 15 Personen im Kabinenvorderteil und 75 Personen in der rückwärtigen Kabine. Im Frachtraum lassen sich entweder 270 Sitzplätze auf Paletten installieren oder Fahrzeuge und Frachtstücke bis zu einem Gewicht von 129274 kg aufnehmen.
Entwicklungsstand: Die C-5A fliegt seit 1968, die verbesserte Ausführung C-5B seit 1985. Insgesamt wurden 81 C-5A und 50 C-5B gebaut. Am 19. Juni 2006 startete die erste mit neuen Triebwerken ausgerüstete C-5M zum Erstflug. Neuesten Entscheiden zufolge sollen nur noch alle 50 C-5B in die C-5M umgebaut werden, nicht aber die C-5A. Die ersten so umgebauten Maschinen liefen Ende 2010 der USAF zu.
Bemerkungen: Die mittlerweile in die Jahre gekommene Galaxy ist aus strategischen Gründen weiterhin ein wichtiger Bestandteil der US-Luftwaffe. Da kein Ersatzmuster geplant ist, sind nun durch Umbauten einige wesentliche Verbesserungen vorgesehen. Dies geschieht in Etappen. Eine erste umfasst die Avionik, wobei primär das Cockpit u.a. mit Flachbildschirmen von Honeywell ausgerüstet und auf Zweimann-Bedienung umgestellt wird. Auch das Navigations- und Kommunikationssystem ist neu und umfasst GPS, Satcom- und VHF-Datenlink. Eine erste entsprechend umgebaute Galaxy fliegt seit 21. Dezember 2002. In einer zweiten Phase werden primär neue, wesentlich leistungsfähigere Triebwerke GE CF6-80C2 eingebaut. Damit verbessern sich insbesondere die Start- und Steigleistungen. Auch die Anfangsdienstgipfelhöhe ist höher. Alle Maßnahmen zusammen sollen zudem zu einer wesentlich besseren Zuverlässigkeit der Systeme führen.
Hersteller: Lockheed Martin Marietta Corp., Marietta, Georgia, USA.

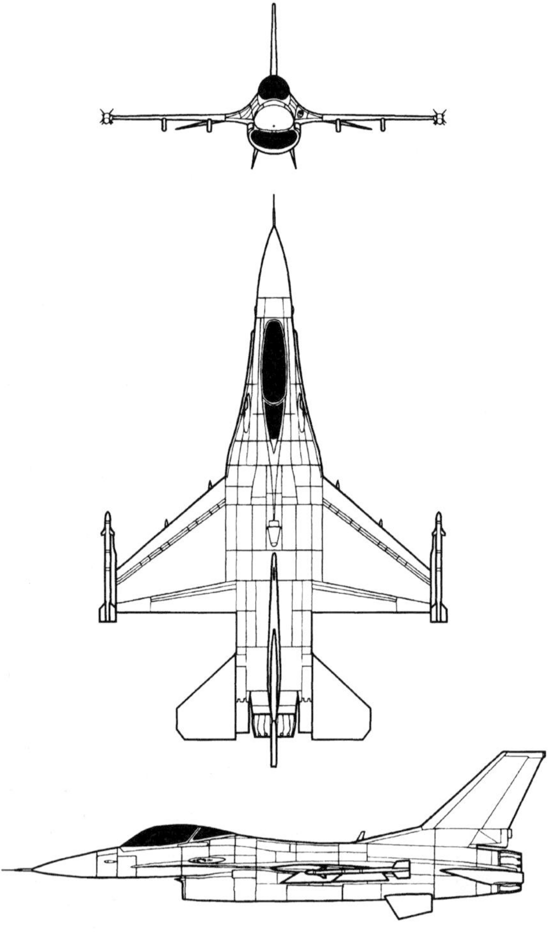

Abmessungen:
Spannweite 9,45 m
Länge 15,03 m
Höhe 5,09 m
Flügelfläche 27,87 m².

LOCKHEED MARTIN F-16C/D FIGHTING FALCON

Ursprungsland: USA.
Kategorie: Einsitziger Mehrzweckjäger (F-16C) und zweisitziger operationeller Trainer (F-16D).
Triebwerke: Ein Mantelstromtriebwerk Pratt & Whitney F100-PW-229 von 8075 kp (79,20 kN) Standschub ohne und 13420 kp (131,60 kN) mit Nachbrenner bzw. General Electric F110-GE-129 von 8043 kp (78,90 kN) Standschub ohne und 13420 kp (131,60 kN) mit Nachbrenner.
Leistungen: Kurzzeitig erreichbare Höchstgeschwindigkeit 2145 km/h auf 12190 m (Mach 2,02), andauernde Höchstgeschwindigkeit 2007 km/h (Mach 1,89); Dienstgipfelhöhe 15240 m; (Block 50/52) taktischer Einsatzradius mit sechs 227-kg-Bomben 580 km; Überführungsreichweite mit Zusatztanks 3943 km.
Gewichte: Leergewicht 9207 kg; max. Startgewicht 19187 kg.
Bewaffnung: Eine sechsläufige 20-mm-Revolverkanone M61A-1 und, als Abfangjäger, bis zu sechs Luft-Luft-Lenkwaffen AIM-9L/M oder AIM-120, als Erdkämpfer bis zu 5638 kg Außenlasten.
Entwicklungsstand: Die F-16C/D Block 50/52 befindet sich seit 1991 im Einsatz. Die als F-16E/F (siehe Ausgabe 2008) bezeichneten Modelle des Blocks 60 sind an den einzigen Besteller UAE alle abgeliefert worden. Von allen Ausführungen hat Lockheed Martin bisher fast 4400 Einheiten für 25 Luftwaffen hergestellt. Aufgrund der sinkenden Nachfrage wurde die Produktion pro Jahr auf 20 Einheiten reduziert. Neueste Nachbestellungen: Ägypten 20 F-16C/D Block 52, Irak voraussichtlich 18 F-16IQ.
Bemerkungen: Gegenwärtig werden die Blöcke 50/52 abgeliefert. Neu beschaffte F-16 C/D können mit einer Mehrzahl optionaler Zusatzsysteme ausgerüstet werden. Beispiele sind: Vektorsteuerung des Triebwerks, Cockpit mit Helmdisplay, Mitführen von allwettertauglichen Standoff-Waffen wie die AGM-84E Standoff-Land-Attack-Lenkwaffe oder die AGM-142 Popeye II-Bombe. Neu wird auch ein Mikrowellen-Landesystem angeboten, welches den Endanflug wesentlich erleichtert. Eine F-16 hat kürzlich damit sogar eine automatische Landung ohne Einwirken des Piloten absolviert. Ältere Modelle können mit einem Active Combat Radar von Raytheon nachgerüstet werden.
Hersteller: Lockheed Martin Marietta Corp., Fort Worth Division, Fort Worth, Texas, USA.

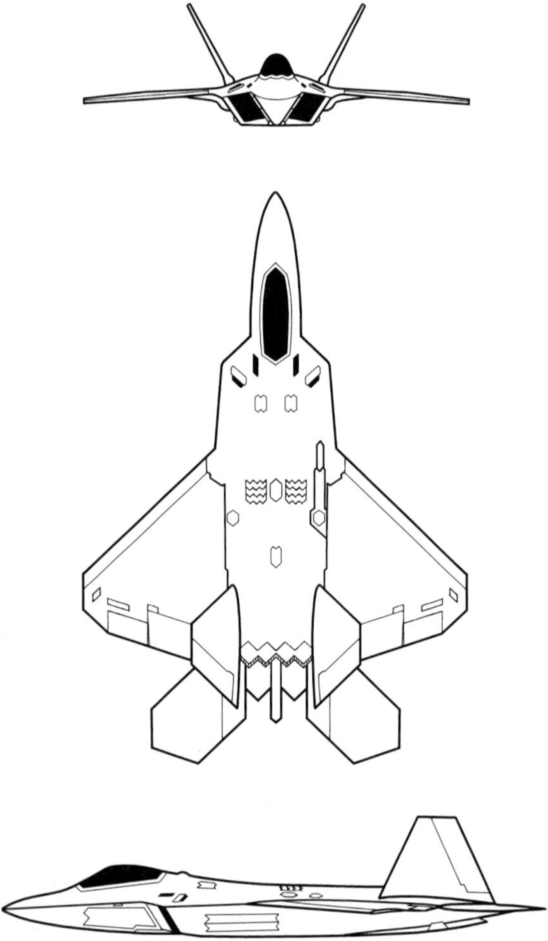

Abmessungen:
Spannweite 13,56 m
Länge 18,87 m
Höhe 5,05 m
Flügelfläche 78,04 m².

LOCKHEED MARTIN/BOEING F/A-22 RAPTOR

Ursprungsland: USA.
Kategorie: Luftüberlegenheits- und Mehrzweckkampfflugzeug.
Triebwerke: Zwei Mantelstromtriebwerke Pratt & Whitney F119-PW-100 von je 11900 kp (116 kN) Standschub ohne und 15900 kp (156 kN) mit Nachverbrennung und schwenkbarem Triebwerkstrahl.
Leistungen: Höchstgeschwindigkeit in geringer Höhe 1470 km/h (Mach 1,20) oder 1915 km/h über 10975 m (Mach 1,85+); max. Dauergeschwindigkeit 1595 km/h über 10975 m (Mach 1,50+); Dienstgipfelhöhe 16700+ m; Aktionsradius mit interner Treibstoffzuladung und voller Zahl Luft-Luft-Lenkwaffen 1450 km.
Gewichte: Leergewicht 19493 kg; max. Startgewicht 36288 kg.
Bewaffnung: Eine sechsläufige 20- mm-Revolverkanone M61A2 und zwei Kurzstrecken-Luft-Luft-Lenkwaffen AIM-9 je in einem separaten Schacht seitlich am Rumpf sowie bis zu sechs Mittelstrecken-Luft-Luft-Lenkwaffen AIM-120 im zentralen Waffenschacht. Für Erdkampfeinsätze können darin auch spezielle 450-kg-Bomben sowie Lenkwaffen oder Zusatztanks an vier Aufhängungen unter den Flügeln mitgeführt werden; max. Außenlasten 2270 kg.
Entwicklungsstand: Der Serienprototyp der F-22 startete am 7. September 1997 zum Erstflug, das erste Serienflugzeug am 16. September 2002. Die Trainingseinheit hat im September 2003 die ersten F-22 Raptor erhalten. 2005 folgte die erste Einsatzstaffel. 2011 wird die Produktion nach Ablieferung der 187. Raptor eingestellt.
Bemerkungen: Die Raptor ist auch für Tiefangriffe ausgelegt und kann entsprechende Munition in den Waffenschächten, als auch an Aufhängepunkten unter den Flügeln mitführen. Deshalb hat man die ursprünglich als F-22 bezeichnete Raptor neu auf F/A-22 umbenannt. Stealth-Eigenschaften, hohe, kaum Einschränkungen unterworfene Wendigkeit, modernste Kampfelektronik mit AESA-Radar und die Fähigkeit, ohne Nachbrenner eine Dauergeschwindigkeit von Mach 1,58 zu erzielen, machen die Raptor zum derzeit leistungsfähigsten Jagdflugzeug der Welt. Derzeit wird eine Aufdatierung des Radars erprobt, welches die F/A-22 im Rahmen von Nachrüstungen erhalten sollen.
Hersteller: Lockheed Martin Marietta Corp., Marietta, Georgia und Boeing Military Airplanes, Seattle, Washington, USA.

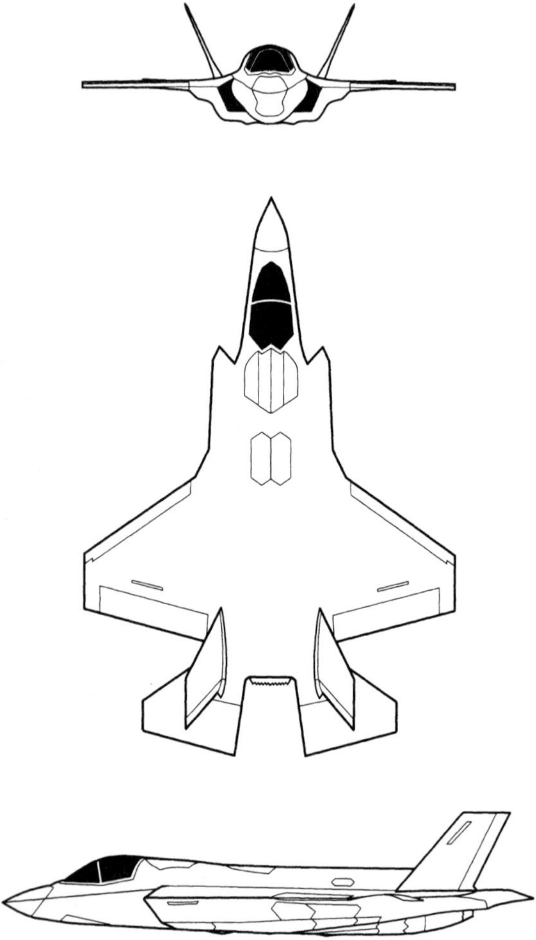

Abmessungen:
Spannweite 10,67 m
Länge 15,61 m
Flügelfläche 42,70 m².

LOCKHEED MARTIN F-35A/B Lightning II

Ursprungsland: USA.
Kategorie (F-35A): Landgestütztes bzw. (F-35B) bordgestütztes STOVL-Mehrzweckkampfflugzeug.
Triebwerke: Ein Mantelstromtriebwerk Pratt & Whitney F135 von 10615 kp (104,10 kN) ohne und 18487 kp (181,30 kN) mit Nachbrenner oder als Alternative General Electric/Rolls Royce F136 mit etwa gleichen Leistungen.
Leistungen (geschätzt): Höchstgeschwindigkeit etwa Mach 1,6; Dienstgipfelhöhe 15240 m+; Aktionsradius mehr als (F-35A) 1100 km (F-35B) 830 km.
Gewichte (F-35A/B): Leergewicht 11370/14588 kg; max. Startgewicht 22280 kg.
Bewaffnung: Eine 27-mm-Mauserkanone BK-27 und ca. 7000 kg Waffen.
Entwicklungsstand: Das erste weitgehend der Serienausführung entsprechende Muster F-35AA-1 nahm die Flugerprobung am 15. Dezember 2006 auf. Am 14. November 2009 folgte das erste eigentliche Serienflugzeug AF-1. Bis Ende 2010 folgten weitere sechs. Die USAF will heutigen Plänen zufolge 1763 F-35A Lightning II beschaffen (23 bisher bestellt). Italien plant 131 Einheiten zu erwerben. Israel hat bisher 45 Einheiten bestellt, Australien 14 von geplanten 75 und die Türkei wird 100 F-35A beschaffen. Die erste X-35B flog erstmals am 24. Juni 2001. Mittlerweile fliegen vier F-35B. Nach dem Verzicht Großbritannien auf diese Version wird vorläufig nur noch das USMC ab 2012 340 Lightning II beschaffen. Das gesamte Programm leidet weiterhin wegen technischer Mängel unter großen zeitlichen Verzögerungen und massiven Kostenüberschreitungen.
Bemerkungen: Die F-35A ist für Landeeinsätze ab normalen Flugpisten vorgesehen. Allen drei Ausführungen F-35A (s. Fotos), F-35B (s. Dreiseitenriss) und F-35C (siehe Seiten 238/239) gemeinsam sind der Rumpf, die Seitenleitwerke und das Höhenleitwerk. Konstruktiv werden die drei zu weiten Teilen gleich sein. Das Cockpit neuester Technologie weist hoch auflösende Bildschirme auf. Viele Funktionen lassen sich durch Sprachbefehle oder via Pilotenhelm-Display steuern. Neu wird ab den Modellen des sog. Blocks 3 anstelle des synthetischen Normalband-Bordradars ein Breitband-Bordradar eingebaut. Bei der STOVL-Version F-35B ist das Triebwerk mit einem durch eine Gelenkwelle verbundenen Lift-Fan ausgerüstet, mit Einlassöffnung und Austrittsdüse unten am vorderen Teil des Rumpfs. Zudem lässt sich der Heckteil des Triebwerks um bis zu 90° nach unten schwenken.
Hersteller: Lockheed Martin Marietta Corp., Marietta, Georgia, Werk Fort Worth, Texas, USA.

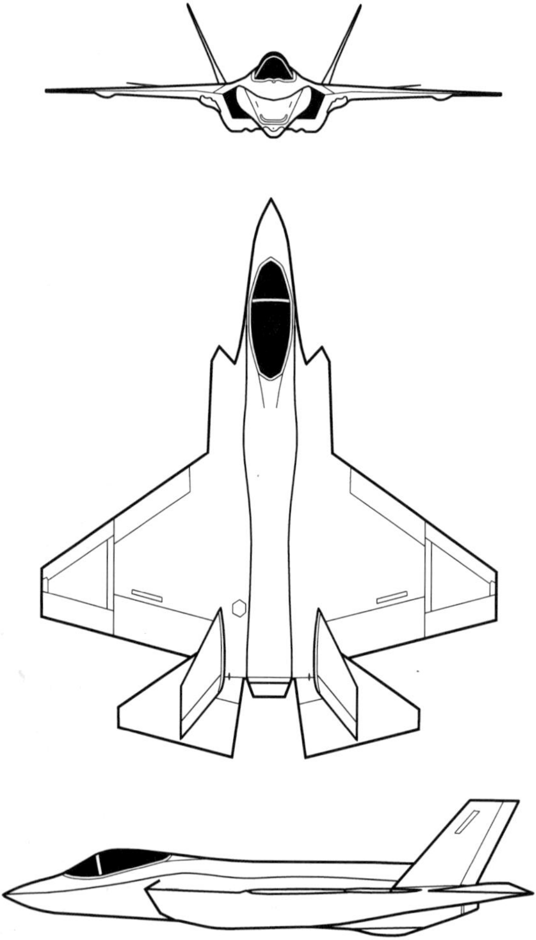

Abmessungen:
Spannweite 13,11 m
Länge 15,67 m
Flügelfläche 62,06 m².

LOCKHEED MARTIN F-35C Lightning II

Ursprungsland: USA.
Kategorie: Bordgestütztes CTOL-Mehrzweckkampfflugzeug.
Triebwerke: Ein Mantelstromtriebwerk Pratt & Whitney F135 von 10615 kp (104,10 kN) ohne und 18487 kp (181,30 kN) mit Nachbrenner oder als Alternative General Electric/Rolls Royce F136 mit etwa gleichen Leistungen.
Leistungen (geschätzt): Höchstgeschwindigkeit etwa Mach 1,6 mit voller interner Waffenlast; Dienstgipfelhöhe 15240 m+; Aktionsradius mehr als 1185 km.
Gewichte: Leergewicht 14478 kg; max. Startgewicht 22280 kg.
Bewaffnung: Eine 27-mm-Mauserkanone BK-27 und ca. 7000 kg Waffen, ein Teil davon im internen Schacht an der Rumpfunterseite.
Entwicklungsstand: Die erste F-35C hat die Flugerprobung am 6. Juni 2010 aufgenommen. Von dieser Version sind insgesamt fünf Prototypen geplant. Auch dieses Programm leidet unter massiven Verspätungen und Kostenüberschreitungen. Es ist vorgesehen, dass die USN erst ab 2015 340 F-35C beschafft. Eventuell wird Großbritannien in Abänderung des ursprünglichen Plans nicht die F-35B, sondern nur noch F-35C bestellen, aber in reduzierter Zahl.
Bemerkungen: Als letzte der drei Versionen folgt die F-35C für die USN. Die konventionell startende und landende F-35C verzichtet auf Schwenkmechanismus und Lift-Fan der F-35B, erhält aber für den Einsatz ab Flugzeugträgern einen optimierten Flügel, der sich zum besseren Verstau an den Enden einklappen lässt. Die Spannweite ist um ganze 2,44 m größer und die Fläche nimmt um rund 50% zu. Auch der Klappenmechanismus wurde verändert. Damit werden deutlich bessere Start- und Landeeigenschaften erzielt. Dadurch aber auch dank einem auf 8958 kg erhöhten Treibstoffvorrat erzielt die F-35C größere Reichweiten. Zu 90% weist sie aber mit der F-35A und der F-35B Teilegleichheit auf. Insbesondere die Avionik ist bei allen genau gleich. Gegenwärtig prüft die USN, ob aus der F-35C später noch eine Ausführung als Elektronikkampfflugzeug abgeleitet werden kann.
Hersteller: Lockheed Martin Marietta Corp., Marietta, Georgia, Werk Fort Worth, Texas, USA.

Abmessungen:
Spannweite (MiG-29SMT/MiG-35) 11,41 m, (MiG-29K) 11,99 m
Länge 17,16 m
Höhe 4,36 m
Flügelfläche (MiG-29SMT/MiG-35) 38,00 m², (MiG-29K) 42,00 m².

MIKOJAN MIG-29SMT/MIG-29K

Ursprungsland: Russland.
Kategorie: Ein- oder zweisitziges Mehrzweckkampfflugzeug.
Triebwerke: Zwei Mantelstromtriebwerke (MiG-29SMT) Klimow/Sarkisow RD-33 Serie 3/RD-33MK von je 5035 kp (49,40 kN) Standschub ohne und 9300 kp (91,00 kN) mit Nachbrenner.
Leistungen (MiG-29SMT): Höchstgeschwindigkeit mit vier Luft-Luft-Lenkwaffen 2445 km/h auf 11000 m (Mach 2,3) oder 1500 km/h auf Meereshöhe (Mach 1,3); max. Anfangssteiggeschwindigkeit 330 m/Sek; Dienstgipfelhöhe 17700 m; Einsatzradius (Abfangmission mit 1500-l-Zusatztanks und vier Luft-Luft-Lenkwaffen) 1015 km; max. Reichweite mit drei Zusatztanks 3500 km.
Gewichte (-29SMT/-35): Norm. Startgewicht 16200/17500 kg; max. Startgewicht 20600/23500 kg.
Bewaffnung: Eine 30-mm-Revolverkanone GSh-301 und eine maximale Waffenlast von 4500 kg an zehn Außenstationen.
Entwicklungsstand: Die Umbauversion MiG-29SMT fliegt seit 20. April 1998. 200 ältere Versionen der russischen Luftwaffe sollen entsprechend modifiziert werden. Die MiG-35 wurde erstmals im August 2005 vorgestellt. Rund 1600 MiG-29 aller Versionen sind für etwa 30 Luftwaffen hergestellt worden. Jüngste Bestellungen: Myanmar 20 MiG-29SMT, Russland 34 MiG-29SMT-2 (ex. Algerien). Die indische Marine hat ihren Auftrag für die MiG-29K/KUB von 16 auf 45 erhöht. Die in Ausgabe 2010 letztmals vorgestellte MiG-35 wird offenbar nicht mehr weiterverfolgt.
Bemerkungen: Merkmale der MiG-29SMT sind u.a.: Neues Kampfradar N-019, Head-Up-Display, MIL-STD-1553 Databus sowie Cockpit mit multifunktionalen Flachbildschirmen. Ein Satteltank hinter dem Cockpit ermöglicht zudem bessere Reichweitenleistungen. Die einsitzige Trägerversion MiG-29K (siehe Dreiseitenriss) bzw. der Doppelsitzer MiG-29KUB basieren auf der MiG-29SMT, sind aber u.a. mit vergrößerten Faltflügeln und verstärktem Fahrwerk ausgerüstet. Die Steuerung erfolgt via digitalem Dreifach-Fly-By-Wire-System.
Hersteller: Russian Aircraft Corporation MiG und MAPO, Moskau, Russland.

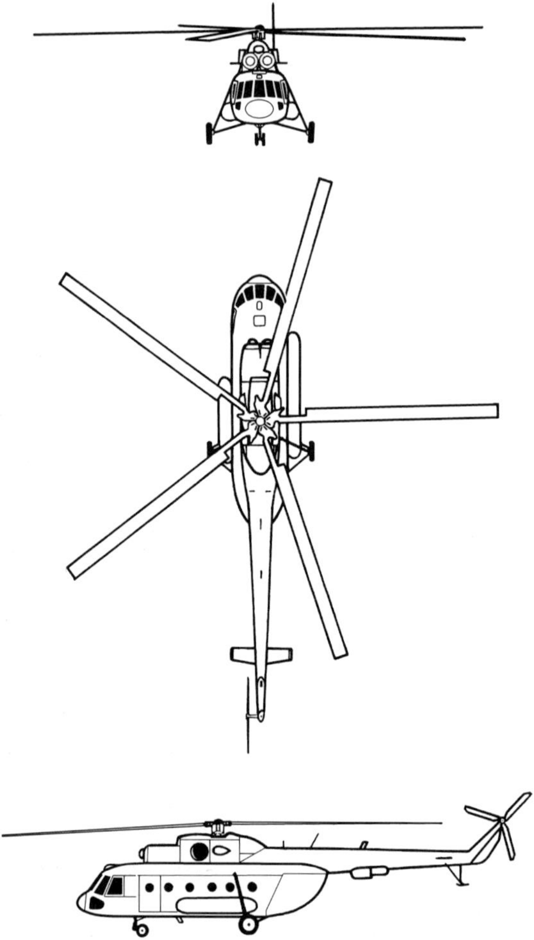

Abmessungen:
Rotordurchmesser 21,29 m
Rumpflänge ohne rotierenden Heckrotor 18,50 m
Höhe inkl. Rotorkopf 4,75 m.

MIL/KAZAN MI-17V5/171/172

Ursprungsland: Russland.
Kategorie: Mittelschwerer militärischer und ziviler Mehrzweckhubschrauber.
Triebwerke: Zwei Gasturbinen Klimow TV3-117VM von je 2200 WPS (1620 kW) Leistung.
Leistungen: Höchstgeschwindigkeit in 1000 m 250 km/h; bei max. Startgewicht 230 km/h; Reisegeschwindigkeit 220 km/h; Dienstgipfelhöhe 6000 m; Schwebehöhe mit Bodeneffekt 4000 m, ohne Bodeneffekt 1760 m; Reichweite mit normaler Zuladung 500 km, mit vier externen Zusatztanks bis zu 1600 km.
Gewichte: Rüstgewicht 7100 kg; normales Startgewicht 11000 kg, maximal 13000 kg.
Zuladung: Zwei Piloten im Cockpit und bis zu 36 Soldaten bzw. 40 Passagiere; max. Nutzlast intern 4000 kg, extern 5000 kg.
Entwicklungsstand: Ein Prototyp der Version MD fliegt seit 1995. Die Mi-17 in ihren verschiedenen Ausführungen erfreut sich weiterhin großer Nachfrage, sowohl von militärischen Stellen als auch von zivilen Nutzern. Deshalb wurde die Jahresproduktion auf über 60 Einheiten erhöht. Neueste Aufträge u.a.: Argentinien 2, Indien weitere 59 zu den 80 bereits bestellten, Peru 6, Polen 5, UTair 40. Von allen Typen der Mi-8/-17-Familie sind mittlerweile rund 13000 Exemplare gebaut worden. Nachdem die VR China bereits etwa 250 Mi-8/17 beschafft hat, wird dieser Typ seit 2008 in China in Lizenz hergestellt.
Bemerkungen: Dieses Erfolgsmodell soll über die derzeit produzierten Varianten Mi-17V5 bzw. Mi-171/172 hinaus weiter entwickelt werden. Unter den Bezeichnungen Mi-171M (Militärversion) und Mi-171A2 (Zivilversion) plant Mil eine Version, welche mit der Mi-38 (siehe Seiten 248/249) Triebwerke, Getriebe und Rotor gemeinsam hat und weitere Verbesserungen aufweist. Darüber hinaus steht die Mi-8M in Entwicklung. Nebst dank leistungsstärkeren Triebwerken besseren Leistungsdaten, wird sie über ein Zweimanncockpit, Rotorblätter aus Verbundwerkstoff, leiserem Heckrotor in X-Form usw. verfügen.
Hersteller: Mil/Kazan Helicopters, Moskau/Kazan, Werke Ulan-Ude und Tatarstan, Russland.

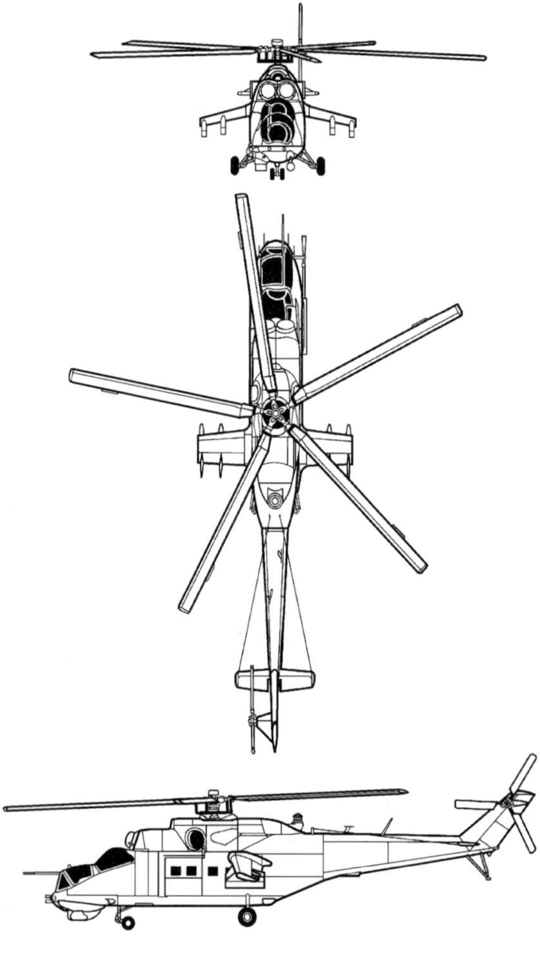

Abmessungen (Mi-35M):
Rotordurchmesser 17,20 m
Rumpflänge 18,57 m
Höhe inkl. Rotor 5,00 m.

MIL MI-24/35M

Ursprungsland: Russland.
Kategorie: Schwerer Kampf- und Mehrzweckhubschrauber.
Triebwerke (Mi-35M): Zwei Gasturbinen Klimow TM3-117VMA von je 2225 WPS (1659 kW) Leistung.
Leistungen (Mi-35M): Höchstgeschwindigkeit über Grund 310 km/h; Marschgeschwindigkeit 260 km/h; max. Steigrate 12,4 m/Sek; Dienstgipfelhöhe 5750 m; Schwebehöhe ohne Bodeneffekt 3100 m; Reichweite 500 km, Überführungsreichweite mit Zusatztanks 1000 km.
Gewichte (Mi-35M): Leergewicht 8050 kg; max. Startgewicht 11500 kg.
Zuladung: Pilot und Waffenoperateur im Cockpit und bis zu acht Personen in der Kabine.
Bewaffnung (Mi-35M): Wahlweise eine doppelläufige 23- oder einläufige 30-mm-Kanone GSh-23V unten am Vorderrumpf und Waffen bis zu 1000 kg an acht Aufhängepunkten unter den Stummelflügeln.
Entwicklungsstand: Eine zum Prototypen Mi-35M umgebaute Mi-24 fliegt seit 1995. Die verbesserte Ausführung Mi-24 Mk. V Superhind nahm die Flugerprobung 2006 auf. Nebst laufenden Umbauprogrammen werden weiterhin jährlich rund zehn neue Mi-35M hergestellt, beispielsweise für Brasilien 12, Peru zusätzliche 2, Venezuela 10.
Bemerkungen: Die in großer Zahl verfügbaren Mi-24/Mi-35 sind technisch überholt. Deshalb wurden mehrere Verbesserungsprogramme für verschiedene Betreiber durchgeführt. Eine der aktuellsten ist die als Mi-24 Super Hind bezeichnete Lösung von Advanced Technologies and Engineering (ATE) aus Südafrika. Dabei wird das Rumpfvorderstück weitgehend neu gebaut und um ca. 1200 kg Strukturgewicht erleichtert. So besteht die Panzerung nun aus Kevlar. Neu gestaltet wird das Cockpit mit Digitalanzeigen und NVG's. Die Kampfelektronik wird zur Verbesserung der Nachtkampftauglichkeit ersetzt/ergänzt u.a. durch TV-Beobachtungs- und Zieleinrichtung sowie FLIR. Noch weitergehend sind die Modifikationen an der Mi-35M durch Mil selber. Nebst neuer Elektronik übernimmt sie auch den leichteren und wirkungsvolleren Haupt- und Heckrotor aus Verbundwerkstoffen der Mi-28. Das Fahrwerk ist neu und nicht mehr einziehbar, die Stummelflügel sind leicht gekürzt.
Hersteller: OKB Michail L. Mil./Rostvertol, Werk Rostow, Moskau, Russland.

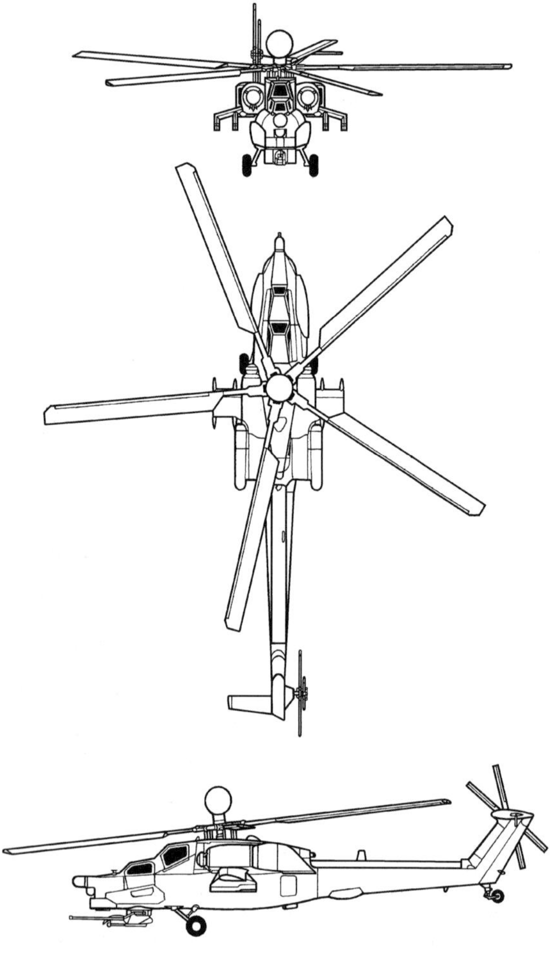

Abmessungen:
Rotordurchmesser 17,30 m
Rumpflänge 16,85 m
Höhe inkl. Rotorkopf 4,86 m.

MIL/ROSTVERTOL MI-28N

Ursprungsland: Russland.
Kategorie: Zweisitziger Kampfhubschrauber.
Triebwerke: Zwei Gasturbinen Klimow VK-2500 von je 2400 WPS (1790 kW) Leistung.
Leistungen: Höchstgeschwindigkeit 305 km/h; max. Reisegeschwindigkeit 270 km/h; max. Schrägsteiggeschwindigkeit 13,6 m/Sek; Dienstgipfelhöhe 5800 m; Schwebehöhe ohne Bodeneffekt 3600 m; Reichweite mit max. Treibstoffzuladung 990 km.
Gewichte: Leergewicht 8590 kg; norm. Startgewicht 11000 kg; max. Startgewicht 12100 kg.
Bewaffnung: Eine 30 mm-2A42-Kanone in einem Turm unter der Rumpfnase und je zwei Waffenstationen mit einer Tragkraft von 480 kg an beiden Stummelflügeln. Typische Bewaffnung: Panzerabwehrlenkwaffen 9M114 Shturm und Luft-Luft-Lenkwaffen 9M39 Igla; max. Nutzlast 2000 kg.
Entwicklungsstand: Der Prototyp der Weiterentwicklung Mi-28N nahm am 14. November 1996 die Flugerprobung auf. Eine erste Serienmaschine flog erstmals im Dezember 2005. Neuesten Informationen zufolge erhält die russische Luftwaffe neuerdings bis 2015 50 Einheiten. Die ersten Maschinen wurden Mitte 2008 übergeben. Derzeit seien über 20 Maschinen im Einsatz, die erste Kampfstaffel nahm Mitte 2009 den Betrieb auf. Venezuela ist ebenfalls an der Beschaffung der Mi-28N interessiert.
Bemerkungen: Die Mi-28N ist der zurzeit kampfstärkste Hubschrauber dieser Klasse. Sie verfügt über Panzerung aus Titan und Verbundwerkstoffen, um die Piloten, die Rumpftanks sowie weitere lebenswichtige Systeme zu schützen. Ähnlich wie die AH-64D (siehe Seiten 96/97) ist die Mi-28N mit einem im Mastvisier eingebauten 360°-Millimeter-Wellenradar ausgerüstet. Dank der hoch entwickelten elektronischen Kampfausrüstung ist sie allwetter- und nachtkampftauglich. Die Serienausführung besitzt neue Kunststoff-Rotorblätter mit nach hinten gepfeilten Spitzen.
Hersteller: Mil/Rostvertol, Werk Rostow, Moskau, Russland.

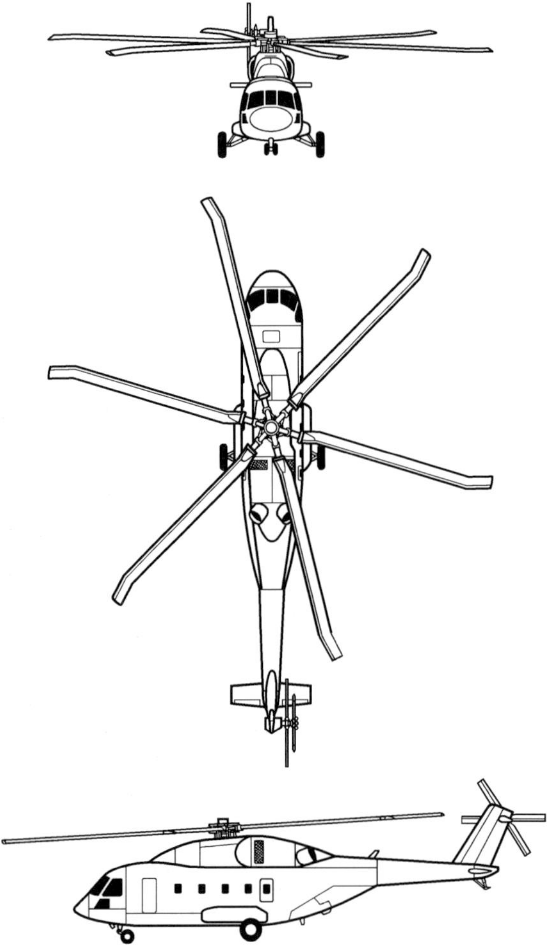

Abmessungen:
Rotordurchmesser 21,10 m
Rumpflänge 19,70 m
Höhe inkl. Rotor 5,13 m.

MIL/KAZAN Mi-38

Ursprungsland: Russland.
Kategorie: Mittelschwerer militärischer und ziviler Mehrzweckhubschrauber.
Triebwerke: Zwei Gasturbinen Pratt & Whitney Canada PW127T/S von je 2500 WPS (1865 kW) oder Klimow TV7-117V von je auf 2465 WPS (1838 kW) reduzierter Leistung.
Leistungen (nach Angaben des Herstellers): Höchstgeschwindigkeit 275 km/h; Reisegeschwindigkeit 250 km/h; Dienstgipfelhöhe 5100 m; Schwebehöhe ohne Bodeneffekt 2500 m; Reichweite mit einer Nutzlast von 3500 kg 800 km, mit Zusatztanks maximal 1300 km.
Gewichte: Leergewicht 8620 kg; max. Startgewicht 15600 kg.
Zuladung: Zwei Piloten und 30 bis zu 44 Passagiere. Max. Nutzlast intern 5000 bis 6000 kg, extern 7000 kg.
Entwicklungsstand: Nach jahrelangen Verzögerungen nahm der Prototyp Mi-38 die Flugerprobung am 22. Dezember 2003 auf, gefolgt vom zweiten Prototyp am 2. Dezember 2010. Zwei weitere Erprobungsmuster befinden sich im Bau. Die Indienststellung verzögert sich laufend. Nach neuesten Angaben wird diese für 2013 erwartet. Von russischen Firmen seien Letters of Intent für über 100 Maschinen eingegangen. Die russische Luftwaffe will die militärische Variante beschaffen.
Bemerkungen: Die Mi-38 soll die große Zahl von Mi-8-Helikoptern ersetzen. Zwei Versionen sind geplant: Die militärische Mi-383 mit einer Frachtkapazität von 6000 kg sowie die zivile Mi-382 in Passagierkonfiguration. In Konzeption und Auslegung gleicht die Mi-38 sehr der AW101 (siehe Seiten 14/15). Sie hat den gleichen sechsblättrigen Hauptrotor aus Verbundwerkstoffen und elastomeren Gelenken der Mi-28N (siehe Seiten 246/247). Der Heckrotor besteht aus zwei unabhängigen zweiblättrigen Rotoren in einer X-Anordnung. Das Fahrwerk ist einziehbar. Die Kabine weist folgende Innenmaße auf: Länge 6,80 m, Breite 2,20 m, Höhe 1.80 m. Zur Erleichterung des Ladevorganges ist eine große Heckladeklappe vorhanden. Die gesamte Flugsteuerung erfolgt durch ein Fly-By-Wire-System. Neuesten Informationen zufolge sollen die Serienmuster wahlweise mit dem PWC-Triebwerk, als auch mit dem russischen TV7-117V erhältlich sein.
Hersteller: Mil/Kazan (Euromil) Helicopters, Moskau/Kazan, Russland.

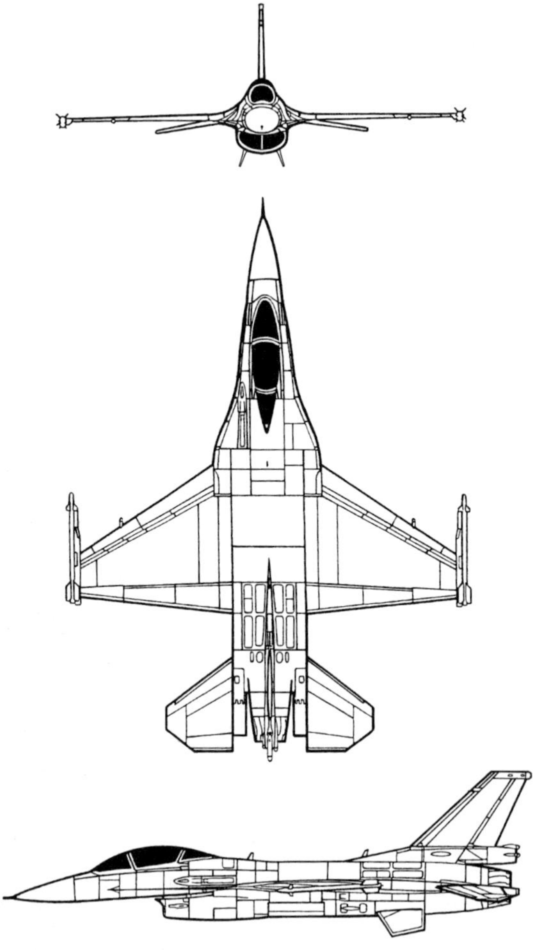

Abmessungen:
Spannweite 11,13 m
Länge 15,52 m
Höhe 4,96 m
Flügelfläche 34,84 m^2.

MITSUBISHI F-2

Ursprungsland: Japan (USA).
Kategorie: (F-2A) Einsitziger bzw. (F-2B) doppelsitziger Mehrzweckjäger.
Triebwerke: Ein Mantelstromtriebwerk General Electric F110-GE-129 von 7711 kp (75,5 kN) Standschub ohne und 13880 kp (131,7 kN) mit Nachverbrennung.
Leistungen: Höchstgeschwindigkeit in großen Höhen Mach 2,0, in Bodennähe mehr als Mach 1,0; Anfangssteiggeschwindigkeit 255 m/Sek; Dienstgipfelhöhe 17900 m; Einsatzradius mit Antischiffs-Lenkwaffen ›830 km; Überführungsreichweite 3500 km.
Gewichte: Leergewicht 9527 kg; norm. Startgewicht 18500 kg, max. 22000 kg.
Bewaffnung: Eine sechsläufige 20-mm-Revolverkanone M61A-1 und eine max. Waffenlast 9000 kg, die u.a. die japanischen Eigenentwicklungen Mitsubishi AAM-3-Luft-Luft- sowie die XASM-2-Anti-Schiffs-Lenkwaffen umfasst.
Entwicklungsstand: Erstflug des ersten von vier Prototypen FS-X am 7. Oktober 1995, des letzten am 24. Mai 1996. Die Ablieferungen an die japanischen Luftstreitkräfte begannen im September 2000. Von den ursprünglich 130 geplanten Einheiten werden definitiv nur deren 94 gebaut, rund 80 davon sind bereits abgeliefert. Die Produktion wird voraussichtlich 2011 eingestellt.
Bemerkungen: Die F-2 ist von der Lockheed F-16 abgeleitet. Im Laufe der Entwicklung hat sie sich technisch vom Ausgangsmuster immer weiter entfernt, so dass heute fast von einem vollständig neu entwickelten Typ gesprochen werden kann. Vorderrumpf und Heck sind leicht länger und der Flügel aus Kunststoff ist eine völlige Neuentwicklung. In amerikanisch-japanischer Zusammenarbeit wurde auch ein neuartiges Mehrzweck-Bordradar mit Aktiv-Steuerung und einer Reichweite bis zu 190 km konstruiert, welches gleichzeitig zehn Ziele verfolgen kann. Die übrige Elektronik stammt vollständig aus japanischer Entwicklung, wie das Weitwinkel-Head-Up Display, die fünf Flüssigkristallanzeigen im Cockpit sowie ein umfangreiches integriertes System für die elektronische Kampfführung. Diverse Teile des Rumpfes sind mit Radar-absorbierendem Material ausgestattet.
Hersteller: Mitsubishi Heavy Industries Ltd., Werk Nagoya, Tokio, Japan.

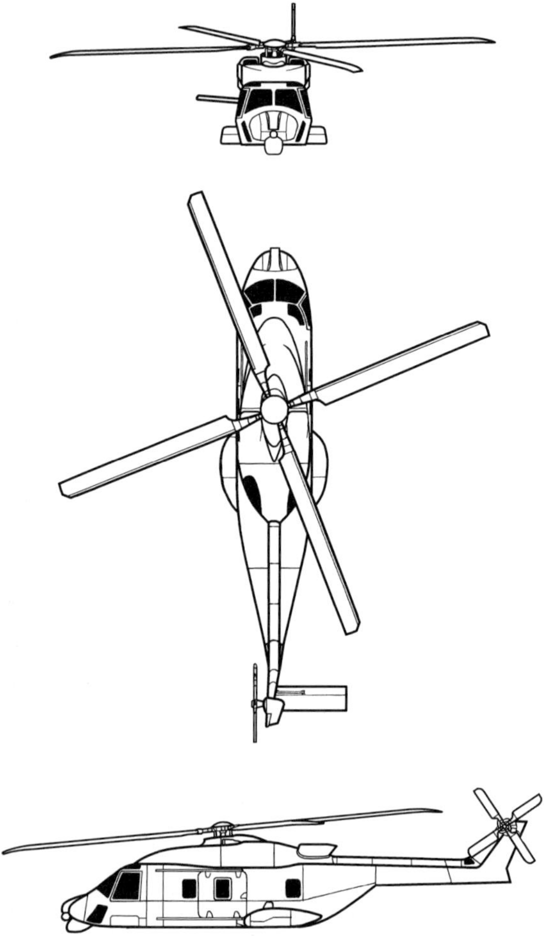

Abmessungen:
Rotordurchmesser 16,30 m
Rumpflänge 16,23 m
Höhe über Heckrotor 5,44 m.

NH INDUSTRIES NH90 CAIMAN

Ursprungsland: Deutschland, Frankreich, Italien, Niederlande.
Kategorie: Mittelschwerer militärischer Mehrzweckhubschrauber.
Triebwerke: Zwei Gasturbinen Rolls-Royce-Turboméca RTM322-01/9 bzw. General Electric T700-T6E von je 1680 WPS (1253 kW) Leistung.
Leistungen: Höchstgeschwindigkeit 305 km/h; normale Reisegeschwindigkeit 260 km/h; Schrägsteiggeschwindigkeit 11 m/Sek; Dienstgipfelhöhe 6000 m; Schwebehöhe mit Bodeneffekt 2960 m, ohne Bodeneffekt 2355 m; Einsatzradius mit 2000 kg Nutzlast 300 km; Überführungsreichweite 1200 km; Einsatzdauer 4 Std 35 Min.
Gewichte: Leer 5945 kg; normales Startgewicht 10600 kg, max. 11400 kg.
Zuladung: Zwei Piloten und 20 Soldaten bzw. 12 Verwundete; Nutzlast 2500 kg.
Bewaffnung: Kanonenbehälter und zwei schwenkbare Maschinengewehre bei den Seitentüren.
Entwicklungsstand: Das erste Erprobungsmuster fliegt seit dem 18. Dezember 1995, die ersten Serienmuster seit Mitte 2004. Bisher wurden 456 NH90 TTH (neu als Caiman bezeichnet) fest bestellt: Australien 46 als MRH 90 bezeichnete Hubschrauber, Belgien 6 (+ 2 Optionen), Deutschland (Luftwaffe 42, Heer 80), Finnland 20, Frankreich 34 (+ 34 Optionen), Griechenland 20 (+ 14 Optionen), Italien 70 UH-90, Neuseeland 8, Niederland 8, Oman 20, Portugal 10, Saudi Arabien 54, Schweden 13, Spanien 76?. Mit Anschlussaufträgen wird gerechnet. Erste Ablieferungen an Kunden erfolgten 2004. Bis Ende 2010 waren über 50 Einheiten hergestellt.
Bemerkungen: In der Grundkonzeption sind die NH90 TTH sowie die NH90 NFH (siehe Seiten 254/255) weitgehend gleich. Die vorwiegend für taktische Aufgaben konzipierte TTH besitzt eine Heckladerampe. Recht umfangreiche Lasten können in der Kabine transportiert werden. Sie weist folgende Innenmaße auf: Länge ohne Rampe 4,80 m, Breite 2,05 m und Höhe 1,58 m (Schweden 1,82 m). Die NH90 verfügt über eine weitgehend aus Verbundstoff bestehende Zelle und eine Fly-By-Wire-Steuerung. Derzeit wird geprüft, sowohl eine CSAR-Variante (Combat-Search-and-Rescue, Rettungseinsätze in Kampfgebieten) als auch eine für medizinische Evakuationsmissionen zu entwickeln. Aufträge dafür liegen jedoch noch nicht vor.
Hersteller: NH Industries, Aix-en-Provence, Frankreich.

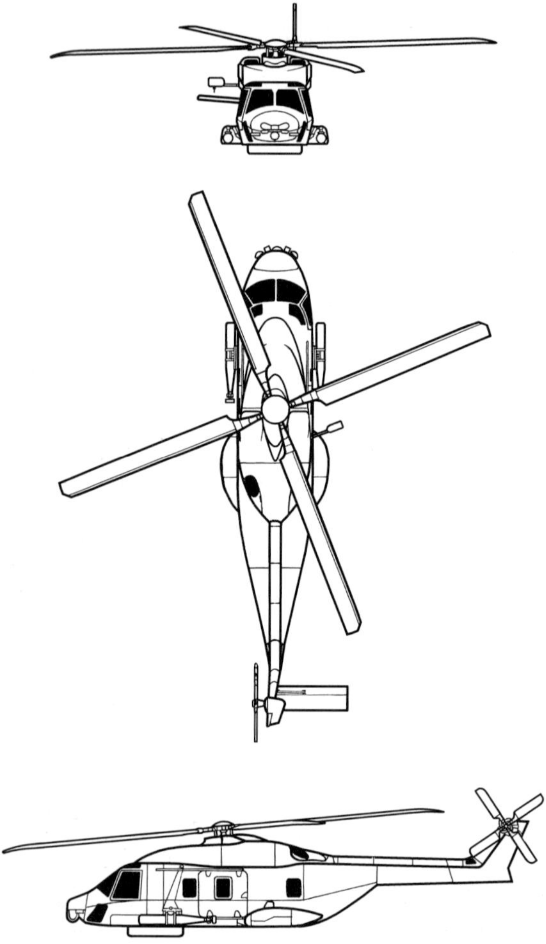

Abmessungen:
Rotordurchmesser 16,30 m
Rumpflänge 16,09 m
Höhe über Heckrotor 5,44 m.

NH INDUSTRIES NH90 CAIMAN

Ursprungsland: Deutschland, Frankreich, Italien, Niederlande.
Kategorie: Mittelschwerer bordgestützter U-Bootjagdhubschrauber.
Triebwerke: Zwei Gasturbinen Rolls-Royce-Turboméca RTM322-01/9 bzw. General Electric T700-T6E von je 1680 WPS (1253 kW) Leistung.
Leistungen: Max. Reisegeschwindigkeit 290 km/h; normale Reisegeschwindigkeit auf Meereshöhe 245 km/h; Schrägsteiggeschwindigkeit 11 m/Sek; Dienstgipfelhöhe 6000 m; Schwebehöhe mit Bodeneffekt 3140 m, ohne Bodeneffekt 2515 m; Flugzeit rund 110 km vom Schiff entfernt 3 Std. 20 Min; max. Einsatzdauer 4 Std. 45 Min; Überführungsreichweite 1200 km.
Gewichte: Leergewicht ohne Missionsausrüstung 6288 kg; normales Startgewicht 10600 kg, max. 11400 kg.
Zuladung: Zwei Piloten und bis vier Systemoperateure.
Bewaffnung: Je zwei Torpedos oder Anti-Schiffslenkwaffen an Trägern seitlich am Rumpf.
Entwicklungsstand: Der bisher einzige Prototyp der Marineausführung NFH nahm die Flugerprobung 1997 auf. Das erste Serienmuster für die Aéronavale startete am 12. Mai 2006 zum Erstflug. Geplante Beschaffungen: Belgien 4, Deutschland 30, Frankreich 27, Italien 46, Niederlande 12, Norwegen 14 (+ 10 Optionen), Saudi Arabien 10, Schweden 5, Spanien 28? Aus technischen Gründen hat sich die Indienststellung bis Ende 2010 verzögert. Mittlerweile sind rund zehn Hubschrauber abgeliefert.
Bemerkungen: Die NH90 TTH (siehe Seiten 252/253) und die NH90 NFH sind in ihrer Grundkonzeption weitgehend gleich. Die Marineausführung NFH, mittlerweile als Caiman bezeichnet, verzichtet auf die Rampe, besitzt dafür faltbare Rotoren, ein beiklappbares Rumpfheck und zwei Schwimmer. Die Bordavionik umfasst u.a. taktisches Radar, FLIR, Sonar sowie zahlreiche weitere Sensorsysteme. Im Hinterrumpf befindet sich ein Ausstoß-System für Düppel, Infrarotfackeln und Sonarbojen. Die Caiman verfügt über eine weitgehend aus Verbundstoff bestehende Zelle und eine Fly-By-Wire-Steuerung.
Hersteller: NH Industries, Aix-en-Provence, Frankreich.

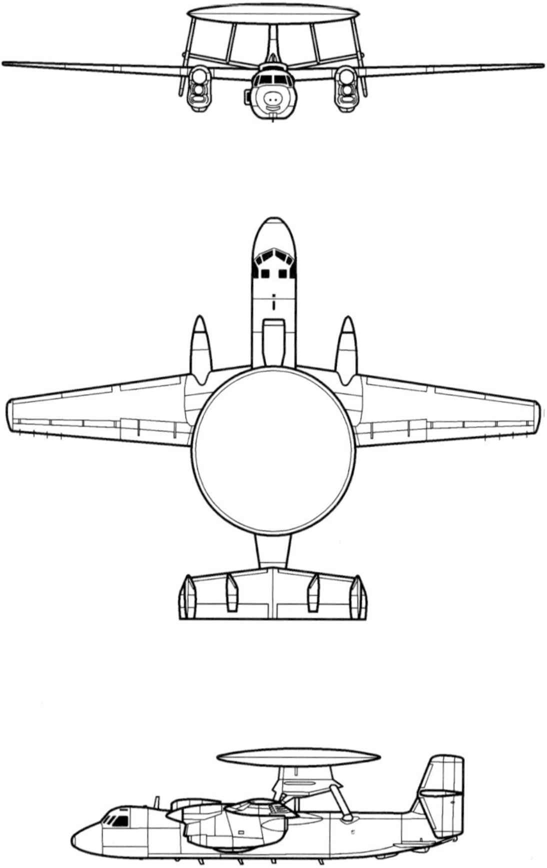

Abmessungen:
Spannweite 24,56 m
Länge 17,55 m
Höhe 5,69 m
Flügelfläche 65,03 m².

NORTHROP GRUMMAN E-2D ADVANCED HAWKEYE

Ursprungsland: USA.
Kategorie: Bordgestütztes Frühwarn- und Überwachungsflugzeug sowie fliegende Kommandozentrale.
Triebwerke: Zwei Propellerturbinen Rolls-Royce (Allison) T56-A-427A von je 5250 WPS (3917 kW) Leistung.
Leistungen: Höchstgeschwindigkeit 598 km/h; max. Reisegeschwindigkeit 576 km/h; Anfangssteiggeschwindigkeit 12,8 m/Sek; Dienstgipfelhöhe 9390 m; Einsatzdauer 4 Std. bei einem Aktionsradius von 370 km; max. Flugdauer 6,1 Std; Überführungsreichweite 2580 km.
Gewichte: Leer 17265 kg; max. Startgewicht 25850 kg.
Zuladung: Fünf Mann Besatzung, bestehend aus zwei Piloten und drei Ingenieuren im zentralen Einsatzraum.
Entwicklungsstand: Die neueste Ausführung E-2D absolvierte ihren Erstflug am 3. August 2007. Ein zweiter Prototyp folgte am 29. November 2007. Aktuellen Plänen zufolge soll die USN insgesamt 70 Einheiten beschaffen. Das erste Serienflugzeug wurde am 29. Juli 2010 der USN übergeben.
Bemerkungen: Die E-2D stellt gegenüber der Vorversion Hawkeye 2000 in verschiedener Hinsicht einen wesentlichen Fortschritt dar. Obwohl von außen kaum Unterschiede feststellbar sind, ist das »Innenleben« weitgehend neu. Das Herz der E-2D stellt das neue Radar AN/APY-9 dar. Es arbeitet ebenfalls im UHF-Frequenzbereich, kann jedoch besonders kleine Ziele auf große Distanzen auch in einem gestörten Umfeld besser erkennen. Dank der hohen Rechenleistung ist es in der Lage, kleine bewegliche Ziele wie beispielsweise Marschflugkörper knapp über dem Boden zu verfolgen. Auf einer Höhe von 7600 m deckt die E-2D mit einem Radius von 550 km eine um 250 Prozent größere Fläche als die E-2C ab. Später soll die Advanced Hawkeye mit einer Luftbetankungssonde ausgerüstet werden.
Hersteller: Northrop Grumman Corporation, Werk St. Augustine, Florida, Los Angeles, Kalifornien, USA.

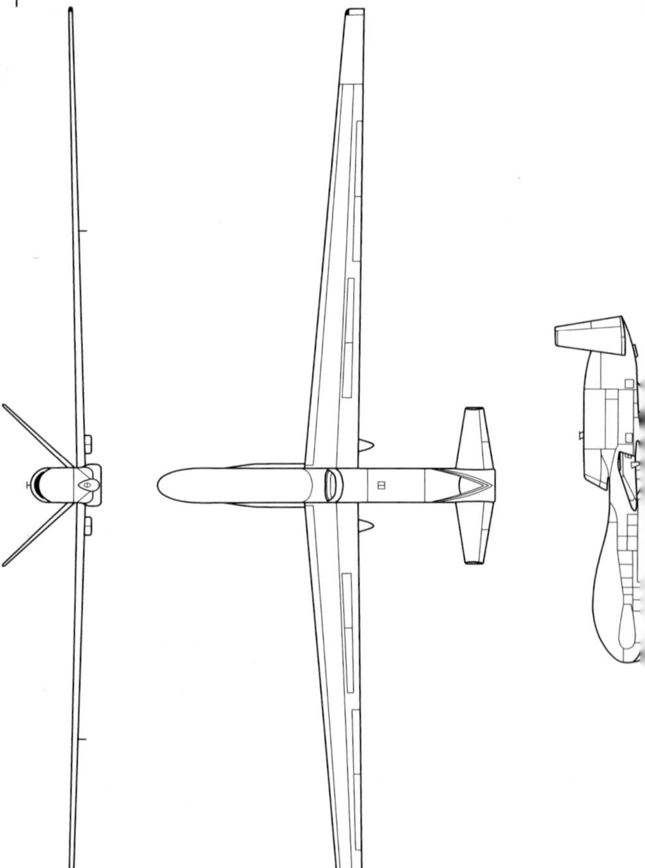

Abmessungen:
Spannweite 39,89 m
Länge 14,50 m
Höhe 4,63 m
Flügelfläche (RQ-4A) 50,10 m².

NORTHROP GRUMMAN RQ-4E EURO HAWK

Ursprungsland: USA.
Kategorie: Hochfliegende Drone für ELINT und COMINT-Aufgaben.
Triebwerke: Ein Mantelstromtriebwerk Rolls-Royce Allison AE3007H von 3760 kp (36,8 kN) Standschub.
Leistungen: Höchstgeschwindigkeit ca. Mach 0,60, Patrouillengeschwindigkeit 635 km/h; Dienstgipfelhöhe 19800 m; max. Flugdauer 36 Std; Aktionsradius mit einer Aufenthaltsdauer von 24 Std. am Zielort 5500 km, Reichweite bis zu (RQ-4A) 25015 km, (RQ-4B) 22780 km.
Gewichte: Leergewicht 6781 kg; max. Startgewicht 14640 kg.
Zuladung: Aufklärungssysteme im Gesamtgewicht von 1360 kg.
Entwicklungsstand: Die erste Euro Hawk nahm die Flugerprobung am 29. Juni 2010 auf. Eine Maschine zur Erprobung erhielt die deutsche Luftwaffe. Zusammen mit voraussichtlich weiteren vier sollen sie die Breguet Atlantic ELINT ab 2011 ersetzen. Von den RQ-4-Global Hawk-Varianten hat die USAF bisher etwa 35 Systeme in Auftrag geben. 68 RQ-4C erhält die US Navy ab 2012.
Bemerkungen: Die Euro Hawk ist eine für europäische Bedürfnisse angepasste RQ-4 Global Hawk (siehe Ausgabe 2010) und basiert auf der Version RQ-4B Block 20. Während der Rumpf konventionell aus Aluminium besteht, sind die Flügel vollständig aus Kohlefasern hergestellt und trotz großer Spannweite äußerst steif ausgelegt. Auch das gesamte Leitwerk ist aus Verbundwerkstoffen. Um ein hohes Maß an Ausfallsicherheit zu erreichen, ist die gesamte Flugsteuerung doppelt vorhanden, das gleiche gilt auch für die meisten Computer. Die Euro Hawk kann unbemannt aus 20 km Höhe in 24 Std. ein Gebiet der Größe Griechenlands flächendeckend aufklären und die gewonnenen Daten via Satellit weltweit online übertragen. Zur Erfüllung dieser Aufgaben ist sie mit modernsten Systemen ausgerüstet, u.a. allwettertaugliches Seitensichtradar, CCD-Kamera für hochauflösende Bilder, Wärmebildsensoren usw. Für das vorgesehene Aufgabenspektrum der Euro Hawk ist ein SIGINT-Missionssystem von EADS eingebaut.
Hersteller: Northrop Grumman Corp., Werk San Diego, Kalifornien, USA.

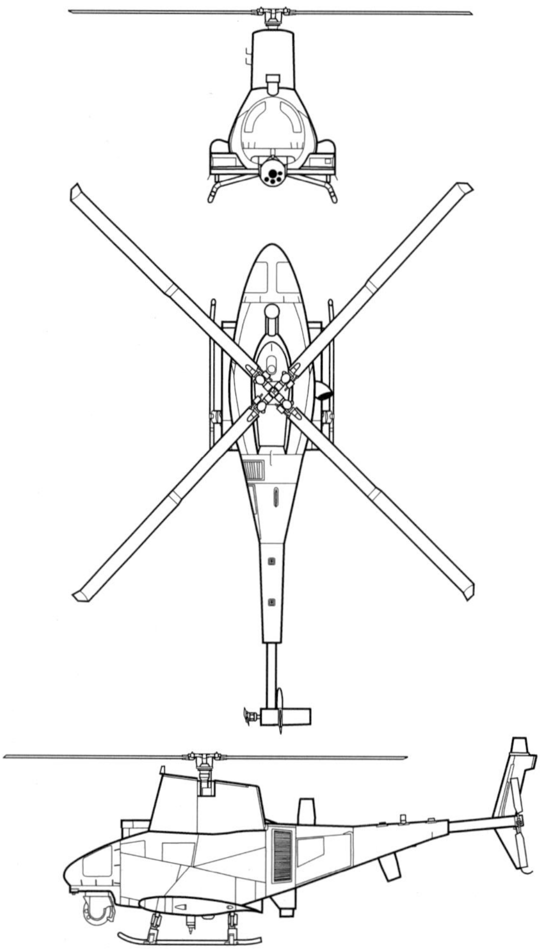

Abmessungen:
Rotordurchmesser 8,38 m
Rumpflänge 7,30 m
Höhe 2,87 m.

NORTHROP GRUMMAN MQ-8B FIRE SCOUT

Ursprungsland: USA.
Kategorie: Unbemannter Überwachungs- und Aufklärungshubschrauber.
Triebwerke: Eine Gasturbine Rolls-Royce 250-C20W von 420 WPS, reduziert auf 340 WPS (253,5 kW) Leistung.
Leistungen: Höchstgeschwindigkeit 230 km/h; Dienstgipfelhöhe 6100 m; Aufenthaltsdauer max. 8 Std, 200 km vom Mutterschiff entfernt 4 Std.
Gewichte: Startgewicht 1428 kg.
Zuladung: Aufklärungsmittel, Elektronik- und Sensorenausrüstung von max. 272 kg.
Entwicklungsstand: Ein firmeneigener Prototyp der Ursprungsausführung RQ-8A begann die Erprobung am 19. Mai 2002. Weitere zwei wurden gebaut. Danach folgten vier Prototypen der Version MQ-8B (zuerst als RQ-8B bezeichnet). Die erste fliegt seit 20. Dezember 2006. Vorerst neun Einheiten beschafft die US Navy und hat bisher deren drei erhalten. Die Einsatzbereitschaft soll anfangs 2011 erreicht werden. Dagegen wird die US Army das Programm nicht mehr weiterverfolgen.
Bemerkungen: Der unbemannte Drehflügler RQ-8A/MQ-8B ist eine Ableitung des Leichthubschraubers Schweizer 333 (siehe Ausgabe 2004). Sein Aufgabengebiet umfasst Real-Time-Aufklärungs- und Überwachungseinsätze sowie Zieldarstellungen ab kleinen Schiffen in einem Radius von etwa 200 km. Dazu verfügt er über elektro-optische Sensoren, Infrarotausrüstung und einen Laser-Zielzuweiser. Zum gesamten Integral-System gehört nebst dem Fluggerät auch eine containerisierte Boden- bzw. Schiffstation S-280 zur Lenkung der Einsätze und zum Empfang der Informationen. Hubschrauber und Empfangsstation lassen sich schnell mit einem Transporter C-17 verlegen. Später sind auch leichte Waffeneinsätze denkbar. Es sind daher Versuche mit der Luft-Boden-Lenkwaffe AGM-114 Hellfire durchgeführt worden. Die Serienausführung heißt MQ-8B und umfasst einen Vierblattrotor, größere Treibstoffkapazität und erlaubt ein höheres Startgewicht.
Hersteller: Northrop Grumman Corp., Los Angeles, Kalifornien, USA.

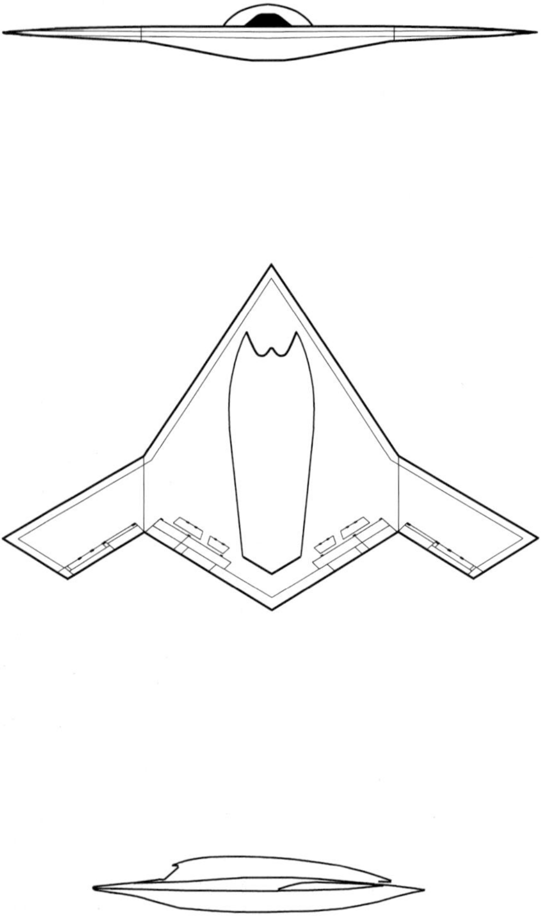

Abmessungen:
Spannweite 18,93 m, gefaltet 9,40 m
Länge 11,63 m
Höhe 3,10 m.

NORTHROP GRUMMAN X-47B PEGASUS

Ursprungsland: USA.
Kategorie: Unbemanntes land- und bordgestütztes Kampfflugzeug.
Triebwerke: Ein Mantelstromtriebwerk Pratt & Whitney F100-220U von 6630 kp (65,00 kN) Standschub.
Leistungen (sehr provisorische Angaben): Einsatzgeschwindigkeit im hohen Unterschallbereich; Dienstgipfelhöhe 12190 m; Einsatzradius 2770 km; Überführungsreichweite 6500 km.
Gewichte: Max. Startgewicht bis zu 20190 kg.
Bewaffnung (Serienausführung): Eine Waffenlast von rund 2040 kg.
Entwicklungsstand: Der erste X-47B-Prototyp hatte seinen Roll-Out am 16. Dezember 2008. Vorerst werden zwei Prototypen für die USN hergestellt. Der Erstflug erfolgte am 8. Februar 2011, Trägerlandungen dagegen sind nicht vor 2012 vorgesehen.
Bemerkungen: Von der X-47A (siehe Ausgabe 2004) abgeleitet wird ein wesentlich vergrößertes Muster X-47B gebaut. Diese Ausführung ist für Aufklärungs- und Kampfeinsätze »der ersten Stunde« gedacht, d.h. für besonders gefährliche Missionen, wie sie oft bei Beginn von Konflikten vorkommen. Sie soll Waffeneinsätze von bis zu 12 Std. fliegen können. Ein integriertes Waffensystem mit einem »Synthetic Aperture Radar« (= Radar mit synthetischer Blendenöffnung) ist dafür vorgesehen. Weitgehend aus Verbundwerkstoffen gebaut, verfügt die X-47B über ausgezeichnete »Stealth«-Eigenschaften. Die als offenes System konzipierte Elektronik von BAE Systems erlaubt u.a. sehr präzise Landungen auf Flugzeugträgern. Obwohl ein Waffenschacht vorhanden ist, sollen die Prototypen noch über keine Bewaffnung verfügen.
Hersteller: Northrop Grumman Corporation, Werk Palmdale und Scaled Composites Corp., Mojave, Kalifornien, USA.

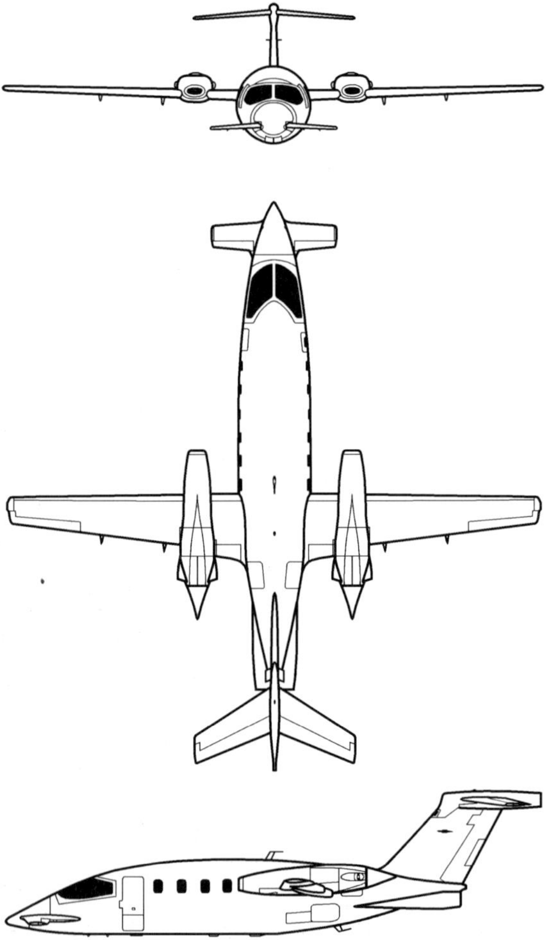

Abmessungen:
Spannweite 14,03 m
Länge 14,41 m
Höhe 3,98 m
Flügelfläche 16,00 m².

PIAGGIO P180 AVANTI II

Ursprungsland: Italien.
Kategorie: Firmenflugzeug und militärisches Mehrzweckflugzeug.
Triebwerke: Zwei Propellerturbinen Pratt & Whitney Canada PT6A-66B von je auf 850 WPS (634 kW) reduzierter Leistung.
Leistungen: Höchstgeschwindigkeit 737 km/h auf 8538 m; max. Dauergeschwindigkeit 644 km/h auf 11885 m; Anfangssteiggeschwindigkeit 15,0 m/Sek; Dienstgipfelhöhe 12500 m, Reichweite mit einer Nutzlast von sechs Personen und IFR-Reserven 2637 km; max. Reichweite mit VFR-Reserven 3148 km.
Gewichte: Rüstgewicht 3538 kg; max. Startgewicht 5489 kg.
Zuladung: Ein oder zwei Piloten und sieben bis acht Passagiere bei Standard-Innenausstattung. Für EMS-Einsätze zwei liegende Verwundete, als Frachter max. 1860 kg.
Entwicklungsstand: Erstflug des ersten von zwei Prototypen am 23. September 1986, das erste Serienflugzeug folgte am 29. Januar 1990. Ab dem 105. Exemplar wurde die Produktion auf die Avanti II umgestellt. Bisher fliegen von beiden Ausführungen rund 210 Maschinen, davon 100 der Version Avanti II. Jährlich werden rund 25 Maschinen gebaut.
Bemerkungen: Die Avanti basiert mit ihrem futuristischen Aussehen auf dem sog. »Drei-Flächen-Konzept«, wobei der vorn platzierte kleine Stützflügel das Flugzeug in allen Flugphasen ausbalanciert und das Höhenleitwerk nur für die Richtungsänderungen benötigt wird. Der Flügel besitzt ein Laminarprofil und eine hohe Streckung bei vergleichsweise geringer Fläche. Die Avanti besteht zum großen Teil aus Leichtmetall, doch sind Kunststoffteile am Leitwerk, den Triebwerkverkleidungen, an der Rumpfspitze, dem Stützflügel und dem Hauptflügel eingesetzt. Die unkonventionelle Form beschert der Avanti eine der größten Kabinen ihrer Klasse (Länge 4,55 m, Breite 1,85 m, Höhe 1,75 m). Die 2005 neu lancierte Avanti II verfügt über das Avionik-Set Pro Line 21 von Rockwell Collins. Leistungsstärkere Triebwerke und ein erhöhtes Abfluggewicht verbessern insbesondere das Nutzlast-/Reichweiteverhältnis. Seit 2008 bietet Piaggio eine neue Inneneinrichtung mit modernisiertem Kommunikationssystem an.
Hersteller: Rinaldo Piaggio S.p.A., Genua-Sestri, Italien.

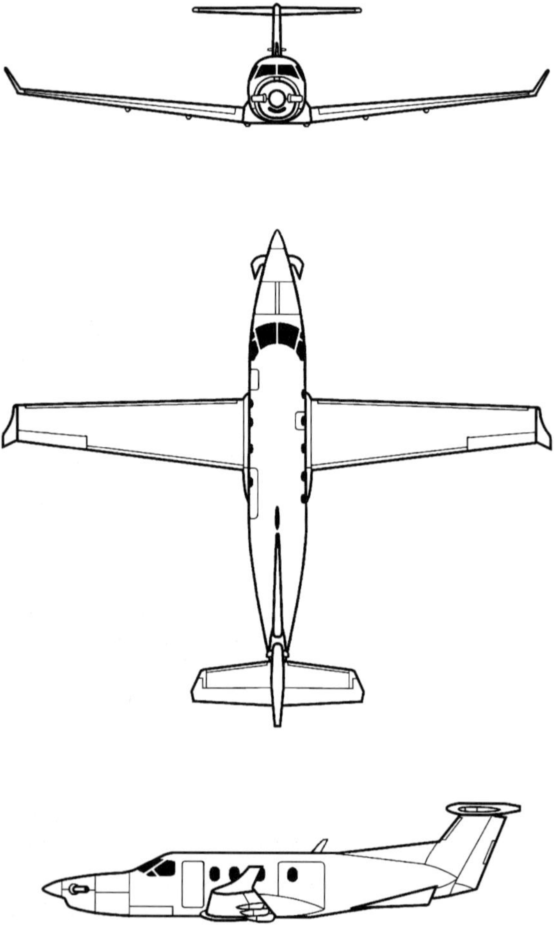

Abmessungen:
Spannweite 16,28 m
Länge 14,40 m
Höhe 4,26 m
Flügelfläche 25,81 m^2.

PILATUS PC-12NG

Ursprungsland: Schweiz.
Kategorie: Leichtes Mehrzweck- und Firmenflugzeug.
Triebwerke: Eine Propellerturbine Pratt & Whitney Canada PT6A-67B mit einer von 1605 WPS auf 1200 WPS (895 kW) reduzierten Leistung.
Leistungen: Max. Reisegeschwindigkeit 519 km/h auf 7620 m; Anfangssteiggeschwindigkeit 9,75 m/Sek; Dienstgipfelhöhe 9144 m; Reichweite mit drei Passagieren und IFR-Bedingungen 2900 km.
Gewichte: Leergewicht Frachter 2484 kg, mit Passagiereinrichtung 2974 kg; max. Startgewicht 4740 kg.
Zuladung: Pilot und Copilot/Passagier im Cockpit und bis zu neun Passagiere in Einzelsitzen; als Firmenflugzeug sechs bis acht Passagiere. Zuladung mit vollen Treibstofftanks 467 kg, max. Zuladung 1036 kg.
Entwicklungsstand: Der erste von zwei Prototypen startete am 31. Mai 1991 zum Erstflug. Im Mai 1994 begannen die Kundenauslieferungen. Die Ausführung PC-12NG ist seit Mitte 2008 erhältlich. Im Juli 2010 konnte die 1000. PC-12 abgeliefert werden. Unter der Bezeichnung U-28 setzt die USAF mehrere PC-12 bzw. 12/47 ein.
Bemerkungen: Das Mehrzweckflugzeug ist für den Einsatz in der Geschäftsfliegerei bis hin zum Transporter für Fracht geeignet. Die Zelle vermag Fracht bis zu 9,34 m^3 zu laden. Eine kombinierte Variante für vier Passagiere und 5,95 m^3 Fracht wird ebenfalls angeboten. Dank einer Passagiertüre vorn und einer großen Frachttüre hinten wird der Ladevorgang erleichtert. Die PC-12 ist mit einer umfangreichen Avionik von AlliedSignal Bendix/King ausgerüstet. Die 2006 vorgestellte Ausführung PC-12/47 bietet bei einem höheren Startgewicht entweder eine um 240 kg größere Nutzlast oder eine Reichweitenverbesserung von rund 550 km an. Zudem sind die Winglets überarbeitet. Eine weiter entwickelte Variante PC-12NG wurde 2006 angekündigt, ausgerüstet u.a. mit Primus Apex Avionik, neuem Cockpit-Design und Verbesserungen in der Ergonomie. Dank Einbau der stärkeren PT6A-67P-Turbine verbessern sich diverse Leistungsparameter, u.a. die Hot-and-High-Eigenschaften. Weiterhin angeboten werden Spezialvarianten, z.B. für Überwachungseinsätze.
Hersteller: Pilatus Flugzeugwerke AG, Stans, Schweiz.

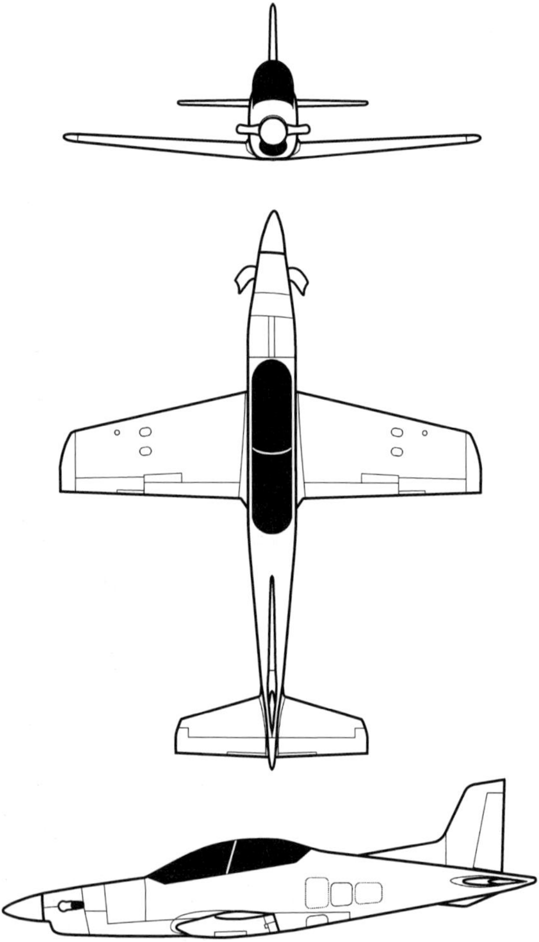

Abmessungen:
Spannweite 9,10 m
Länge 11,23 m
Höhe 3,75 m
Flügelfläche 15,22 m².

PILATUS PC-21

Ursprungsland: Schweiz.
Kategorie: Zweisitziges Trainingsflugzeug für Basic-, Advanced- und Fighter-Lead-In-Training.
Triebwerke: Eine Propellerturbine Pratt & Whitney Canada PT6A-68B mit einer von 1962 WPS (1463 kW) auf 1609 WPS (1200 kW) reduzierten Leistung.
Leistungen: Höchstgeschwindigkeit 625 km/h auf 3050 m, 600 km/h auf Meereshöhe; Anfangssteiggeschwindigkeit 22 m/Sek; Dienstgipfelhöhe 11400 m; Reichweite 1200 km.
Gewichte: Leergewicht 2270 kg; Startgewicht für Akrobatik-Einsätze 3100 kg; max. Startgewicht 4250 kg.
Entwicklungsstand: Ein Erprobungsträger fliegt seit Mai 2001, der eigentliche Prototyp nahm die Flugerprobung am 1. Juli 2002 auf. Ein zweiter folgte am 7. Juni 2004. Das Vorserienflugzeug fliegt seit 29. August 2005. Folgende Luftwaffen haben die PC-21 bisher bestellt und teilweise bereits erhalten: Schweiz neu 8, Singapur 19, UAE 25 (Erstflug am 22. November 2010).
Bemerkungen: Unter der Bezeichnung PC-21 entwickelte Pilatus ein vollständig neues Flugzeug als Nachfolge des PC-7/9 (siehe Ausgabe 2008). Die Besonderheit des integrierten, flexiblen PC-21-Trainingssystems besteht darin, dass man das ganze Spektrum vom Anfangstraining bis hin zur Fortgeschrittenenschulung mit einem einzigen Muster abdeckt. Die Einsatz-Software wird so programmiert, dass verschiedene Kategorien von Flugzeugtypen realistisch dargestellt und geübt werden können. Jedes Cockpit mit drei EFIS-Hauptbildschirmen ist voll digitalisiert und NVG-kompatibel. Im vorderen Cockpit ist ein HUD installiert. Die Systemeingaben erfolgen u.a. über den HOTAS. Gegenüber der PC-9 unterscheidet sich die PC-21 nebst neuer Flugzeugstruktur durch ein leistungsstärkeres Triebwerk mit elektronischer Leistungsregelung, Fünfblattpropeller, Hochleistungs-Pfeilflügel mit Spoilern, Druckkabine mit automatischer Klimaanlage und Anti-g-System. Eingebaut ist auch das neueste Modell des Mk.16L-Schleudersitzes von Martin Baker mit Zero-Zero-Ausschussleistung.
Hersteller: Pilatus Flugzeugwerke AG, Stans, Schweiz.

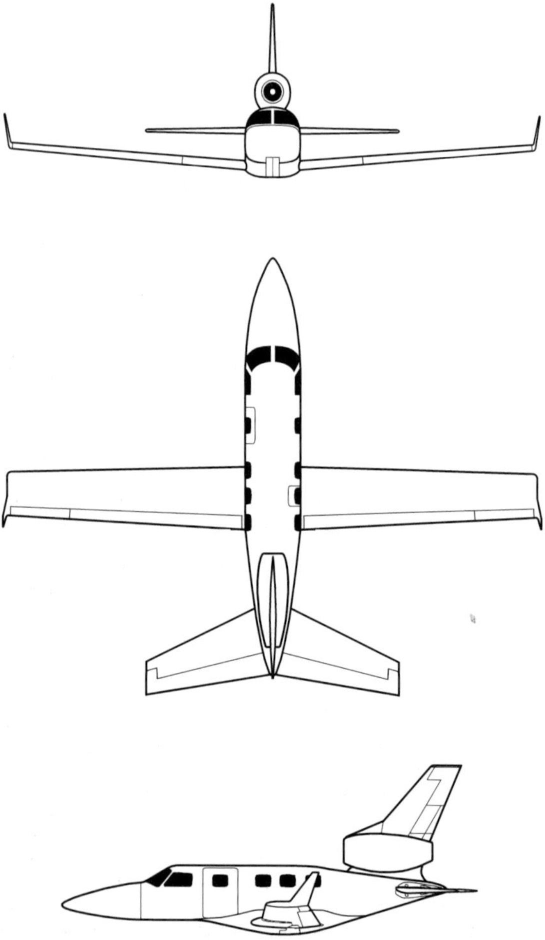

Abmessungen:
Spannweite 13,50 m, Länge 11,40 m, Höhe 4,82 m.

PIPER PA-47 PIPER JET/ALTAIRE

Ursprungsland: USA.
Kategorie: Taxi- und Firmenflugzeug.
Triebwerke: Ein Mantelstromtriebwerk Williams International FJ44-3AP von 1129 kp (11,07 kN) Standschub.
Leistungen (nach Angaben des Herstellers): Max. Reisegeschwindigkeit 666 km/h; Dienstgipfelhöhe 10668 m; Reichweite maximal 2410 km.
Gewichte: Max. Startgewicht 3290 kg.
Zuladung: Pilot und fünf Passagiere und Toilette. Bei Verzicht auf letztere können einschließlich des Piloten sieben Personen mitgeführt werden; Nutzlast bei vollen Tanks 360 kg.
Entwicklungsstand: Ein Erprobungsträger flog erstmals am 30. Juli 2008. Eine überarbeitete Ausführung mit neuem Namen Altaire soll 2012 zum Erstflug starten und ab 2014 in Dienst gestellt werden. Gemäß Piper sind bereits über 200 Einheiten bestellt worden.
Bemerkungen: Mit der PiperJet versucht dieser Hersteller ebenfalls mit einem Muster im mittlerweile umfangreichen Angebot von VLJ (**V**ery **L**ight **J**ets) zu reussieren. Das besondere Unterscheidungsmerkmal zu Mitwebern in dieser Klasse ist die Anordnung des Triebwerks in der Wurzel des Seitenleitwerks. Um eine möglichst gute Aerodynamik zu erreichen, wurde eine neuartige Verbindungstechnik für die Aluminiumkomponenten eingeführt. Rumpf und Tragflächen sind ganz aus Aluminium gefertigt, der leicht gepfeilte Flügel ist auf gute Gleitwerte ausgelegt. Bei der Weiterentwicklung Altaire soll insbesondere die Passagierkabine mehr Komfort anbieten. Der Rumpf ist daher um 23 cm höher und zehn cm breiter. Der Hersteller gibt einen Kaufpreis für Erstbesteller von US$ 2,5 Mio. an. Aus der Altaire soll eine ganze Familie von kleinen Firmenjets abgeleitet werden. Als nächstes ist eine größere Ausführung vorgesehen.
Hersteller: Piper Aircraft Inc., Vero Beach, Florida, USA.

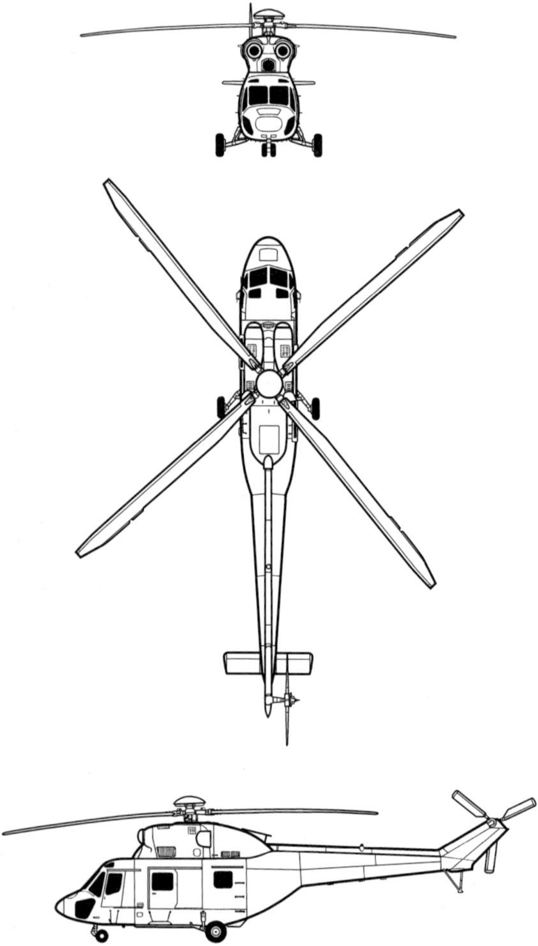

Abmessungen:
Rotordurchmesser 15,70 m
Rumpflänge 14,21 m
Höhe inkl. Rotorkopf 4,20 m.

PZL SWIDNIK W-3 SOKOL

Ursprungsland: Polen.
Kategorie: Mittelschwerer Transport- und Mehrzweckhubschrauber.
Triebwerke: Zwei Gasturbinen WSK-PZL Rzeszow TWD-10W von je 888 WPS (662 kW) Leistung.
Leistungen: Höchstgeschwindigkeit 260 km/h; max. Reisegeschwindigkeit 235 km/h; ökonom. Reisegeschwindigkeit 220 km/h; max. Steigleistung 11,2 m/Sek; Dienstgipfelhöhe 6000 m; Schwebehöhe mit Bodeneffekt 3000 m, ohne Bodeneffekt 2100 m; Reichweite mit Standard-Treibstoffzuladung und 5 % Reserven 760 km, mit Zusatztanks 1240 km.
Gewichte: Leer 3850 kg; normales Startgewicht 6100 kg; max. Startgewicht 6400 kg.
Zuladung: Zwei Piloten und bis zu 12 Passagiere, vier liegende Patienten plus Pfleger oder 2100 kg Fracht intern oder extern.
Bewaffnung (W-3W Huzar): Eine doppelläufige GSh-23-mm-Kanone seitlich am Rumpf sowie an vier Pylonen beispielsweise Luft-Luft-Lenkwaffen Gad, Behälter für 16 ungelenkte 57-mm-Raketen oder Panzerabwehrlenkwaffen AT-6 Spiral.
Entwicklungsstand: Der Erstflug erfolgte am 16. November 1979. Die Zulassung wurde am 10. April 1990 erteilt. PZL hat bisher über 400 W-3 der verschiedenen Versionen hergestellt. Nebst den Luftwaffen von Irak, Myanmar, Tschechien und Vietnam setzen eine große Zahl paramilitärische und zivile Stellen die W-3 ein. In Polen sind viele bei Luftwaffe, Marine, Zivilschutz und mehreren zivilen Betreibern im Einsatz. Die Produktion läuft in geringen Stückzahlen weiter. Neueste Bestellung: Philippinische Luftwaffe sieben.
Bemerkungen: Mittlerweile gibt es mehrere Versionen u.a. Standardtransporter W-3A und W-3RM, W-3SP Anakonda für SAR-Aufgaben, W-3W Huzar für Kampfzoneneinsätze. Als neueste Ausführung fliegt seit 2003 die Version W-3A2 mit neuem Vierachsen-Autopiloten. Der Hersteller hat 2009 angekündigt, eine neue Ausführung zu lancieren. Neu sind die Triebwerke LHTEC T-800 oder Turboméca Ardiden und ein Fünfblatthaupt- und Vierblatt-Heckrotor. Zudem ist ein Glas-Cockpit mit offener Architektur vorgesehen. Die Flugleistungen sollen sich stark verbessern, das Abfluggewicht auf 7400 kg steigen. Die maximale Nutzlast erhöht sich auf 2700 kg.
Hersteller: PZL-Swidnik, Swidnik, Polen (Tochtergesellschaft von Agusta-Westland Ltd.).

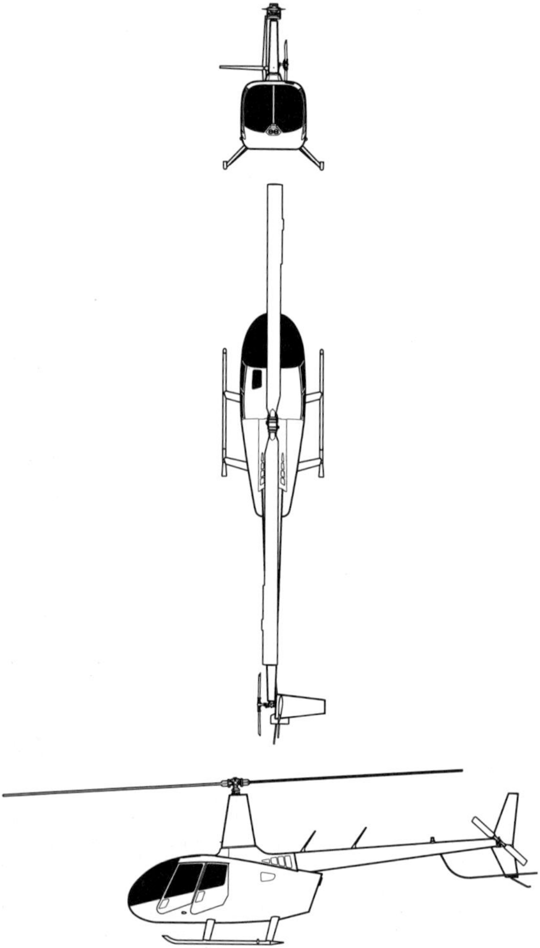

Abmessungen:
Rotordurchmesser 10,06 m
Rumpflänge inkl. drehendem Heckrotor 9,00 m
Höhe 3,48 m.

ROBINSON R66 TURBINE

Ursprungsland: USA.
Kategorie: Leichter Hubschrauber.
Triebwerke: Eine Gasturbine Rolls Royce RR 300 von 295 WPS (220 kW) Leistung.
Leistungen (Nach Angaben des Herstellers): Normale Reisegeschwindigkeit 220 km/h; max. Steiggeschwindigkeit 5 m/Sek; Dienstgipfelhöhe 4250 m; Schwebehöhe mit und ohne Bodeneffekt rund 3050 m, Reichweite mit max. interner Treibstoffzuladung rund 650 km.
Gewichte: Leergewicht 580 kg; max. Startgewicht 1225 kg.
Zuladung: Ein Pilot und vier Passagiere; Nutzlast bei vollen Treibstofftanks 420 kg.
Entwicklungsstand: Die Flugerprobung des ersten Prototyps begann am 7. November 2007. Der Hersteller nimmt Bestellungen für dieses Muster erst seit Februar 2010 entgegen. Im Oktober erhielt die R66 ihre Zulassung. Mit der Auslieferung der ersten Serienmuster startete man Ende 2010. Noch ist der aktuelle Auftragsbestand nicht bekannt. Von den weiterhin gebauten Versionen R22 und R44 sind bisher über 10000 Einheiten gebaut worden. Jährlich kommen weitere rund 800 hinzu.
Bemerkungen: Äußerlich hat die R66 viele Gemeinsamkeiten mit dem Ausgangsmuster R44, wie beispielsweise die Passagierkabine mit großen Fenstern, den markanten Rotorträger sowie den Zweiblattrotor. Die Unterschiede sind mehr technischer Natur wie dank des stärkeren Turbinentriebwerks deutlich bessere Flugleistungen, besonders in großen Höhen. Zudem verfügt die R66 Turbine über generell größere Leistungsreserven. Die Kabine ist vergrößert und hat Platz für einen fünften Sitz sowie für mehr Gepäck in einem separaten Abteil. Schließlich wurde die Inneneinrichtung aufgewertet, beispielsweise serienmäßig durch Ledersitze und durch eine Stereoanlage. Den Verkaufspreis für die Basisversion ohne Optionen gibt der Hersteller mit US$ 790000.– an. Für eine Flugstunde sollen Betriebskosten von nur US$ 290.– anfallen.
Hersteller: Robinson Helicopter Comp., Torrance, Kalifornien, USA.

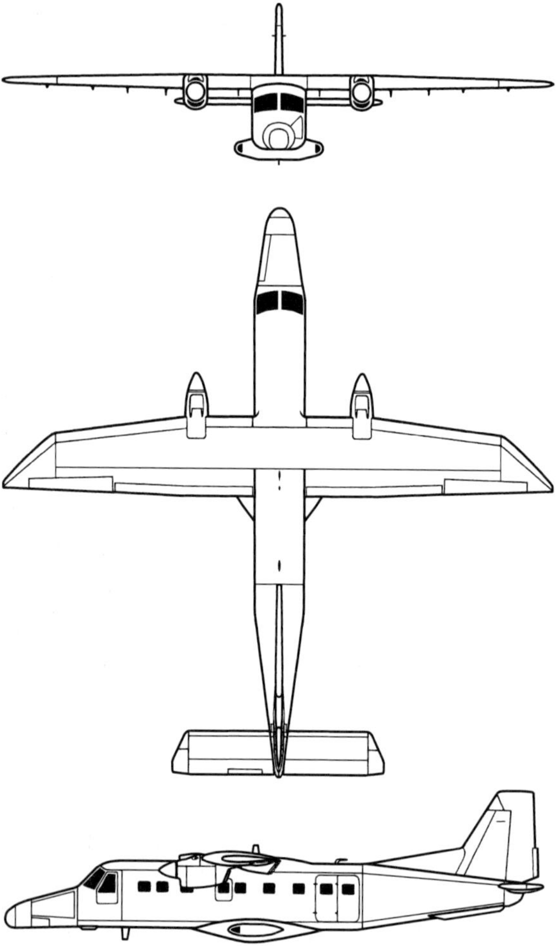

Abmessungen:
Spannweite 16,97 m
Länge 16,55 m
Höhe 4,86 m,
Flügelfläche 32,00 m^2.

RUAG (DORNIER) DO-228 NEW GENERATION

Ursprungsland: Deutschland, Indien und Schweiz.
Kategorie: Regionalverkehrsflugzeug, Mehrzwecktransporter und Marine-Patrouillenflugzeug.
Triebwerke: Zwei Propellerturbinen Garrett (Honeywell) TPE 331-10 von je 775 WPS (580 kW) Leistung.
Leistungen: Max. Reisegeschwindigkeit 435 km/h, Dauer-Reisegeschwindigkeit 333 km/h; max. Steiggeschwindigkeit 9,1 m/Sek; Dienstgipfelhöhe 9000 m; Reichweite mit 19 Passagiere inkl. Reserven 845 km.
Gewichte: Leergewicht 3742 kg; max. Startgewicht 6400 kg, mit Überlast 6600 kg.
Zuladung: Zwei Mann Cockpitbesatzung und je nach Innenausstattung bis zu 19 Passagiere, als Frachter max. Nutzlast 2200 kg.
Entwicklungsstand: Der Prototyp der Do 228-100 flog erstmals am 29. März 1981. Bis zur Produktionseinstellung 1998 wurden über 200 Einheiten der verschiedenen Ausführungen gebaut. In Indien produziert HAL diesen Typ weiterhin in geringen jährlichen Stückzahlen. Das Erprobungsmuster der Neuauflage Do 228NG (New Generation) fliegt seit September 2008, das erste der Serie entsprechende Muster folgte am 5. November 2009. Bisher liegen Bestellungen für rund zehn Einheiten vor. Mit den Ablieferungen wurde 2010 begonnen.
Bemerkungen: Die ursprünglich von Dornier entwickelte Do 228 war als robustes, einfaches und kostengünstiges Arbeitsflugzeug bekannt. Der rechteckige Rumpfdurchmesser ließ sich sehr gut beladen. Dafür musste auf die Druckkabine verzichtet werden. Bekannt wurde dieser Typ auch durch den für damalige Verhältnisse sehr aerodynamischen Flügel mit superkritischer Auslegung. Unter der Verantwortung der schweizerischen RUAG wird nun eine überarbeitete Fassung neu aufgelegt. In wesentlichen Teilen gleich wie das Ursprungsmuster, fällt die neue Ausführung u.a. durch leistungsfähigere Fünfblatt-Propeller und aerodynamisch leicht verbesserte Flügel auf. Dies führt zu gewissen Leistungssteigerungen und zu geringerer Lärmentwicklung. Weiter wird ein neues Cockpit heutiger Technologie eingebaut. Wesentliche Teile des neuen Musters werden in Indien durch HAL hergestellt, die Endmontage erfolgt in Deutschland. Für die deutsche Marine wird eine Do 228NG mit entsprechender Ausrüstung zur Umweltschutzüberwachung beschafft.
Hersteller: RUAG Aerospace Ltd., Emmen, Schweiz; Werk Oberpfaffenhofen/Wessling, Bayern, Deutschland.

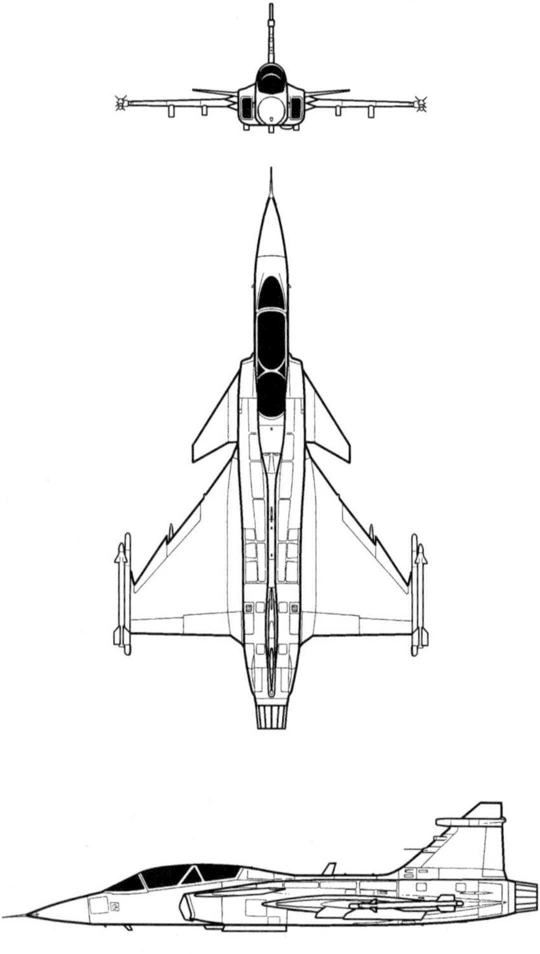

Abmessungen (JAS39C/D):
Spannweite 8,40 m
Länge (Einsitzer) 14,10 m, (Doppelsitzer) 14,80 m
Höhe 4,50 m
Flügelfläche 30 m^2.

SAAB JAS 39 NEW GRIPEN

Ursprungsland: Schweden.
Kategorie: Ein- oder zweisitziger Mehrzweckjäger.
Triebwerke: Ein Mantelstromtriebwerk General Electric F414G von 6470 kp (63,40 kN) ohne und 9978 kp (98,00 kN) mit Nachbrenner.
Leistungen (JAS 39C/D): Höchstgeschwindigkeit auf Meereshöhe 1470 km/h (Mach 1,2) bzw. Mach 2,0 auf 11000 m; Dienstgipfelhöhe 18000 m; Einsatzradius als Abfangjäger mit zwei Rb24 Sidewinder und Rb72 Sky Flash 800 km; Überführungsreichweite (Gripen) 3000 km, (New Gripen) 4000 km.
Gewichte: Max. Startgewicht 16000 kg.
Bewaffnung: Eine 27 mm-Kanone Mauser BK27. Sechs Flügelstationen (inkl. zwei an den Flügelspitzen) für bis zu vier Luft-Luft-Lenkwaffen AIM-120 AMRAAM bzw. Rb72 Sky Flash und zwei Rb24 Sidewinder. Unter dem Rumpf befinden sich weitere zwei Waffenstationen; max. Waffenlast 5200 kg.
Entwicklungsstand: Die neueste Ausführung New Gripen nahm die Flugerprobung am 27. Mai 2008 auf. Ob dieses Muster als Gripen Next Generation in Serie geht, hängt von allfälligen Bestellungen ab. Die Ursprungsausführung JAS 39 flog erstmals am 9. Dezember 1988. Von den Varianten A, B, C und D wurden bisher bestellt und weitgehend bereits gebaut: Schwedische Luftwaffe 146 (alle Versionen), Südafrika 19 JAS39C, 9 JAS 39D, Ungarn 12 JAS 39C, 2 JAS 39D, Tschechien 12 JAS 39C, 2 JAS 39D und Thailand neu 12 JAS 39C/D.
Bemerkungen: Mit der New Gripen lancierte Saab eine deutlich verbesserte Variante, welche u.a. auch als Konkurrenzmuster zur Lockheed Martin F-35A (siehe Seiten 236/237) gedacht ist. Das stärkere Triebwerk erlaubt die Verbesserung der meisten Leistungsparameter. So besitzt diese Version Supercruise-Fähigkeiten. Die erhöhte Nutzlast erlaubt das Mitführen von 1000 kg mehr Waffen. Zwei zusätzliche Aufhängepunkte unter dem Rumpf sind vorhanden. Erhöht wurde auch die Tankkapazität um 1400 l. Das verstärkte Hauptfahrwerk wurde neu unter den Flügeln positioniert und weist eine breitere Spur auf. Schließlich besitzt die New Gripen eine AESA-Radarantenne von Thales und die ganze Avionik ist nun modular aufgebaut.
Hersteller: Saab-Scania Aktiebolag, Linköping, Schweden.

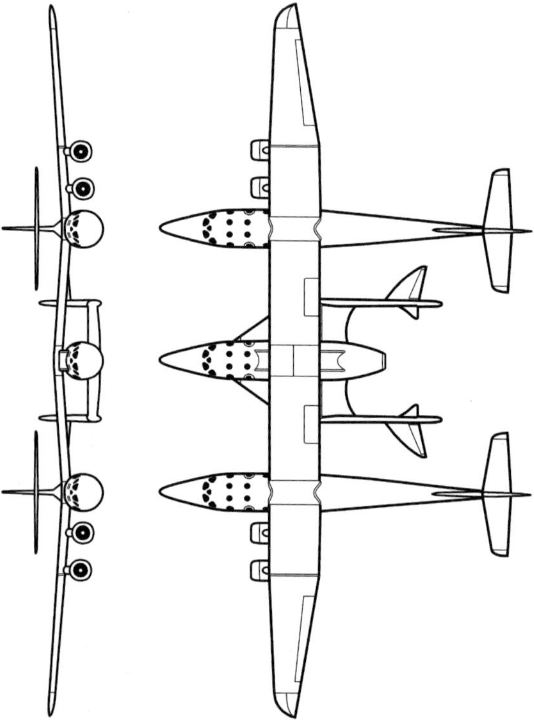

Abmessungen (WhiteKnightTwo/SpaceShipTwo):
Spannweite 42,67/12,80 m
Länge 23,77/18,29 m
Höhe 7,62/4,57 m

SCALED COMPOSITES WHITEKNIGHT TWO/SPACESHIP TWO

Ursprungsland: USA.
Kategorie (WhiteKnightTwo): Transporter und Startplattform für SpaceShipTwo, (SpaceShipTwo): Weltraumgleiter.
Triebwerke (WhiteKnightTwo): Vier Mantelstromtriebwerke Pratt & Whitney PW308A von je 3130 kp (30,69 kN) Standschub; (SpaceShipTwo): Regel- und abschaltbares Raketentriebwerk noch unbekannter Leistung; Zusatztriebwerke zur Lagesteuerung im All.
Leistungen (WhiteKnightTwo): Es sind noch keine Leistungsdaten publiziert worden, außer eine Dienstgipfelhöhe von 18300 m und eine Überführungsreichweite von 5400 km; (SpaceShipTwo): Höchstgeschwindigkeit 4200 km/h; Dienstgipfelhöhe je nach Nutzlast zwischen 110 und 140 km.
Gewichte: Noch keine Daten bekannt.
Zuladung: Zwei Mann Cockpitbesatzung und (WhiteKnightTwo) für Trainingseinsätze bis zu sechs Personen bzw. eine maximale Nutzlast von 17000 kg, beispielsweise das SpaceShipTwo. Dieses kann sechs Passagiere mitführen.
Entwicklungsstand: Die erste WhiteKnightTwo nahm am 21. Dezember 2008 die Flugerprobung auf. Insgesamt sollen vorläufig zwei WhiteKnightTwo und fünf SpaceShipTwo (sieben Optionen) gebaut werden. Ein erster Flug der beiden Komponenten zusammen erfolgte am 22. März 2010, gefolgt vom ersten Gleitflug der nun »VSS Enterprise« genannten SpaceShipTwo am 10. Oktober 2010. Die ersten Einsätze mit zahlenden Passagieren sind für 2011 vorgesehen. Als Betreiber ist die Virgin Galactic gegründet worden.
Bemerkungen: Das Weltraum-Transportsystem ist für kommerzielle Passagierflüge ins Weltall konzipiert und besteht aus zwei Teilen: Als Transporter für den Weltraumgleiter dient die WhiteKnightTwo. Dieser besteht weitgehend aus Kohlefasern und kann zwischen den beiden Rümpfen diverse Nutzlasten, vorderhand das SpaceShipTwo mitführen. Auf einer Höhe von rund 15000 m wird dieses ausgeklinkt. Wenige Sekunden danach startet das SpaceShipTwo sein Raketentriebwerk. In kurzer Zeit erreicht es rund 4200 km/h in einer Höhe von 110 km. Nach etwa vier bis fünf Minuten der Schwerelosigkeit gleitet das SpaceShipTwo in einer ballistischen Bahn zurück zur Erde und landet konventionell auf dem Startflughafen. Der Ausflug dauert rund zwei Stunden. Das SpaceShipTwo ist ebenfalls eine Kohlenfaser-Konstruktion, welche an den besonders exponierten Stellen durch Hitzeschutzschilder ergänzt wird.
Hersteller: Scaled Composites Co., Mojave, Kalifornien, USA.

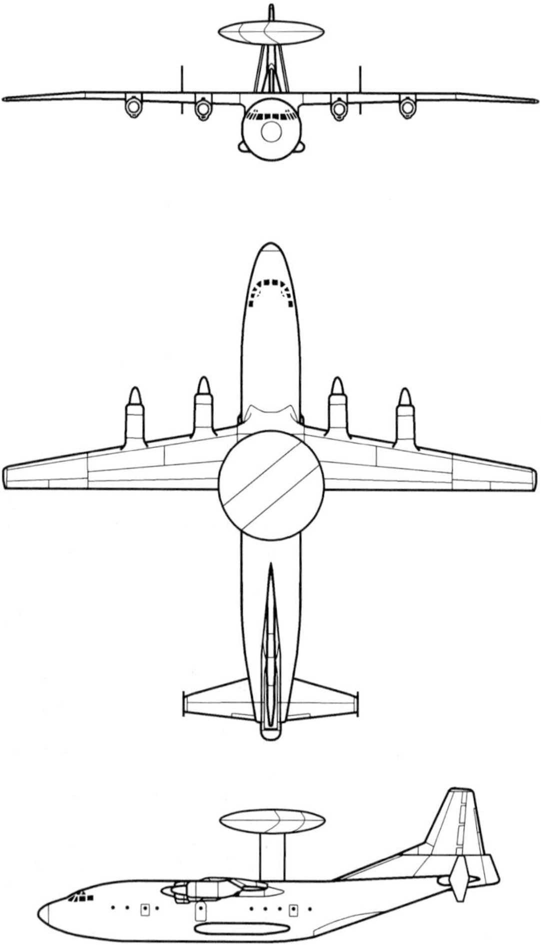

Abmessungen:
Spannweite 38,00 m
Länge 34,02 m
Höhe 11,16 m
Flügelfläche 121,86 m².

SHAANXI AIRCRAFT Y8W/KJ200

Ursprungsland: Volksrepublik China.
Kategorie: Frühwarn- und Radarüberwachungsflugzeug.
Triebwerke (Y8F-600): Vier Propellerturbinen Pratt & Whitney PW 150B von unbekannter Leistung.
Leistungen (Y8F-400): Höchstgeschwindigkeit 640 km/h, Reisegeschwindigkeit 550 km/h; Anfangssteiggeschwindigkeit 7,8 m/Sek; Dienstgipfelhöhe 8000 m; Reichweite mit max. Nutzlast 2150 km, mit max. Treibstoffzuladung 4500 km.
Gewichte (Y8F-400): Leergewicht 34760 kg; max. Abfluggewicht 61000 kg.
Zuladung (Y8F-400): Drei Mann Besatzung und bis zu 96 Soldaten bzw. 72 liegende und 20 sitzende Verletzte plus drei Pfleger; max. Nutzlast 15000 kg.
Entwicklungsstand: Die Ursprungsausführung Y-8 fliegt seit 25. Dezember 1974. Von der AEW-Ausführung erhält die Luftwaffe der VR China sechs Y8W, Pakistan vier als ZDK-03 bezeichnete Einheiten.
Bemerkungen: Von der russischen An-12 abgeleitet, hat Shaanxi mehrere Ableitungen und neue Versionen entwickelt oder in Planung. Was die AEW&C/ELINT/SIGINT-Ausführungen angeht, gibt es verschiedene Ausführungen. Sich einen Überblick zu verschaffen, ist kaum möglich. Mehrheitlich handelt es sich um Prototypen. In Serienproduktion gingen offenbar nur die KJ-200, die ZDK-03 und die Y8W. Die KJ-200 basiert auf der Y8F-600 und besitzt ein elektronisch scannendes Fixradar über dem Rumpf. Sie soll am 14. Januar 2005 erstmals geflogen sein. Bei der an Pakistan abgelieferten ZDK-03 handelt es sich ebenfalls um eine Y8F-600, aber ausgerüstet mit einem drehenden »Tellerradar« analog der Iljuschin A50Ehl (siehe Seiten 210/211). Schließlich gibt es noch die Y8W, basierend auf der älteren Y8F-400, aber ebenfalls mit Drehradar über dem Rumpf (siehe Foto).
Hersteller: Shaanxi Aircraft Company, Shaanxi, VR China.

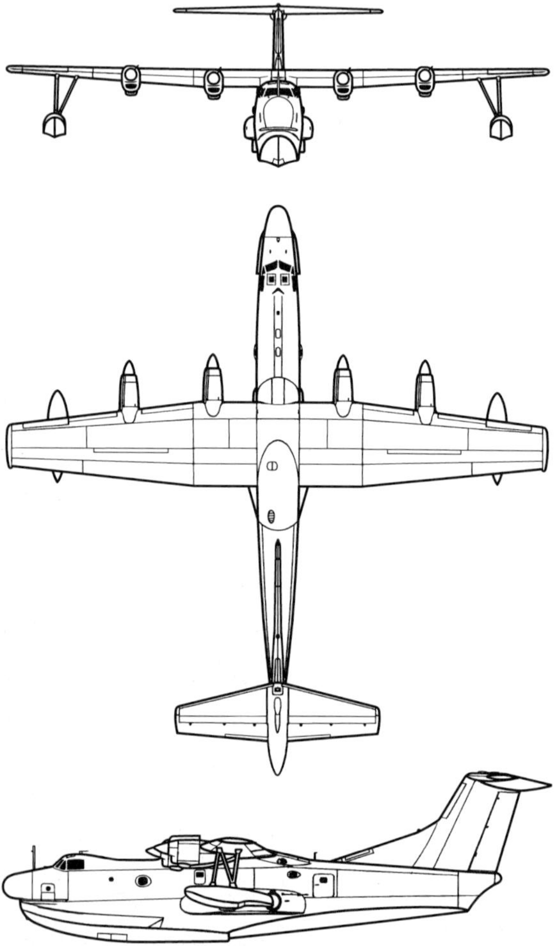

Abmessungen:
Spannweite 33,15 m
Länge 33,46 m
Höhe 9,80 m
Flügelfläche 135,82 m².

SHINMAYWA US-2 KAI

Ursprungsland: Japan.
Kategorie: Amphibisches SAR-Flugzeug für Langstrecken.
Triebwerke: Vier Propellerturbinen Rolls-Royce AE2100J von je 4500 WPS (3356 kW) Leistung.
Leistungen: Höchstgeschwindigkeit 555 km/h; Reisegeschwindigkeit 425 km/h; Dienstgipfelhöhe 7195 m; Reichweite ab Landflughafen 3815 km.
Gewichte: Rüstgewicht 25630 kg; max. Startgewicht ab Wasser 43000 kg, ab Land 45000 kg.
Zuladung: Zwei Piloten und 20 Passagiere oder 12 Tragen.
Entwicklungsstand: Der erste von zwei Prototypen dieser Weiterentwicklung der ursprünglichen US-1 nahm am 18. Dezember 2003 die Flugerprobung auf, der zweite folgte Mitte 2004. Die japanische Marine sieht vor, 14 US-2 zu beschaffen. Sieben Serienmaschinen sind mittlerweile bestellt, die erste wurde im Februar 2009 abgeliefert. Von der bisherigen Such- und Rettungsversion US-1 sind 19 gebaut worden und noch etwa 6 Einheiten befinden sich im Einsatz.
Bemerkungen: Nachdem die US-1 seit vielen Jahren im Dienst ist, soll die verbesserte Ausführung US-2 (früher als US-1A bezeichnet) die Nachfolge antreten. In wesentlichen Teilen handelt es sich dabei um eine Neukonstruktion. So werden die T64-Triebwerke von General Electric durch die leistungsfähigeren von Rolls-Royce ersetzt, die mit sechsblättrigen Propellern aus Verbundwerkstoffen verbunden sind. Damit erzielt die US-2 KAI deutlich bessere Flugleistungen im gesamten Spektrum. Die Startstrecke ab dem Wasser soll sich beispielsweise um 50 % verkürzen lassen. Um diese Werte zu erreichen, ist zusätzlich ein Triebwerk Rolls Royce Honeywell CTS800-4K eingebaut, welches für die Reduktion von Luftwirbeln Teile der Flügel anbläst. Das Triebwerk-Management übernimmt ein FADEC-System. Die Flügel werden durch solche weitgehend aus Verbundwerkstoffen ersetzt, der Rumpf ist in einzelnen Teilen druckbelüftet. Neu sind ebenfalls das Cockpit mit Flachbildschirmen und die gesamte Avionik. Die US-2 erhält auch ein neues Suchradar Ocean Master von Thales. Shin Maywa versucht, eine zivile Version als Lösch- oder Passagierflugzeug zu vermarkten. Erstere hätte eine Wasserkapazität von 12000 l.
Hersteller: Shinmaywa Industries Ltd., Werk Konan, Chiyoda-ku, Tokyo, Japan.

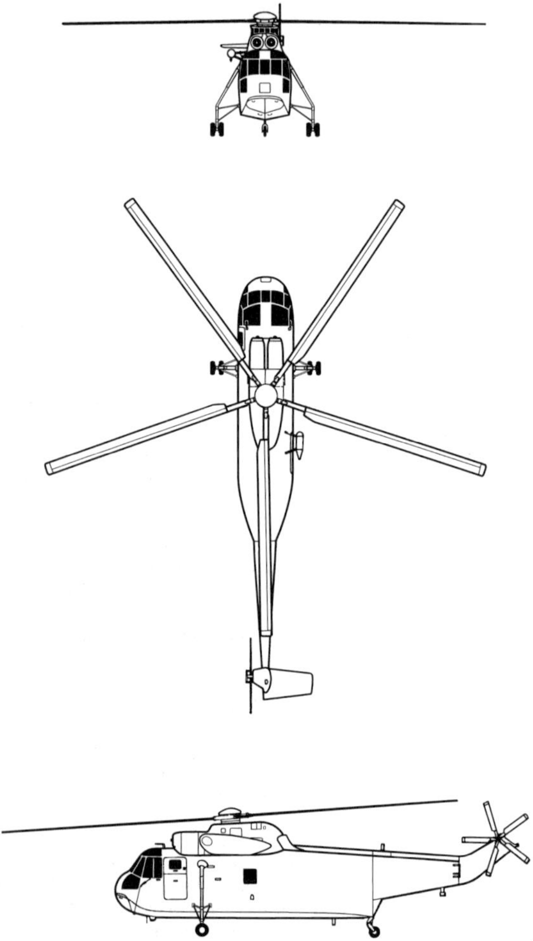

Abmessungen:
Rotordurchmesser 18,90 m
Rumpflänge 16,69 m
Höhe 4,92 m.

SIKORSKY S-61T TRITON

Ursprungsland: USA.
Kategorie: Mittelschwerer Mehrzweckhubschrauber.
Triebwerke: Zwei Gasturbinen General Electric T58-GE-10 von je 1500 WPS (1120 kW) Leistung.
Leistungen (SH-3H): Höchstgeschwindigkeit auf Meereshöhe 267 km/h; normale Reisegeschwindigkeit 219 km/h; max. Schrägsteiggeschwindigkeit 11,2 m/Sek; Dienstgipfelhöhe 4480 m; Schwebehöhe mit Bodeneffekt 3200 m, ohne Bodeneffekt 2500 m, Reichweite mit max. interner Treibstoffzuladung rund 1000 km.
Gewichte: Leergewicht 5481 kg; max. Startgewicht 9297 kg.
Zuladung: Zwei Piloten und bis zu 30 Passagiere.
Entwicklungsstand: Die erste überarbeitete S-61T Triton nahm die Flugerprobung Mitte 2010 auf. Das US State Department wird bis zu 110 Maschinen beschaffen, 17 sind bereits bestellt. Die ersten Maschinen wurden Mitte 2010 ausgeliefert. Die Ursprungsausführung S-61 flog erstmals am 11. März 1959 und wurde in zahlreichen Versionen für militärische wie auch zivile Zwecke verwendet und auch in mehreren Ländern in Lizenz gebaut.
Bemerkungen: Eine alte Konstruktion erlebt eine neue Verwendung. Basierend auf der Sikorsky S-61 entwickelte man die Version S-61T Triton. Mit Ausnahme der ersten vier Einheiten, welche aus zivilen Sikorsky S-61N stammen, werden eingemottete frühere amphibische U-Boot-Jagdhubschrauber SH-3D/G/H Sea King der US Navy neu aufgebaut. Die gesamte U-Bootjagd-Ausrüstung ist entfernt und eine neue Inneneinrichtung eingebaut. Zudem rüstet man den Hubschrauber mit einem digitalen Cockpit und neuen Rotoren aus und trifft weitere leistungsverbessernde Maßnahmen. Eingesetzt werden die Tritons primär als Personen- und Frachttransporter für US Botschaften in ausgewählten Ländern, insbesondere dort, wo für US Botschaftspersonal der Landtransport mit Risiken verbunden ist.
Hersteller: Sikorsky Aircraft, Stratford, Connecticut, und Carson Helicopters, USA.

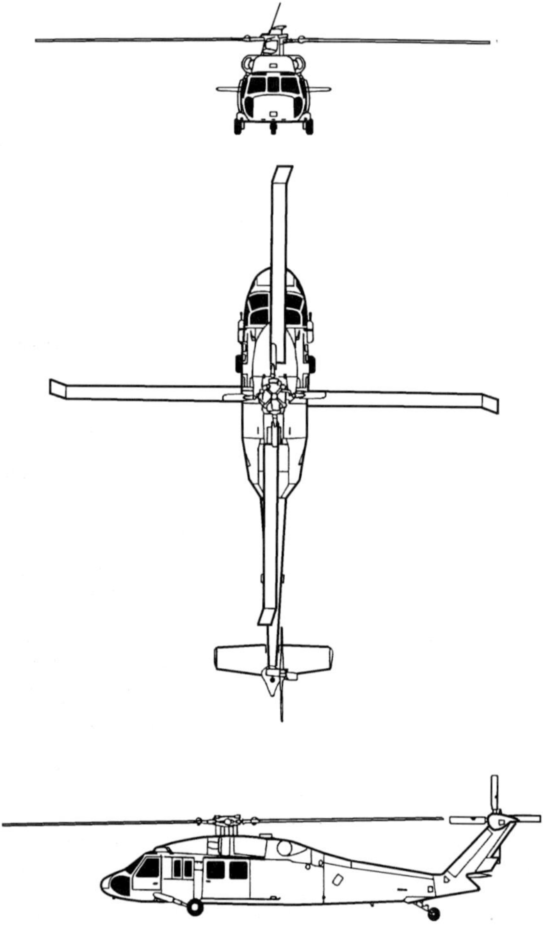

Abmessungen:
Rotordurchmesser 16,36 m
Rumpflänge 15,26 m
Höhe inkl. Rotormast 3,76 m.

SIKORSKY UH-60M BLACKHAWK

Ursprungsland: USA.
Kategorie: Taktischer Transporthubschrauber.
Triebwerke: Zwei Gasturbinen General Electric T700-GE-701D von je 2215 WPS (1651 kW) Leistung.
Leistungen: Höchstgeschwindigkeit bei einem Gewicht von 7620 kg 281 km/h; vertikale Steiggeschwindigkeit 5,04 m/Sek; Dienstgipfelhöhe 5837 m; Schwebehöhe ohne Bodeneffekt 3390 m; Reichweite mit 30 Min. Reserven 637 km, mit zwei 870-l-Zusatztanks 1667 km.
Gewichte: Leer 5670 kg; max. Startgewicht mit Außenlasten 10433 kg.
Zuladung: Drei Mann Besatzung und elf voll ausgerüstete Soldaten. Als Transporter bis zu 4100 kg Außenlasten am Frachthaken.
Entwicklungsstand: Die neueste Variante der mittlerweile umfangreichen S-70/H-70-Familie, die UH-60M, flog erstmals am 17. September 2003. Rund 1000 neue Hubschrauber werden für die US Army in jährlichen Tranchen von etwa 80 Maschinen seit 2007 beschafft. Bisher sind Aufträge über 400/465 UH/HH-60M eingegangen und rund 200 davon an die US Army abgeliefert worden. Weitere Bestellungen für diese Version: Bahrain 9, Mexico 3, Taiwan 60, UAE 40, USAF 4 HH-60M + Dept. Of States 3 UH-60M. Bis auf weiteres bleibt auch die UH-60L (siehe Ausgabe 2001) in Produktion. Über 3000 Blackhawks sind bisher an über zwei Dutzend militärische oder paramilitärische Organisationen, aber auch vereinzelt an Private geliefert worden. Neueste (Nach)bestellungen der UH-60L: Kolumbien weitere 9, Saudi Arabien 72 S-70i.
Bemerkungen: Die UH-60M stellt eine wesentlich weiter entwickelte Ausführung der UH-60L dar. Durch verschiedene Verbesserungen steigt die Lebensdauer der Triebwerke an. Ihre Leistung konnte zudem um 4 % verbessert werden. Weitere Merkmale der UH-60M sind die größere Treibstoffkapazität, breitere Rotorblätter und ein neues Glascockpit. Die Avionik umfasst auch ein GPS sowie einen neuen Autopiloten. Zudem musste die Struktur verstärkt werden. Später kommen vielleicht ein Fly-By-Wire-System und auch neue Triebwerke GE CT7-8C der Leistungsklasse 3000 WPS hinzu. Neu wird eine als S-70i bezeichnete Weiterentwicklung der UH-60L angeboten, die über eine crash-resistentere Kabine verfügt.
Hersteller: Sikorsky Aircraft, Stratford, Connecticut, USA.

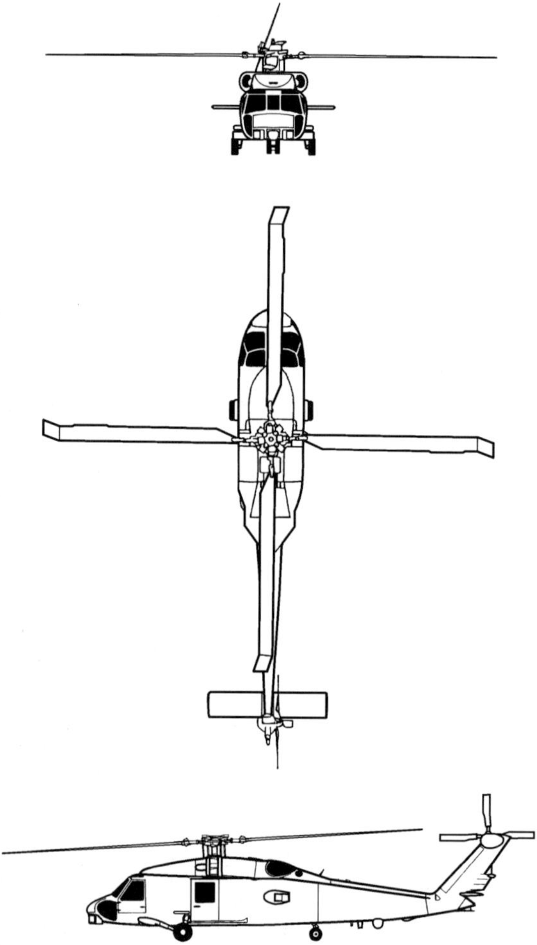

Abmessungen:
Rotordurchmesser 16,36 m
Rumpflänge 15,26 m
Höhe inkl. Rotormast 3,79 m.

SIKORSKY MH-60R STRIKEHAWK

Ursprungsland: USA.
Kategorie: Bordgestützter U-Bootjäger- und Mehrzweckhubschrauber.
Triebwerke: Zwei Gasturbinen General Electric T700-GE-401C von je 1900 WPS (1417 kW) Leistung.
Leistungen: Höchstgeschwindigkeit 272 km/h auf Meereshöhe; max. Reisegeschwindigkeit 249 km/h auf 1525 m; Aufenthaltsdauer 3 Std. 50 Min. in 92 km bzw. 45 Min. in 483 km Entfernung vom Stützpunkt.
Gewichte: Leergewicht 6191 kg; max. Startgewicht 10700 kg.
Bewaffnung: Zwei Torpedos Mk.46 oder zwei Antischiffslenkwaffen Penguin sowie AGM-114 Hellfire-Panzerabwehrlenkwaffen und ein 7,62 mm-Maschinengewehr.
Entwicklungsstand: Eine aus einer SH-60B umgebaute MH-60R flog erstmals am 19. Juli 2001, die erste voll ausgerüstete Ausführung am 4. April 2002. 307 sind durch die US Navy bestellt worden. Die erste Staffel hat im Oktober 2007 die Einsatzfähigkeit erlangt. Eventuell wird die australische Marine 24 Einheiten beschaffen. Von den verschiedenen Versionen der SH/HH-60 wurden rund 550 Einheiten an zehn Marinen oder Küstenwachen geliefert.
Bemerkungen: Während die Grundstruktur der MH-60R gegenüber dem Ausgangsmuster in etwa gleich bleibt, stellt sie in vielen Bereichen eine Neukonstruktion dar. So verfügt sie u.a. über ein EFIS-Glascockpit, APS-147-Mehrzweckradar, AQS-22-Sonar, Akustik-Prozessor. FLIR-Sensor und ECM-Ausrüstung sind ebenfalls völlig neu. Später sollen neue Triebwerke der 3000 WPS-Klasse (2240 kW) eingebaut werden, welche sowohl die Flugleistungen als auch die Wirtschaftlichkeit verbessern. Die Ausrüstung der MH-60R ermöglicht es, mehrere Aufgaben der früheren SH-60B/SH-60F/HH-60H-Versionen in einem Muster zu vereinen. Die SH-60K der japanischen Marine ist eine verbesserte Ausführung der SH-60J mit einer der MH-60R ähnlichen Aufdatierung (bisher 30 bestellt, 14 weitere geplant).
Hersteller: Sikorsky Aircraft, Stratford, Connecticut, USA.

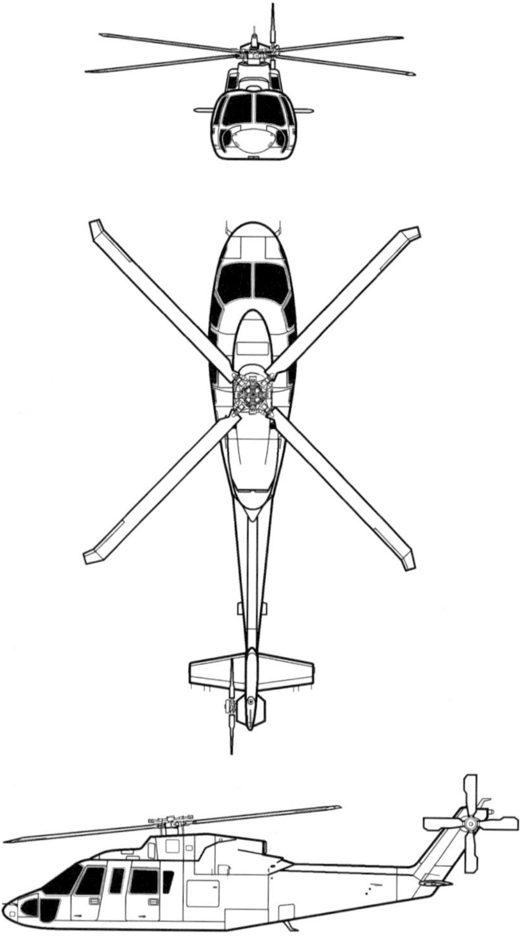

Abmessungen:
Rotordurchmesser 13,41 m
Rumpflänge 13,22 m
Höhe über Heckleitwerk 3,58 m.

SIKORSKY S-76D

Ursprungsland: USA.
Kategorie: Ziviler Mehrzweck- und Transporthubschrauber.
Triebwerke: Zwei Gasturbinen Pratt & Whitney PW 210S von je 1050 WPS (783 kW) Leistung.
Leistungen: Höchstgeschwindigkeit 285 km/h auf Meereshöhe; Reisegeschwindigkeit 260 km/h; Dienstgipfelhöhe 4572 m; Schwebehöhe mit Bodeneffekt 2957 bzw. ohne Bodeneffekt 1524 m; Reichweite mit normaler Treibstoffzuladung und 30 Min. Reserven 639 km, ohne Reserven 834 km.
Gewichte: Leergewicht 3269 kg; max. Startgewicht 5306 kg.
Zuladung: Ein bis zwei Piloten und normal sechs, maximal 12 Passagiere; max. Nutzlast (Utility/Executive, S-76C++) 2129/1571 kg.
Entwicklungsstand: Der Prototyp der S-76D hob erstmals am 7. Februar 2009 ab, ein zweiter folgte im Oktober des gleichen Jahres. Mit den Auslieferungen soll nach technisch bedingten Verspätungen erst im Laufe 2012 begonnen werden. Bisher sind Bestellungen für 120 Exemplare (+ Optionen) bekannt gegeben worden, darunter von Saudi Arabien für 12 (+ 8 Optionen). Von allen Versionen baute der Hersteller bisher rund 700 Einheiten. Die S-76C++ (siehe Ausgabe 2009) wird parallel zur S-76D weiterhin hergestellt.
Bemerkungen: Die derzeit neueste Ausführung S-76D ist mit leistungsfähigeren und verbrauchsgünstigeren Triebwerken ausgestattet. Besonders in heißen und hochgelegenen Regionen kann sie wesentlich größere Nutzlasten mitführen. Zudem verfügt sie über vibrationsärmere Rotorblätter aus Verbundwerkstoffen. Neu ist auch die TopDeck-Avionik von Thales. Wegen der umfangreicheren Ausrüstung musste auch das elektrische System verstärkt werden. Mit der S-76D zielt der Hersteller primär auf den VIP-Hubschraubermarkt. Diese Version ist mit einer entsprechend komfortablen Inneneinrichtung ausgerüstet. Im Flug soll sie noch vibrations- und geräuschärmer als die Vorgängerversion sein. Der Rumpf und weitere Elemente werden von Aero Vodochody in Tschechien hergestellt.
Hersteller: Sikorsky Aircraft, Stratford, Connecticut, USA.

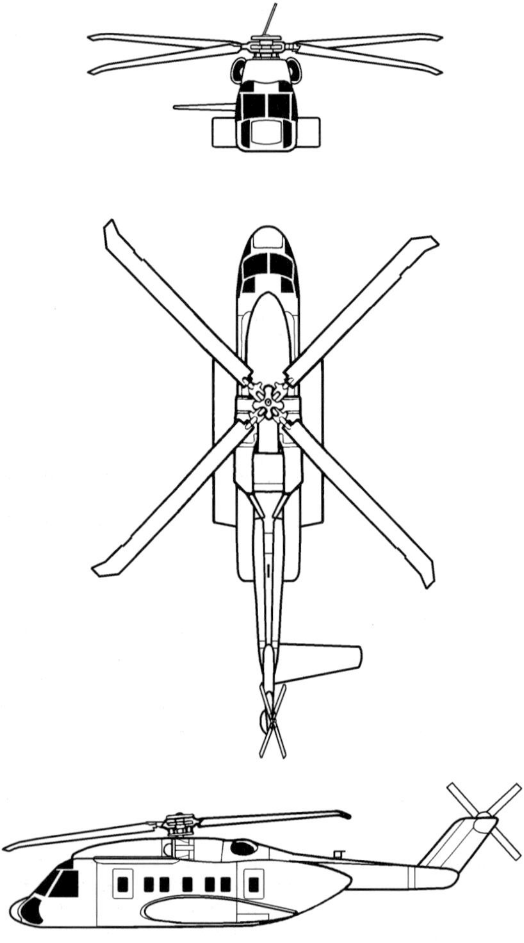

Abmessungen:
Rotordurchmesser 17,17 m
Rumpflänge 17,10 m
Höhe inkl. Rotorkopf 4,71 m.

SIKORSKY S-92 HELIBUS/SUPERHAWK

Ursprungsland: USA.
Kategorie: Ziviler und militärischer Mehrzweckhubschrauber.
Triebwerke: Zwei Gasturbinen General Electric CT7-8 von je 2400 WPS (1790 kW) Leistung.
Leistungen: Höchstgeschwindigkeit 305 km/h; max. Reisegeschwindigkeit 280 km/h; normale Reisegeschwindigkeit 254 km/h; Dienstgipfelhöhe 4570 m; Schwebehöhe mit Bodeneffekt 3261 m, ohne Bodeneffekt 1942 m; Reichweite mit 19 Passagieren ohne Reserven 996 km, max. 1272 km.
Gewichte: Leergewicht 7212 kg; max. Startgewicht mit interner Nutzlast 12150 kg, mit externer Nutzlast 12837 kg.
Zuladung: Zwei Piloten und zwischen 19 und 22 Passagiere; max. externe Nutzlast 4760 kg.
Entwicklungsstand: Das erste von vier Erprobungsexemplaren S-92A startete am 23. Dezember 1998 zum Erstflug. Die Ablieferung an Kunden begann Mitte 2004. Rund 130 Hubschrauber waren Ende 2010 im Einsatz, darunter mehrere als Staatshubschrauber (Bahrain, Guinea, Qatar, Südkorea, Thailand, Türkei, Turkmenistan). 28 Einheiten einer Mehrzweckversion CH-148 Cyclone (Erstflug 15. November 2008) erhält die Marine Kanadas. Taiwan beschafft drei S-92 als Such- und Rettungshubschrauber. Die bisher größten zivilen Besteller sind CHC Helicopters mit 30 und Bristow mit 18 Einheiten. Der neueste Auftrag ging von der japanischen National Police Agency ein.
Bemerkungen: Während der Rumpf eine völlige Neukonstruktion darstellt, sind die meisten dynamischen Komponenten (Haupt- und Heckrotor, Rotorkopf) von der S-70 übernommen. Die geräumige Kabine (Länge 5,67 m, Breite 2,00 m, Höhe 1,83 m) bietet einen Komfort wie ein Linienflugzeug, so z.B. bezüglich Lärm und Vibration. Das Fahrwerk ist einziehbar. Zum besseren Beladen ist eine Heckladerampe vorhanden. Nebst der heute üblichen Elektronik verfügt die S-92 über die Besonderheit eines digitalen Flugkontrollsystems (AFCS), das den Hubschrauber auch im Schwebeflug automatisch steuert. Als Avionik gelangt die Collins Pro Line 21 zum Einbau. Die S-92 soll dank verschiedener Kits für eine Vielfalt von Aufgaben einsetzbar sein, u.a. Offshore-Einsätze, SAR-, ASW-Aufgaben sowie für VIP- und Commuterflüge.
Hersteller: Sikorsky Aircraft, Stratford, Connecticut, USA.

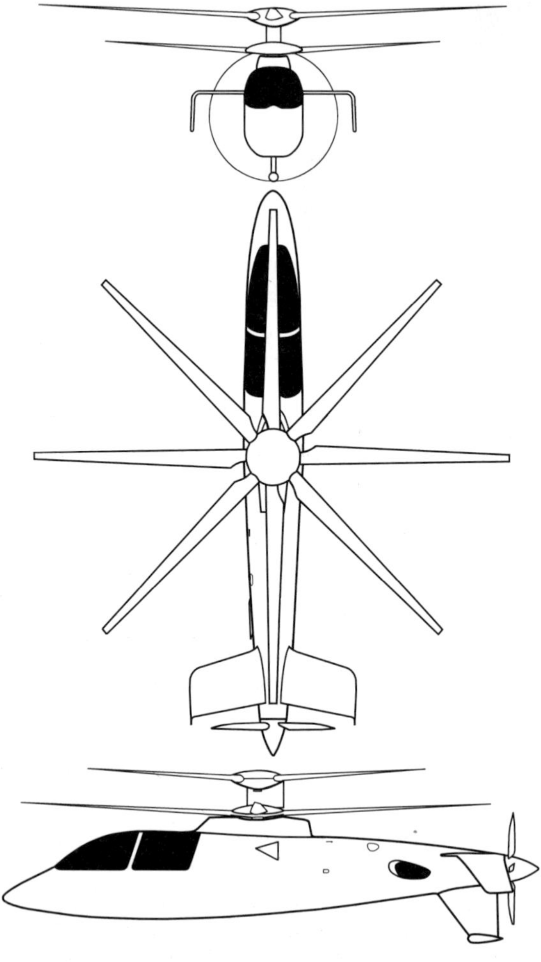

Abmessungen:
Noch keine Angaben erhältlich.

SIKORSKY X-2/X-2 LHT/S-97 RAIDER

Ursprungsland: USA.
Kategorie (X-2): Zweisitziger Technologieträger, (X-2 LHT) Erprobungsträger für einen taktischen Hubschrauber.
Triebwerke (X-2): Eine Gasturbine Honeywell LHTEC T800-801 von rund 1600 WPS (1200 kW) Leistung.
Leistungen (X-2, nach Angaben des Herstellers): Höchstgeschwindigkeit 465 km/h; Reichweite 1300 km.
Gewichte (geschätzt): Max. Startgewicht 3600 kg.
Zuladung: Zwei Mann Besatzung in Tandem-Anordnung.
Entwicklungsstand: Der vorläufig einzige Prototyp startete am 27. August 2008 zum Erstflug. Vorderhand ist ein längeres Erprobungsprogramm vorgesehen, bei dem die Leistungsparameter immer weiter ausgedehnt werden. Ob daraus eine für zivile oder militärische Zwecke abgeleitete Serienmaschine entsteht, ist noch offen. Der Hersteller präsentierte Mitte 2009 eine Attrappe einer Weiterentwicklung X-2 LHT. Derzeit ist nicht klar, ob auf dieser Basis ein Prototyp gebaut wird.
Bemerkungen: 2005 kündigte Sikorsky den Programmstart für den Erprobungsträger neuer Technologien X-2 an. Hervorstechendes Merkmal ist der Koaxialantrieb, also zwei gegenläufig drehende Hauptrotoren verbunden mit einem Schubpropeller. Bereits früher hat Sikorsky dieses Prinzip erprobt. Damit will man die Vorteile des Hubschraubers mit denen eines Flächenflugzeuges verbinden, ohne auf das Prinzip des Schwenkrotors greifen zu müssen. Für Hub und Vortrieb genügt ein einziges Triebwerk, was die Komplexität des Prinzips erheblich reduziert. Die gesamte Steuerung nach Fly-By-Wire-Prinzip ist völlig neu entwickelt. Ein Aktivsystem soll die bei Hubschraubern bekannten Vibrationen weitgehend eliminieren. Mit der X-2 LHT präsentiert Sikorsky eine konkrete Anwendungsmöglichkeit des X-2-Konzepts. Er soll zum leichten Kampfhubschrauber S-97 Raider (siehe Phantombild) weiterentwickelt werden und insbesondere für Aufklärungs-, Abwehr- und Spezialaufgaben geeignet sein.
Hersteller: Sikorsky Aircraft, Werk Schweizer Elmira, New York, Stratford, Connecticut, USA.

Abmessungen (Su-30MK):
Spannweite 14,70 m
Länge 21,93 m
Höhe 6,35 m
Flügelfläche 63,20 m².

SUCHOJ SU-30MKK/MKI/MK2

Ursprungsland: Russland.
Kategorie: Zweisitziges Mehrzweckkampfflugzeug.
Triebwerke: Zwei Mantelstromtriebwerke Saturn (Lyulka) AL-31F von je 8100 kp (79,43 kN) Standschub ohne und 12500 kp (122,60 kN) mit Nachbrenner.
Leistungen (Su-30MK): Höchstgeschwindigkeit Mach 2,0 in großer Höhe; 1350 km/h auf Meereshöhe (Mach 1,1); Anfangssteiggeschwindigkeit 330 m/Sek; Dienstgipfelhöhe 17300 m; Einsatzradius im Tiefflug 1270 km, Reichweite in großen Höhen 3000 km, mit einer Flugbetankung 5200 km.
Gewichte (Su-30MKK): Leergewicht 17700 kg; max. Startgewicht 34500 kg.
Bewaffnung: Eine sechsläufige 30-mm-Revolverkanone und Waffen aller Art bis zu 8000 kg an zwölf Aufhängepunkten.
Entwicklungsstand: Die Mehrzweckversion Su-30M fliegt seit 30. Dezember 1989, gefolgt von der Su-30MKK 1993 und der Su-30MKI am 26. November 2000. Mehr als 200 Su-30MKK bzw. Su-30MK2 beschafft die chinesische Luftwaffe, 24 die Marine. Folgende weitere Luftwaffen setzen diese Version ein: Algerien 28 Su-30MKI + neu weitere 16, Indien neu 272 (18 Su-30K, 32 Su-30MKI + 222 MKI im Lizenzbau), Indonesien 12 Su-30MK, Malaysia 18 Su-30MKM, Russland 4 M2, Venezuela 24 Su-30MKV, Vietnam neu 24 Su-30MK2.
Bemerkungen: Die doppelsitzige Ausführung Su-30M ist vorwiegend für Jagdbomber-Einsätze vorgesehen. Entsprechend dem Aufgabenspektrum wurden anstelle des Abfangradars ein neues Kampfelektroniksystem sowie ein Navigationssystem Loran eingebaut. Besonders die Heckpartie wurde überarbeitet und verstärkt. Eine Exportversion heißt Su-30MK und ist ebenfalls mit Vorflügeln und auf Wunsch mit zusätzlicher Vektorsteuerung (Su-30MKI) ausgerüstet. Ein weiterer Unterschied zur Su-30M besteht in der Kampfelektronik. 2002 wurde unter der Bezeichnung Su-30KN eine Weiterentwicklung mit digitalem Cockpit, neuem Missions-Computer und überarbeitetem Waffenkontrollsystem vorgestellt. Ganz neu ist die Su-30MK2, u.a. für die Luftwaffe Chinas. Sie weist verbesserte Erdkampffähigkeiten auf und kann Präzisionswaffen neuester Generation mitführen.
Hersteller: Suchoj Design Bureau/KnAAPO, Werke Komsomolsk-na-Amur und Irkutsk, Moskau, Russland.

Abmessungen:
Spannweite 15,30 m
Länge 21,93 m,
Höhe 5,90 m.

SUCHOJ SU-35M-1

Ursprungsland: Russland.
Kategorie: Einsitziger Luftüberlegenheits- und Mehrzweckjäger.
Triebwerke: Zwei Mantelstromtriebwerke NPO Saturn 117S mit Schubvektorsteuerung von je 8800 kp (86,27 kN) ohne und 14500 kp (142,97 kN) mit Nachbrenner.
Leistungen: Höchstgeschwindigkeit Mach 2,25 in großer Höhe; 1400 km/h auf Meereshöhe; Anfangssteiggeschwindigkeit 330 m/Sek; Dienstgipfelhöhe 18000 m; Einsatzradius im Tiefflug 1270 km, Reichweite auf Meereshöhe 1580 km, in großen Höhen 3600 km, mit Zusatztanks 4500 km.
Gewichte: Leergewicht 17000 kg; max. Startgewicht 34000 kg, mit Überlast 38800 kg.
Bewaffnung: Eine sechsläufige 30-mm-Revolverkanone und Waffen aller Art bis zu 8000 kg an zwölf Aufhängepunkten.
Entwicklungsstand: Der erste Prototyp nahm die Flugerprobung am 19. Februar 2008 auf, gefolgt vom zweiten am 2. Oktober 2008. Die russische Luftwaffe bestellte 2009 48 Su-35M. Ein Kaufinteresse liegt seitens der VR China vor. Die Einsatzbereitschaft wird für 2011 erwartet.
Bemerkungen: Erste Bemühungen, die einsitzige Su-27 weiterzuentwickeln, gab es bereits Mitte der Neunziger Jahre. Immer wieder wurden weitere Varianten vorgestellt, die aber alle im Prototypstadium stecken blieben. Die neueste als Su-35-1 bezeichnete Ausführung der Generation 4++ besitzt einen überarbeiteten Flügel. Dafür wurde auf die Vorflügel verzichtet. Dank stärkerer Triebwerke mit Schubvektorsteuerung verbessern sich diverse Leistungsparameter. So besitzt die Su-35M-1 Supercruise-Fähigkeiten. Eingebaut wird das derzeit modernste russische Kampfradar Tikhomirov NIIIP Irbis-E mit neuester Phased-Array-Funktion (= elektronische Strahlschwenkung). Weitere Elektroniksysteme, z.B. zur Suche via Infrarot und zur Verfolgung von Zielen sind vorgesehen. Völlig neu ist das Cockpit mit u.a. sog. HOTAS-Bedienung (**H**ands-**O**n-**T**hrottle-**A**nd-**S**tick). Angesichts des erhöhten Startgewichts wurde das Fahrwerk verstärkt und vorne mit Zwillingsrädern versehen.
Hersteller: Suchoj Design Bureau/KnAAPO, Werk Komsomolsk-na-Amur, Moskau, Russland.

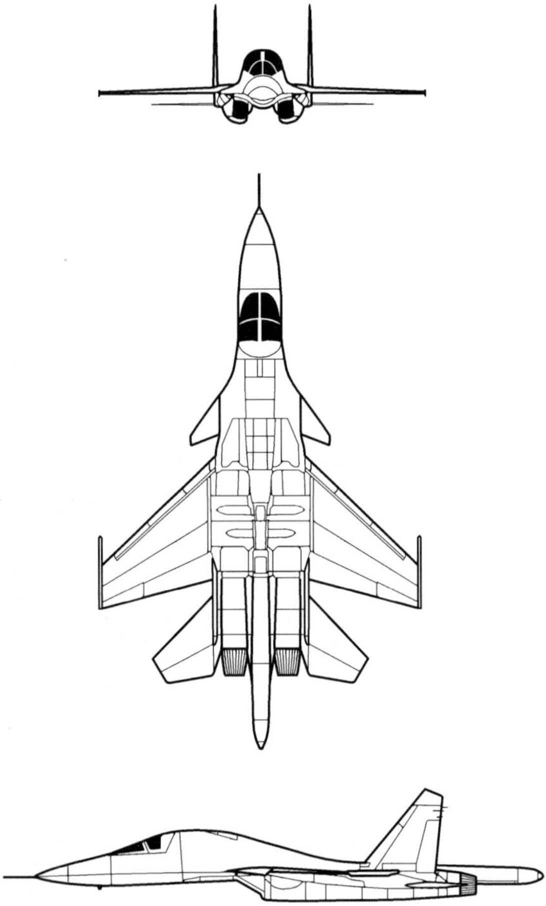

Abmessungen:
Spannweite 14,70 m
Länge 23,95 m
Höhe 6,10 m
Flügelfläche 62,00 m^2.

SUCHOJ SU-34

Ursprungsland: Russland.
Kategorie: Zweisitziger Jagdbomber.
Triebwerke: Zwei Mantelstromtriebwerke Saturn (Ljulka) AL-35F von je rund 14000 kp (137 kN) Standschub mit Nachbrenner.
Leistungen (geschätzt): Höchstgeschwindigkeit 2500 km/h auf 11000 m (Mach 2,35), auf Meereshöhe 1400 km/h (Mach 1,17); Dienstgipfelhöhe 14000+ m; max. Reichweite 4000 km.
Gewichte: Max. Startgewicht 44360 kg.
Bewaffnung: Zwei eingebaute 30-mm-Kanonen und eine Waffenlast von 8200 kg, z.B. Luft-Boden-Lenkwaffen Kh-25M, Kh-29, Kh-58, Antiradar-Lenkwaffen Kh-31P oder Antischiffs-Raketen Kh-31A oder Kh-35 sowie gelenkte und frei fallende Bomben aller Art. Zudem können Luft-Luft-Lenkwaffen R-73 oder RVV-Ae (R-77) mitgeführt werden.
Entwicklungsstand: Der als Su-27IB bezeichnete Prototyp startete am 13. April 1990 zum Erstflug. Im September 1993 folgte der erste von drei auf Su-34 umbenannte Serienprototyp. Die beschränkte Serienproduktion von sieben, zwischendurch wieder als Su-27IB bezeichnet, begann 1996. Neuerdings heißt der Typ wiederum Su-34. Vorderhand hat die Luftwaffe Russlands 32 Einheiten bestellt. Die ersten sollen ab 2011 geliefert werden.
Bemerkungen: Der augenfälligste Unterschied zum Ausgangsmuster Su-27 ist der völlig neu konstruierte Vorderrumpf mit Sitzen nebeneinander. Die Piloten verfügen über ein geräumiges, z.T. gepanzertes Cockpit. Die Su-34 ist mit kleinen Vorflügeln hinter dem Cockpit sowie mit bis an die Nase weiter gezogenen Vorflügelkanten ausgerüstet. Für den harten Erdkampfeinsatz ist sie zudem punktuell verstärkt und verfügt über ein neues Hauptfahrwerk mit Doppelrädern hintereinander. Gegenüber dem Prototypen wurde der Heckkonus vergrößert, um Platz für einen Bremsfallschirm und ein rückwärts gerichtetes Radar zu schaffen. Zudem ist das Seitenleitwerk etwas kleiner. Einem Prototypen wurde ein modernstes Mehrzweckradar Leninetz mit hochauflösender Kartendarstellung sowie ein Trägheits-Navigationssystem mit GPS eingebaut. An den Flügelspitzen sind ECM-Pods Sorbtsiya-S montiert.
Hersteller: Suchoj Design Bureau, Werk Nowosibirsk, Moskau, Russland.

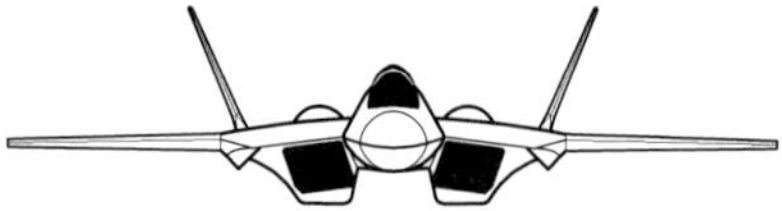

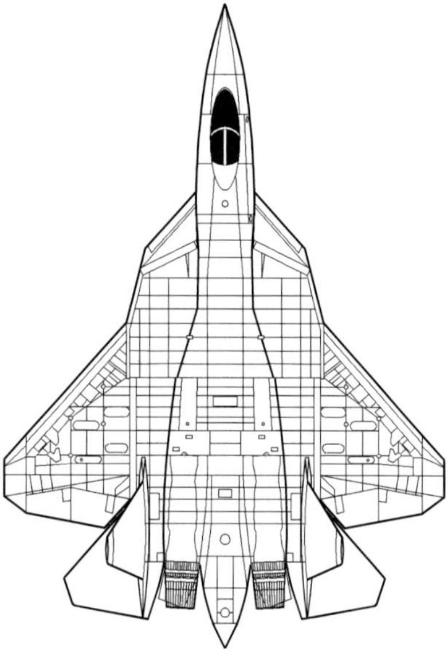

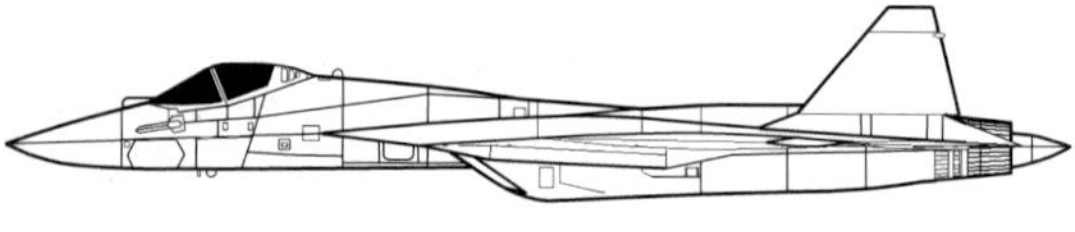

Abmessungen:
Spannweite 14,20 m
Rumpflänge 19,70 m
Höhe 4,80 m
Flügelfläche 78,80 m².

SUCHOJ T-50

Ursprungsland: Russland.
Kategorie: Einsitziger Luftüberlegenheitsjäger der fünften Generation.
Triebwerke (Prototypen): Zwei Mantelstromtriebwerke NPO Saturn 117-S von je 8800 kp (86,27 kN) ohne und je 14600 kp (142,97 kN) mit Nachbrenner und Schub-Vektor-Steuerung.
Leistungen (provisorische Angaben): Höchstgeschwindigkeit 2250 km/h (Mach 2,2); Supercruise-Geschwindigkeit auf optimaler Höhe rund Mach 1,22; Dienstgipfelhöhe 18000 m; Aktionsradius mit normaler Bewaffnung 1200 km; Überführungsreichweite ohne Zusatztanks 5500 km, mit Zusatztanks 7400 km.
Gewichte: Leergewicht 18500 kg; normales Startgewicht 26000 kg, max. 35000 kg.
Bewaffnung: Sechs intern mitgeführte Luft-Luft-Raketen, davon vier des Mittelstreckentyps R-77M sowie zwei Kurzstrecken Luft-Luft-Raketen R-73, R-74 oder R-30. Weiter können TV-, Laser- und Radar-gelenkte Luft-Boden-Waffen bis zu einem Gewicht von rund 7500 kg geladen werden.
Entwicklungsstand: Bereits 2002 wurden erste Pläne für einen neuen Luftüberlegenheitsjäger T-50 bekannt. Am 29. Januar 2010 hat nun der erste von voraussichtlich vier Prototypen die Flugerprobung aufgenommen. Der zweite soll Anfang 2011 folgen. Vorerst will die russische Luftwaffe zehn Vorserienmaschinen erwerben, bevor der definitive Beschaffungsentscheid gefällt wird. Der Zeitpunkt der Indienststellung ist für 2015 vorgesehen. Die indische Luftwaffe scheint an der Beschaffung der T-50 interessiert zu sein.
Bemerkungen: Mit der T-50 will die russische Luftwaffe ein mit der Lockheed Martin F/A-22 Raptor (siehe Seiten 234/235) vergleichbares Kampfflugzeug entwickeln. Russland ist fest entschlossen, dieses Vorhaben bis zur Serienfertigung durchzuziehen. Wie bei allen neuen Konstruktionen von Kampfflugzeugen wird die T-50 über gute Stealth-Eigenschaften verfügen. Eine weitere Neuerung für russische Modelle ist die Fähigkeit, ohne Nachbrenner recht hohe Überschallgeschwindigkeit zu erreichen. Konkrete Informationen über Auslegung, Materialverwendung und Elektronik sind noch nicht im Detail bekannt. Man kann davon ausgehen, dass die T-50 alle einem Muster der sog. fünften Generation entsprechenden Konstruktionsmerkmale und Systeme aufweist.
Hersteller: Suchoj Design Bureau/KnAAPO, Moskau, Werk Komsomolsk-na-Amur, Russland.

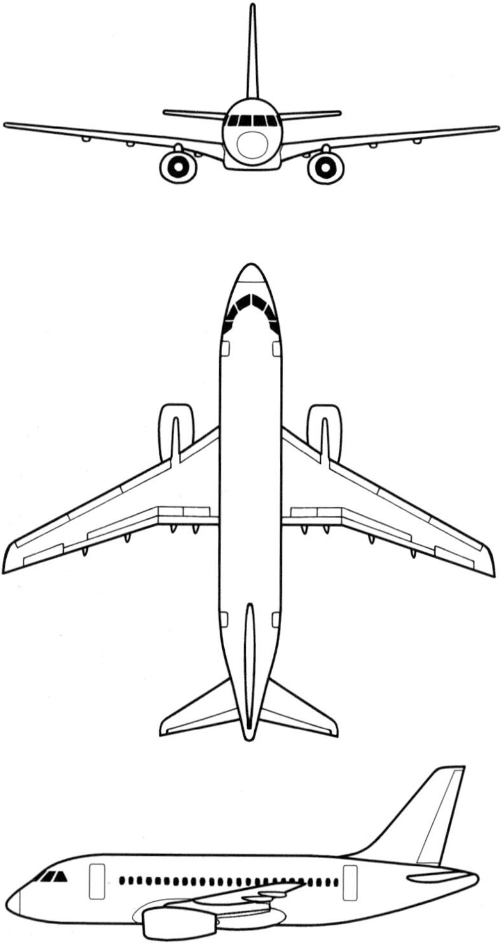

Abmessungen:
Spannweite 27,80 m
Länge (SSJ 100-75) 26,33 m, (SSJ 100-95) 29,83 m
Höhe 10,28 m
Flügelfläche 84,00 m².

SUCHOJ SUPERJET 100

Ursprungsland: Russland.
Kategorie: Kurz- und Mittelstrecken-Verkehrsflugzeug.
Triebwerke: Zwei Mantelstromtriebwerke Snecma/NPO Saturn SaM-146 von je (SSJ 100-75) 6985 kp (68,50 kN) bzw. (SSJ 100-95) von je 7937 kp (77,85 kN) Standschub.
Leistungen (nach Angaben des Herstellers): Max. Reisegeschwindigkeit Mach 0,78; Dienstgipfelhöhe 12497 m; Reichweite mit max. Nutzlast (SSJ 100-75/LR) 2900/4550 km, (SSJ 100-95/LR) 2950/4420 km, als Option bis zu 4550 km.
Gewichte: Leergewicht zwischen 21900 und 24715 kg; max. Startgewicht (SSJ 100-75/LR) 38820/42280 kg bzw. (SSJ 100-95/LR) 42500/45880 kg.
Zuladung: Zwei Mann Cockpitbesatzung und je nach Ausführung (SSJ 100-75) 75 bzw. (SSJ 100-95) 98 Passagiersitze in Viererreihen. Max. Nutzlast (SSJ 100-75) 9130 kg und (SSJ 100-95) 12245 kg.
Entwicklungsstand: Anfänglich als RRJ95 bezeichnet, hat der erste Superjet 100 nach Verspätung am 19. Mai 2008 die Flugerprobung aufgenommen. Mittlerweile fliegen vier Prototypen. Bis Ende 2010 sind je nach Quelle zwischen 100 und 150 Bestellungen eingegangen, u.a. von Aeroflot 30, AIRUnion 15, Dalavia 6, Avia Leasing 24, FinanceLeasing 10+, ItAli Airlines 10 (+ 10 Optionen). Im ersten Quartal 2011 beginnt die Auslieferung an den Erstkunden Aeroflot.
Bemerkungen: Mit dieser neuen Familie von mittelgroßen Commuter-Flugzeugen versucht sich Russland im nationalen wie auch im internationalen Zivilflugzeugmarkt zu etablieren. Um dies zu erreichen, wurden mehrere internationale Kooperationen eingegangen, so u.a. mit der italienischen Alenia. Beide Grundmuster des Superjets sind zu 95 % baugleich. Besondere Merkmale dieses Typs sind die robuste, möglichst einfach gehaltene Grundkonstruktion, welche eine sehr große Bandbreite von Bedürfnissen abdeckt. Der Superjet ist mit einem Fly-By-Wire-Steuersystem mit Sidesticks ausgerüstet. Er kann auf nur teilweise vorbereiteten Pisten starten und landen. Daher ist das Hauptfahrwerk mit vier Rädern ausgerüstet, was in dieser Klasse von Flugzeugen unüblich ist. Auf die Wirtschaftlichkeit wurde besonderer Wert gelegt.
Hersteller: Suchoj Civil Aircraft Company, Moskau, Werk KnAAPO, Komsomolsk-na-Amur, Russland.

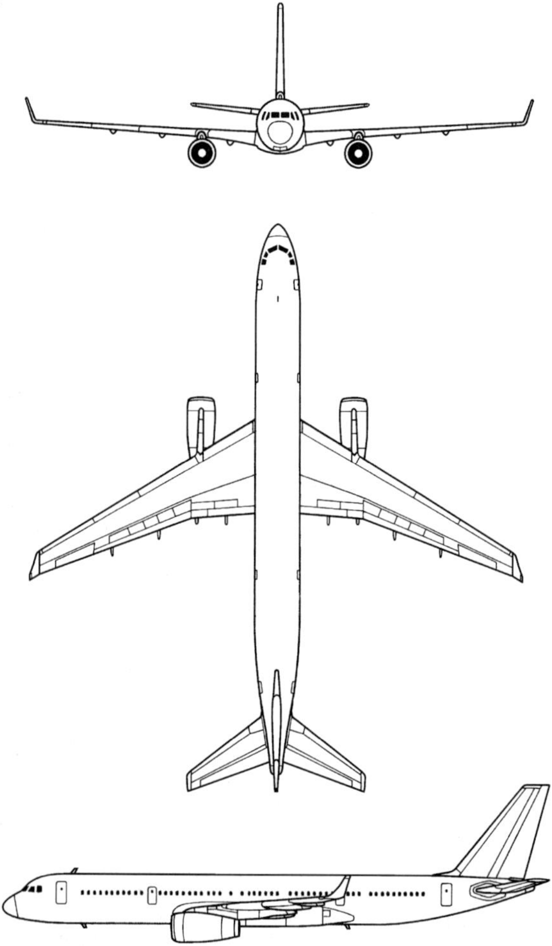

Abmessungen:
Spannweite 42,00 m
Länge (Tu-204-100/-120/-214) 46,10 m, (-300) 40,20 m
Höhe 13,90 m
Flügelfläche 184,10 m².

TUPOLEV TU-204/TU-214/TU-204SM

Ursprungsland: Russland.
Kategorie: Mittelstrecken- (Tu-204) bis Langstrecken-Verkehrsflugzeug (Tu-204-300).
Triebwerke: Zwei Mantelstromtriebwerke (Tu-204-100) Perm (Solowiew) PS-90 von je 16000 kp (156,9 kN) oder (Tu-204-120) Rolls Royce RB.211-535E4 von je 19580 kp (193 kN) Standschub.
Leistungen (Tu-204-100): Max. Reisegeschwindigkeit 850 km/h auf 10650 m; Dienstgipfelhöhe 12505 m; Reichweite mit max. Nutzlast 4900 km, (Tu-204-300) 9250 km, (Tu-214) 10500 km.
Gewichte (T-204-100): Leer 56500 kg; max. Startgewicht 103000 kg.
Zuladung: Zwei Mann Cockpitbesatzung und normalerweise in Dreiklassenbestuhlung 170, max. jedoch bei nur einer Klasse 214 Passagiere in Sechserreihen; max. Nutzlast als Frachter 24840 kg.
Entwicklungsstand: Der erste Prototyp der Tu-204 flog am 2. Januar 1989. 1997 begann die Auslieferung an die ersten Kunden. Rund 90 Maschinen (+ Optionen) der verschiedenen Ausführungen sind bestellt und bisher etwa 60 abgeliefert worden. Der Erstflug des ersten Serienflugzeugs Tu-214 fand Anfang 2001 statt, jener der Tu-204-300 im August 2003. Die neueste Ausführung Tu-204SM flog erstmals am 29. Dezember 2010. Bisher sind etwa 50 davon bestellt, u.a. Ilyushin Finance 31 (+ 30 Optionen), Iran Airtour 5. Die Tu-204SM soll auch im Iran in Lizenz gebaut werden.
Bemerkungen: Nebst der Grundausführung Tu-204-100 werden weitere Varianten angeboten. Die Tu-214 ermöglicht dank höherem Startgewicht von 110000 kg größere Reichweiten. Wie die Tu-204 besitzt sie russische Avionik. Wahlweise kann sie aber auch mit Rolls Royce-Triebwerken und mit westlicher Avionik ausgerüstet geliefert werden. Weiter ist der Frachter Tu-204-120C (bisher sechs bestellt) erhältlich sowie die um fast 6 m verkürzte Ausführung Tu-204-300. Ganz neu ist die Tu-204SM wahlweise mit PS-90A2- oder mit IAE V2500-Triebwerken, welche die früheren Versionen ablösen soll. Dank geringerem Strukturgewicht, neuem Zweimann-Cockpit und verbesserter Avionik soll primär die Wirtschaftlichkeit erhöht werden. Zudem ist der Passagierkomfort verbessert.
Hersteller: Tupolew Joint Stock Comp., Werke Ulyanovsk (Tu-204) und Kazan, Tatarstan (Tu-214), Moskau, Russland.

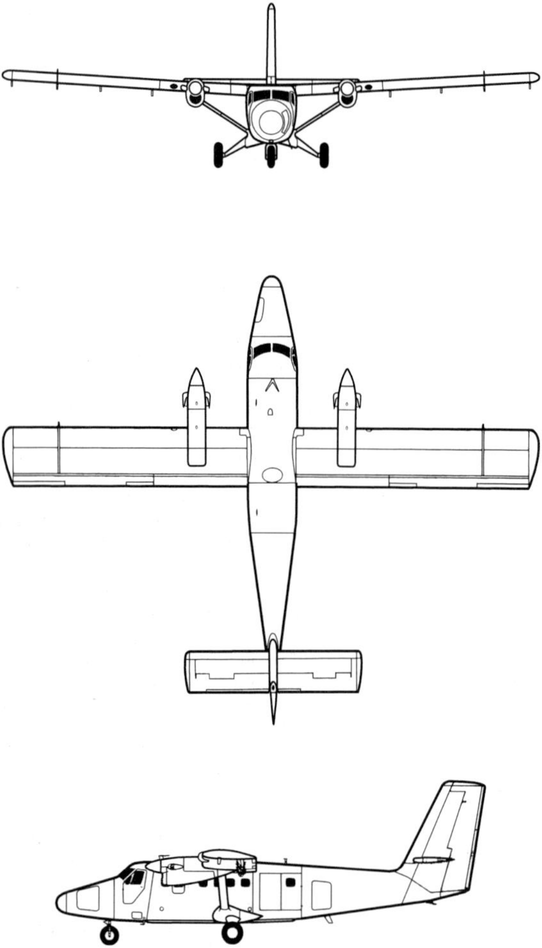

Abmessungen:
Spannweite 19,81 m
Länge 15,77 m
Höhe 5,94 m,
Flügelfläche 39,00 m^2.

VIKING AIR TWIN OTTER

Ursprungsland: Kanada.
Kategorie: STOL-Mehrzweck- und Zubringerflugzeug.
Triebwerke: Zwei Propellerturbinen Pratt & Whitney Canada PT6A-34 von je 750 WPS (559,30 kW) Leistung.
Leistungen: Max. Reisegeschwindigkeit 315 km/h auf Meereshöhe bzw. 337 km/h auf 3050 m; Anfangssteiggeschwindigkeit 8,13 m/Sek; Dienstgipfelhöhe 8138 m; Reichweite 1435 km, mit Zusatztanks 1815 km; Einsatzdauer 7,10 Std.
Gewichte: Leergewicht 3121 kg; max. Startgewicht 5670 kg.
Zuladung: Ein bis zwei Mann Cockpitbesatzung und je nach Innenausstattung bis zu 20 Passagiere, als Frachter eine maximale Nutzlast von 1941 kg.
Entwicklungsstand: Die neu von Viking Air gebaute Twin Otter flog erstmals im Oktober 2008, und zwar in der Amphibienversion. Bisher sind Bestellungen und Optionen für rund 60 Maschinen eingegangen, darunter drei für das Golden Knight-Fallschirmspringer-Team der US Army, zwölf bzw. sechs für die Luftwaffen von Peru und Vietnam. Mit den Auslieferungen an den Erstbesteller Zimex begann man Anfang 2010. Von der Ursprungsausführung De Havilland Canada DHC-6 Twin Otter (Erstflug 20. Mai 1965) wurden von den verschiedenen Versionen bis 1988 844 Einheiten gebaut.
Bemerkungen: Es hat sich gezeigt, dass die Nachfrage nach dem robusten Transporter DHC-6 Twin Otter wieder zunimmt und im Markt kein geeigneter Ersatz erhältlich ist. Daher hat Viking Air die Rechte von Bombardier (Nachfolger von DHC) erworben und baut nun eine überarbeitete, intern als DHC-6-400 bezeichnete neue Ausführung. Im Wesentlichen gegenüber dem Ausgangsmuster unverändert, gelangt jedoch das neue Avionik-System Primus Apex von Honeywell sowie stärkere Triebwerke PT6A-34 statt der bisherigen PT6A-27 zum Einbau. Insgesamt sind über 200 verschiedene Verbesserungen gemacht worden. Je eine Version mit Fahrwerk, Skis oder mit Schwimmkörpern ist erhältlich. Viking gibt den Kaufpreis für eine standardmäßig ausgerüstete Twin Otter mit US$ 4,5 Mio. an. Auf Wunsch können die noch leistungsstärkeren PT6A-35-Triebwerke eingebaut werden, die bei gleicher Startleistung bessere »Hot and High«-Leistungen bieten.
Hersteller: Viking Air, Victoria International Airport, British Columbia, Kanada.

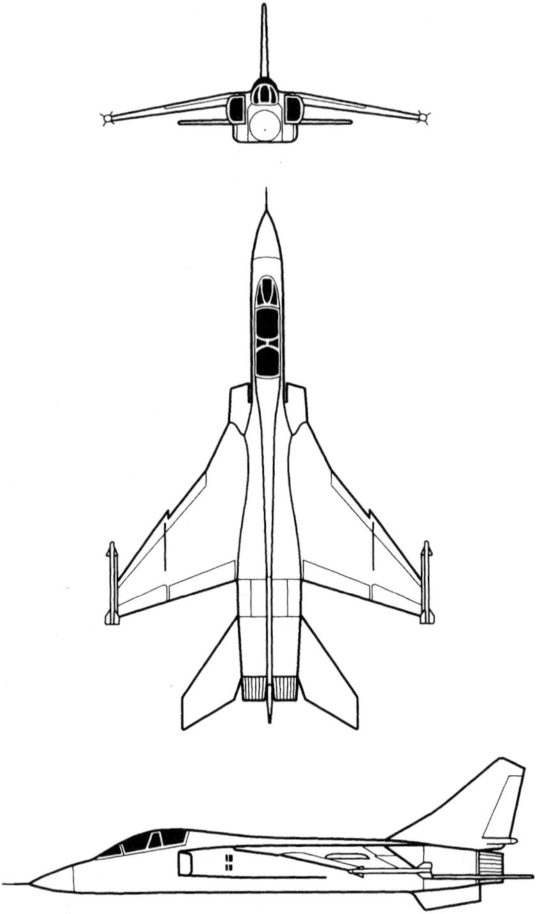

Abmessungen:
Spannweite 12,71 m
Länge mit Sonde 22,33 m
Höhe 6,58 m
Flügelfläche 52,30 m².

XIAN JH-7/JH-7A FLYING LEOPARD

Ursprungsland: Volksrepublik China.
Kategorie: Zweisitziges (JH-7) Allwetter-Marinekampfflugzeug bzw. (JH-7A) Elektronikkampfflugzeug.
Triebwerke: Zwei Mantelstromtriebwerke Xian WS9 (Lizenzbau Rolls-Royce Spey Mk.202) von je 9300 kp (91,20 kN) Standschub mit Nachverbrennung.
Leistungen: Höchstgeschwindigkeit auf 11000 m (JH-7) 1800 km/h (Mach 1,70) bzw. (JH-7A) 1850 km/h (Mach 1,75), 1210 km/h auf Meereshöhe; Dienstgipfelhöhe 15600 m; Aktionsradius (JH-7) 1650 km, (JH-7A) 1750 km; Überführungsreichweite ohne Nutzlast und Außentanks (JH-7) 3650 km, (JH-7A) 3700 km.
Gewichte (JH-7/JH-7A): Max. Startgewicht 28475/30000 kg.
Bewaffnung: Eine 23-mm-doppelläufige Kanone und Waffenlasten von insgesamt (JH-7) 6500 kg bzw. (JH-7A) 7000 kg an vier Aufhängepunkten unter den Flügeln, je zwei an den Flügelspitzen und unter dem Rumpf.
Entwicklungsstand: Der erste von zwei Prototypen nahm die Flugerprobung am 14. Dezember 1988 auf. Der Öffentlichkeit vorgestellt wurde dieses Muster aber erst im November 1998. Je nach Quellen sollen von der Ursprungsausführung JH-7 nach etwa 18 Vorserienmaschinen weitere 24 Serienflugzeuge bis 2004 gebaut und von der chinesischen Marine in Dienst gestellt worden sein. Die Weiterentwicklung JH-7A flog erstmals am 1. Juli 2002. Vermutlich wurden rund 40 Maschinen hergestellt. 2009 soll die Produktion wieder aufgenommen worden sein. Der Bedarf beläuft sich auf 170 JH-7.
Bemerkungen: Offenbar verlief die Erprobung des früher als FH-7, heute als JH-7 bezeichneten Kampfflugzeugs nicht frei von Problemen, so dass eine Produktion in großen Stückzahlen bis heute ausblieb. So soll insbesondere das Triebwerk Schwierigkeiten bereitet haben. Die JH-7 ist mit dem chinesischen Mehrzweck-Bordradar JL-10A ausgerüstet, welches eine Reichweite von 80 km aufweist und gleichzeitig bis zu 15 Ziele orten kann. Zudem kann ein Tiefangriffs-Radar-/FLIR-Navigationspod mitgeführt werden. Neuerdings ist eine als JH-7A bezeichnete Variante zur Elektronikabwehr gesichtet worden. Von außen unterscheidet sie sich primär durch veränderte Cockpitscheiben und zwei Finnen unter dem Rumpf. Sie soll in zwei bis drei Regimentern im Einsatz stehen.
Hersteller: Xi'an Aircraft Company, Xi'an, Provinz Shaanxi, VR China.

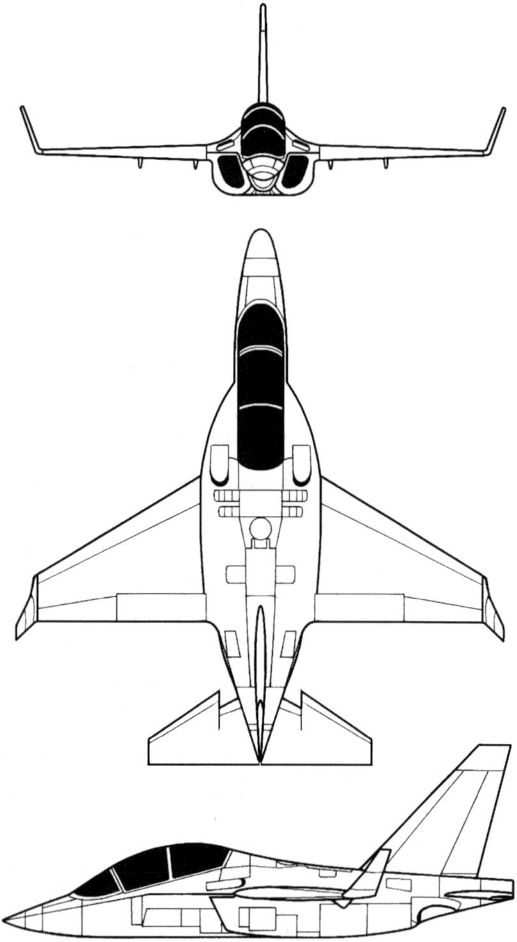

Abmessungen:
Spannweite 9,84 m
Länge 11,49 m
Höhe 4,76 m
Flügelfläche 23,52 m^2.

YAKOWLEW YAK-130

Ursprungsland: Russland.
Kategorie: Zweisitziger Fortgeschrittenentrainer und leichtes Erdkampfflugzeug.
Triebwerke: Zwei Mantelstromtriebwerke Progress AI-222-25 von je 2500 kp (24,50 kN) Standschub.
Leistungen: Höchstgeschwindigkeit auf optimaler Höhe 1060 km/h; auf Meereshöhe 850 km/h+; Anfangssteiggeschwindigkeit 75 m/Sek; Dienstgipfelhöhe 12500 m; Aktionsradius mit zwei 500-kg-Bomben (Einsatzprofil hoch-tief-tief-hoch) 850 km; Überführungsreichweite mit Außentanks 2300 km.
Gewichte: Leergewicht 4600 kg; normales Startgewicht 7230 kg; max. Startgewicht 10290 kg.
Bewaffnung: Waffen aller Art bis zu einem Gewicht von 3000 kg.
Entwicklungsstand: Ein Prototyp startete mit großer Verspätung am 25. April 1996 zum Erstflug. Das erste Serienmuster flog erstmals Ende 2003, das zweite im April 2005. Bisher sind laut Hersteller für verschiedene Luftwaffen rund 80 Yak-130 bestellt, die ab 2009 zur Auslieferung gelangen. Der Gesamtbedarf der russischen Luftwaffe beläuft sich auf 200 Maschinen, die ersten wurden Mitte 2009 geliefert. Weitere 16 Maschinen bestellte Algerien, Libyen sechs. Syrien interessiert sich ebenfalls für diesen Typ.
Bemerkungen: Die Yak-130 soll die Nachfolge der heutigen Trainingsflugzeuge Aero L 29 Delfin und L 39 Albatros bei der russischen Luftwaffe antreten. Da sie besonders wendig ist, kann die Yak-130 alle wichtigen Flugmanöver der heutigen Kampfflugzeuggeneration Su-27 und MiG-29 ausführen. Die Konstruktion ist von konventioneller Art und besonders robust ausgelegt. Ungewöhnlich ist der komplexe Deltaflügel mit den ovalen Triebwerkeinläufen. Das Triebwerkmanagement (FADEC) ist vollständig digitalisiert, ebenso die übrige Avionik. Die Flugsteuerung stützt sich auf ein vierfach redundantes Fly-By-Wire-System ab. Das Cockpit umfasst u.a. drei große LCD-Bildschirme. Unter der Bezeichnung Yak-133 sind eine einsitzige Erdkampfversion sowie eine unbemannte Aufklärungsversion in Planung.
Hersteller: OKB Alexander S. Yakowlew, Werke Nizhniy Novgorod und Saratow, Russland.

VERZEICHNIS DER FLUGZEUGTYPEN

ABKüRZUNGEN IM TEXT

Aéronavale = Französische Marineluftwaffe
AESA-Radar = **A**cive **E**lectronically **S**canned **A**rray, Radar mit aktiver elektronischer Strahlschwenkung
AEW/C = **A**irborne **E**arly **W**arning/**C**ommand, fliegende Radarfrühwarn- und Kommandoflugzeuge
ALAT = **A**viation **L**égère de l'**A**rmée de **T**erre, französische Heeresluftwaffe
Armée de l'Air = Französische Luftwaffe
ASTOR = **A**irborne **St**and-Off **R**adar
ASW = **A**nti-**S**ubmarine **W**arfare, U-Boot-Bekämpfung
AWACS = **A**irborne **W**arning **A**nd **C**ontrol **S**ystem, Frühwarnflugzeug
COMINT = **COM**munications **INT**elligence, Nachrichtenaufklärung
CTOL = **C**onventional **T**ake-**O**ff and **L**anding, Start und Landung konventionell
CRT = **C**athode-**R**ay-**T**ube, Kathodenröhren-Anzeigen
ECM = **E**lectronic **C**ounter **M**easures, Sammelbegriff für alle Maßnahmen zur Störung feindlicher Funk- und Radareinrichtungen auf elektronischem Weg
EFIS = **E**lectronic **F**light **I**nstrument **S**ystem, Elektronische Bildschirmanzeige-instrumente
Elint = **El**ectronics **Int**elligence, elektronische Aufklärung
FADEC = **F**ull **A**uthority **D**igital **E**ngine **C**ontrol, Digitales Triebwerkmanagement-System
FBW = **F**ly-**B**y-**W**ire, Steuerung des Flugzeuges mittels elektrischen Impulsen
FLIR = **F**orward-**L**ooking **I**nfra**R**ed, Infrarot-Nachtsichtgerät
GFK = **G**las**f**aserverstärkter **K**unststoff
GPS = **G**lobal **P**ositioning **S**ystem, präzise Navigationshilfe mittels Satelliten
HOTAS = **H**ands-**O**n-**T**hrottle-**A**nd-**S**tick, alle wichtigen Bedienungsfunktionen sind im Steuerknüppel vereinigt
HUD = **H**ead-**U**p **D**isplay, Blickfelddarstellungsgerät. Die wichtigsten Flugdaten werden auf die Frontscheibe projiziert
IFR = **I**nstrument **F**light **R**ules, Instrumentenflugregeln
LANTIRN = **L**ow-**A**ltitude **N**avigation **T**argeting **IR** for **N**ight, Tiefflugnavigations- und Infrarot- Angriffssystem für Nachteinsätze
MAD = **M**agnetic **A**nomaly **D**etection, Magnetometer, Gerät zum Aufspüren magnetischer Unregelmäßigkeiten (Einsatz zur U-Boot-Bekämpfung)
NVG = **N**ight **V**ision **G**oggles, Sammelbegriff für Nachsichtgeräte/-brillen am Kopf des Piloten befestigt
RAAF = **R**oyal **A**ustralien **A**ir **F**orce, australische Luftwaffe
RAF = **R**oyal **A**ir **F**orce, britische Luftwaffe
RN = **R**oyal **N**avy, britische Marineluftwaffe
SAR = **S**earch **A**nd **R**escue, Such- und Rettungseinsätze
SAR = **S**ynthetic **A**perture **R**adar, Sythetisches Breitband-Aufklärungsradar
SIGINT = **SIG**nals **INT**ellingence, Funkaufklärung
STOL = **Sh**ort **T**ake-**O**ff and **L**anding, Kurzstart und -landung
STOVL = **Sh**ort **T**ake-**O**ff and **V**ertical **L**anding, Kurzstart und Senkrechtlandung
USAF = **U**nited **S**tates **A**ir **F**orce, Luftwaffe der USA
USCG = **U**nited **S**tates **C**oast **G**uard, Küstenwache der USA
USMC = **U**nited **S**tates **M**arine **C**orps, Marineinfanterie der USA
USN = **U**nited **S**tates **N**avy, Marine der USA
VFR = **V**isual **F**light **R**ules, Sichtflugregeln
VTOL = **V**ertical **T**ake-**O**ff and **L**anding, Senkrechtstart und -landung
WPS = **W**ellen-**PS**, Leistung einer Propeller- oder Gasturbine, gemessen an der Welle; der Restschub wird nicht berücksichtigt, Englisch: shp (Shaft Horse Power)